U0960606

高等职业教育“十四五”规划教材

动物营养与饲料

杨　慧　马秋刚　主编

中国农业大学出版社
·北京·

内 容 简 介

本书按照高等职业院校畜牧兽医、动物医学等专业的畜牧业生产职业岗位(群)所需的基本理论和专业技能设计教学内容,突出教材的实用性、针对性和技能性。书中系统阐述了动物营养的基础知识、动物营养需要与饲养标准、饲料原料的识别与利用、饲料配方设计、配合饲料生产、饲料企业对客户投诉的分析与处理方法、饲料企业的经营管理等内容。设置了思维导图、知识巩固、思考与拓展、思政小课堂等模块,旨在加深学生对动物营养与健康、饲料原料性质的了解,从而培养学生在生产中开展饲料配方设计、饲料生产和营销等方面工作的能力。

本书可作为高等职业院校饲料加工、畜牧兽医、动物医学、动物防疫与检疫、宠物养殖等专业的教材,也可作为中等职业学校师生和广大畜牧兽医工作者的参考书和工具书。

图书在版编目(CIP)数据

动物营养与饲料 / 杨慧,马秋刚主编. --北京:中国农业大学出版社,2024.7.

ISBN 978-7-5655-3249-8

Ⅰ. S816

中国国家版本馆 CIP 数据核字第 2024FG9392 号

书　　名 动物营养与饲料

作　　者 杨　慧　马秋刚　主编

策划编辑 康昊婷　　**责任编辑** 陈睿赜

封面设计 郑　川　李尘工作室

出版发行 中国农业大学出版社

社　　址 北京市海淀区圆明园西路 2 号　　**邮政编码** 100193

电　　话 发行部 010-62733489,1190　　读者服务部 010-62732336

编辑部 010-62732617,2618　　出　版　部 010-62733440

网　　址 http://www.caupress.cn　　**E-mail** cbsszs@cau.edu.cn

经　　销 新华书店

印　　刷 河北朗祥印刷有限公司

版　　次 2024 年 9 月第 1 版　　2024 年 9 月第 1 次印刷

规　　格 185 mm×260 mm　　16 开本　　16.5 印张　　407 千字

定　　价 59.00 元

编审人员

主　编　杨　慧（福建农业职业技术学院）

马秋刚（中国农业大学）

副主编　黄　晶（福建农业职业技术学院）

黄世猛（中国农业大学）

参　编　张杏丽（福建农业职业技术学院）

刘秉辉（福建农业职业技术学院）

朱靖雄（福建农业职业技术学院）

李忠荣（福建省农业科学院）

陈家钊（福建省丰泽农牧饲料有限公司）

傅共守（厦门正大农牧有限公司）

主　审　余勋信（福建农业职业技术学院）

前 言

动物营养与饲料是畜牧兽医及相关专业的一门理论基础和技能训练课，主要为动物生产实践和饲料加工奠定基础。学习本课程的目的在于学会运用动物营养知识和饲料加工配制技术为动物健康、高效生产提供理论根据和实践指南。

为贯彻党的二十大精神，全面落实全国职业教育大会和全国教材工作会议精神，根据《国家职业教育改革实施方案》和《关于推动现代职业教育高质量发展的意见》要求，适应新农科高等职业教育的发展需要，在中国农业大学出版社的组织下，遵循培养"理想信念坚定，德智体美劳全面发展，具有一定的科学文化水平，良好的人文素养、职业道德和创新意识，精益求精的工匠精神，较强的就业能力和可持续发展的能力，掌握专业知识和技术技能，面向职业群，能够从事生产、建设、管理、服务一线工作的高素质技术技能人才"的要求，在杨慧教授主编的《动物营养与饲料》的基础上进行修订编写成本书，中国农业大学马秋刚教授团队参与了此次修订编写。在修订编写过程中充分体现了职业能力本位原则、岗位群导向原则、与时俱进原则、适用性原则和启发性原则。以项目为导向，按具体工作任务进行内容重构，围绕高素质技能型人才培养要求、畜牧生产和饲料安全新技术新进展，更新了我国饲料行业和福建省畜牧业发展现状、饲养标准等方面内容，增加了思维导图、知识巩固、思考与拓展、思政小课堂等模块。本书还配套数字资源，使教材形态更丰富多样，教学目标更符合高职学生认知发展规律。

由于我们水平有限，经验不足，书中的疏漏在所难免，恳请广大师生和读者批评指正，以便今后进一步修订。

编 者

2024 年 5 月

目录

教学视频索引

项目一
绪　论

知识目标

1. 了解动物营养学、饲料生产、畜牧业三者关系。
2. 掌握动物营养与饲料学研究趋势。

技能目标

1. 对我国饲料生产发展现状有较为清晰的认识。
2. 能清晰指出我国饲料生产存在的问题。

课程概述

项目导读

动物营养是指动物摄取、消化、吸收、利用饲料中营养物质的全过程，是一系列物理、化学及生理变化过程的总称。动物营养学是一门应用基础课程，通过研究营养物质对生命活动的影响，揭示动物利用营养物质的量变及质变规律，为动物生产提供理论依据和饲养指南。动物营养学的最终目的是阐明动物需要什么样的营养物质及其确切的需要量。

饲料是指能被动物摄取、消化、吸收、利用(如供能、促进生长、修补组织、调节生理过程)的物质。饲料学是一门研究饲料的学问，通过研究揭示饲料中的化学组成及其规律，以及其化学组成与动物需要之间的关系。饲料学的最终目的则是阐明如何用适宜饲料满足动物所需要的营养素。随着我国动物营养学科的快速发展，新理论、新知识、新技术不断涌现，我国养殖业及饲料工业发展水平不断提升，营养学和饲料学对解决动物生产的资源、环境、安全和高效问题至关重要。

任务一 动物营养学、饲料生产、畜牧业三者关系

思维导图

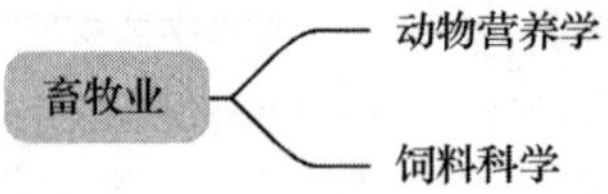

任务实施

1. 动物营养学与饲料科学是畜牧业发展的科学支柱

动物营养学与饲料科学是支撑现代养殖业和饲料工业的基础学科之一。这两门学科的形成和发展，有力地促进了畜牧业发展。动物营养决定了动物生产水平，动物饲料则决定了生产成本。饲料成本占整个动物生产成本的50%～80%。只有重视和改善饲养管理，提升降本增效能力，才能提高生产效益。通过揭示动物对营养物质利用的定性定量规律，促进营养资源的高效利用、动物产品的高效生产，最终实现人类健康及生态平衡。

2. 动物营养与饲料科学极大提高畜牧生产效率

动物生产的实质是养分的沉积或分泌(产肉、产奶、产蛋)，营养是生产产品的物质基础。与50年前相比，现代动物的生产水平提高了80%～200%，其中，饲料的贡献率占50%以上。全世界猪的生长速度和饲料利用效率比50年以前提高了1倍以上，6月龄以下肥育猪生产体重达90 kg的日龄可缩短至135～150 d，每千克增重所需饲料从7.8 kg降至3.5 kg；商品蛋鸡中，72周龄入舍蛋鸡的年产蛋量可达250～270枚，产蛋期料蛋比为(2.6～2.8)∶1，其中营养的贡献率占50%～70%；肉牛的产肉性能也不断提高，平均日增重已达1.5～2.0 kg，每千克增重所需饲料从7.8 kg降至3.5 kg。动物营养与饲料科学发展极大提高了动物生产效率。

知识巩固

一、选择题

1. 支撑现代养殖业和饲料工业的基础学科有(　　)。

A. 动物营养学　　B. 饲料科学

C. 畜牧生态学　　D. 畜产品品质

二、填空题

1. 饲料成本占整个动物生产成本的__________。

2. 与50年前相比，现代动物的生产水平提高了________，其中，饲料的贡献率占________。

答案

任务二　我国营养学研究和饲料业发展现状

思维导图

- 发展现状
  - 营养学发展现状
    - 精准满足动物的营养需求
    - 动物营养需要及养分互作
    - 动物营养研究的新方法和新手段
  - 饲料业发展现状
    - 饲料产量持续增长
    - 企业规模和组织结构大型化、集团化、一体化
    - 饲料企业产量结构和市场竞争格局显著变化
    - 饲料行业步入高成本时代
    - 饲料工业的科研、教育、质量监测体系已经建立

任务实施

一、我国营养学的发展现状

动物营养学是在生产实践和科学实验中产生并在实践中得到不断检验、修正、丰富和发展的。人类在长期生产、生活实践中逐渐认识了食物与机体之间的关系，不断获得新的营养知识。动物营养学就是这些知识不断积累和升华的必然结晶。

在过去的四五十年间，现代动物营养学取得了巨大成就。

1. 精准满足动物的营养需求(表 1-1)

表 1-1　动物需要的营养物质

水	苯丙氨酸＋酪氨酸	维生素 K	磷	硒
能量	苏氨酸	硫胺素	镁	碘
氮*	色氨酸	核黄素	钠	氟
精氨酸	缬氨酸	烟酸	氯	硅
甘氨酸＋丝氨酸	必需脂肪酸	维生素 B_6	钾	钒
组氨酸	胆碱	泛酸	硫*	镍
异亮氨酸	肌醇	生物素	铁	锡
亮氨酸	维生素 A	叶酸	铜	砷
赖氨酸	维生素 D	维生素 B_{12}	钴*	钼
蛋氨酸＋胱氨酸	维生素 E	钙	锰	铬

注：标 * 的养分被瘤胃微生物用于合成氨基酸、维生素 K 和 B 族维生素等反刍动物所需的物质。

2. 对动物营养需要及养分互作关系的研究取得了巨大进展

了解了养分的主要代谢过程，掌握了养分的基本功能，弄清了养分的缺乏症和某些养分的中毒症。制定了各类动物对主要养分的营养需要量，掌握了主要养分的利用效率，使动物生产能够在较准确的营养调控下进行。

3. 建立了动物营养研究的新方法和新手段，开拓动物营养研究的新领域

建立了一整套动物营养学的研究方法，了解了多种因素对营养代谢和需要量的影响，认识了饲料添加剂在动物营养中的重要作用。研究领域正在由宏观向微观、由群体营养向细胞营养、由局部向整体、由静态向动态方向发展，分支学科和交叉学科正在形成，如环境营养学、免疫营养学、微生态营养学、分子营养学等。

二、我国饲料业的发展现状

(1)饲料产量持续增长。经过几十年发展，中国已成为全球饲料生产第一大国，2021 年全国工业饲料总量已达到 29 344 万 t，较 2020 年增长 16.10%，其中配合饲料产量已达 27 017 万 t，较 2020 年增长 17.10%，与养殖业基本保持同步增长。

(2)企业规模和组织结构向大型化、集团化、一体化方向发展。我国饲料产业不断提高自身生产能力，淘汰落后产能，2021 年我国 10 万 t 以上规模饲料生产厂家 957 家，年产百万吨以上规模饲料企业 39 家，合计饲料产量占全国饲料总产量的 59.7%，其中有 6 家企业年产量超过 1 000 万 t。

(3)饲料企业产量结构和市场竞争格局显著变化。近年来，规模化养殖场占比逐渐提升，中小养殖散户逐渐退出。在此情形下，龙头饲料企业一方面凭借自身产品力与服务营销优势，不断提高市场占有率；另一方面通过并购，延伸企业产业链条，以期获得更强的竞争优势。未来，行业竞争将呈现出强者恒强的发展趋势。

(4)饲料行业步入高成本时代。饲料原料价格波动严重，市场竞争加剧，饲料行业总体形势不容乐观，呈下行趋势，净利润低于 3%。

(5)饲料工业的科研、教育、质量监测体系已经建立。

知识巩固

一、选择题

2021 年全国工业饲料总量已达到(　　)万 t。

A. 39 340　　B. 29 344　　C. 19 340　　D. 9 340

二、填空题

2021 年，我国年产百万吨以上规模饲料企业________家，合计饲料产量占全国总产量的________，其中有________家企业年产量超过 1 000 万 t。

答案

任务三　福建省畜牧业发展现状

思维导图

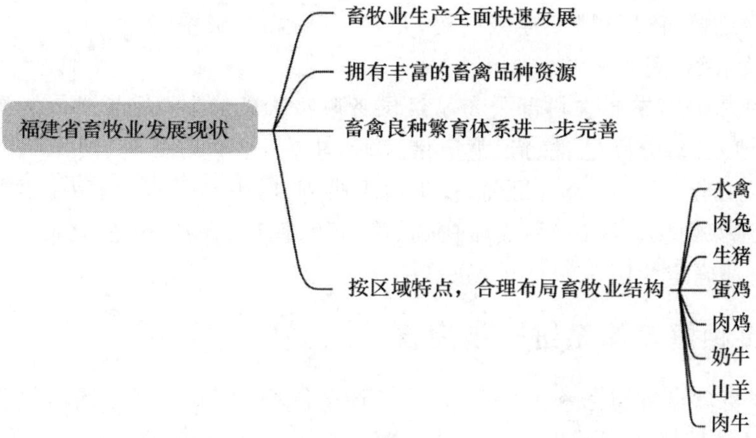

任务实施

福建省是个“八山一水一分田”的山区省份，尤其是西北部山地面积大，经济状况比较落后。按照建设现代畜牧业的要求，积极发展规模养殖和畜牧小区，实现沿海产业结构的调整升级、山区农业结构的优化与农民增收的发展目标。随着畜牧业产值的提高，畜牧业综合生产能力不断提高，畜产品持续有效供给、内部结构不断优化，大大改善了居民营养结构。畜牧业产业链的不断延伸，带动了种植业、兽药与饲料加工业等相关行业的发展，实现多次转化增值。福建省畜牧业发展状况总体来说具有以下特点。

一、畜牧业生产全面快速发展

近年来，福建省畜牧业生产以“稳定生猪产业、做大家禽产业、做优牛羊兔产业”的发展思路，持续推进畜牧业高质量发展工作，畜牧产业得以持续稳定发展并取得了较好的成效，畜牧业对社会的贡献力大幅提高。一是提高了城乡居民肉蛋奶供应水平。2021 年福建省肉蛋奶产量 363.38 万 t，其中肉类产量 286.54 万 t，禽蛋产量 55.91 万 t，奶类产量 19.97 万 t，其余蛋类 0.96 万 t(《中国畜牧兽医年鉴-2022》)。二是增加了农民收入。2021 年畜牧业总产值 1 059.91 亿元，占农林牧渔业总产值 5 200.97 亿元的 20.38%，畜牧业成为我省农业和农村经济发展的亮点。

二、拥有丰富的畜禽品种资源

福建省地方畜禽品种资源较为丰富，根据最新调查，全省有 29 个地方畜禽品种资源，具体名单如下。

猪(5 个)：莆田猪、槐猪、闽北花猪、武夷黑猪、官庄花猪。

牛(2 个):闽南牛、福安水牛。

羊(3 个):福清山羊、戴云山羊、闽东山羊。

马(1 个):晋江马。

兔(3 个):福建黄兔、闽西南黑兔、福建白兔。

鸡(8 个):河田鸡、闽清毛脚鸡、丝羽乌骨鸡、德化黑鸡、金湖乌凤鸡、象洞鸡、漳州斗鸡、闽南火鸡。

鸭(5 个):金定鸭、莆田黑鸭、连城白鸭、龙岩山麻鸭、中国番鸭。

鹅(2 个):长乐鹅、闽北白鹅。

2020 年 5 月 29 日,农业农村部公布了经国务院批准的《国家畜禽遗传资源品种名录》,福建省共 10 个品种入选,分别是:槐猪、莆田猪、漳州斗鸡、丝羽乌骨鸡、河田鸡、连城白鸭、金定鸭、莆田黑鸭、晋江马、福建黄兔。目前,仅闽清毛脚鸡、丝羽乌骨鸡、闽南牛、漳州斗鸡、闽南火鸡、福安水牛未建保种场。河田鸡、连城白鸭、莆田猪、槐猪、晋江马、福建黄兔等 6 个品种的保种场被农业农村部确定为国家级保种场。

三、畜禽良种繁育体系进一步完善

福建省主要畜禽良种覆盖率 98.6%。现有种畜禽场 363 个,其中国家级生猪核心育种场 7 个、国家肉鸡良种扩繁推广基地 1 个。经审定的地方畜禽遗传资源 29 个,莆田猪等 10 个地方品种列入《国家畜禽遗传资源品种名录》,现已建成省级以上畜禽遗传资源保种场(区、库)25 个,包括国家级基因库 1 个[国家水禽基因库(福建)]、国家级保护区 1 个(晋江马保护区)、国家级畜禽遗传资源保种场 7 个。

四、按区域特点,合理布局畜牧业结构

福建省畜牧产业化建设进一步发展,现有农业产业化国家重点龙头企业 16 个,农业产业化省级重点龙头企业 115 家,国家级优势特色产业集群 1 个——闽西禽蛋优势特色产业集群,全国农业产业强镇 5 个,全国“一村一品”示范村镇 7 个,省级“一村一品”示范村镇 10 个。

福建省畜牧业结构合理,瘦肉型猪产业进一步优化,蛋禽肉禽产业发展迅猛,具有优越的自然条件和丰富的资源潜力,具有水禽大省优势地位。同时,闽南、闽东奶水牛,各地兔业、肉牛和肉羊等节粮型优质地方特色产业也发展良好。

1. 生猪

养猪业是福建省特色现代农业的重要组成部分。近年来,福建省生猪产业加快升级发展,生产效率大幅提升。2021 年,全年存栏生猪 937.6 万头,猪肉产量 124.34 万 t。其中存栏 100 万头以上的有龙岩、漳州、三明、福州、南平等 5 个设区市,占全省存栏的 75.2%。标准化规模水平提高,规模化生猪场主要分布于南平、三明、宁德、龙岩,全省生猪规模化养殖比重 91.8%,位居全国前列;基础设施条件明显改善,自动饲喂、环境控制等现代化设施装备广泛应用。产业化进程加快,涌现出一批大型产业化龙头企业。政府、协会和养猪企业协同落实疫病防控措施,防控能力稳步提升,近年福建省没有发生非洲猪瘟等区域性重大动物疫情。

关于生猪方面的政策补贴包括能繁母猪保险保费补贴、育肥猪保险保费补贴、生猪调出大县奖励、生猪良种补贴、强制免疫补助、种畜禽动物疫病净化补助等,涉及面广,补贴量大,对于提高福建省生猪产量与品质具有重要作用。目前国内生猪品种以杜洛克猪、长白猪、大白猪杂

交的外三元猪为主，除此之外还有汉普夏、皮特兰猪、巴马香猪、巴克夏、斯格猪、内三元猪等。

2. 蛋鸡

福建省蛋鸡产业起步较晚，但近年来发展势头迅猛，禽蛋总产量由 2010 年 30.54 万 t 增长到 2022 年 59.83 万 t。特别是各级政府持续出台蛋鸡产业发展扶持政策，使得设施蛋鸡养殖规模迅速增长，全省蛋鸡存栏由 2010 年的 1 545 万羽增长到 2022 年的 2 857 万羽，鸡蛋产量由 15.17 万 t 增长到 37.17 万 t。福建省蛋鸡生产主要集中在经济发达的福州、泉州、福清、漳州等沿海区域和龙岩市，以及城市郊区。

目前蛋鸡品种主要以国外配套系海兰、罗曼，国产配套系京粉京红系列、大午金凤系列、农大 3 号、农大 6 号等为主。

3. 肉鸡

近年来，福建省加快家禽产业发展，促进家禽产业转型升级，产业水平大幅提升，支持政策不断完善，出台了《关于促进家禽业高质量发展的实施方案》等。2021 年，福建省肉鸡存栏 1.2 亿羽，出栏 8.8 亿羽，禽肉产量 152.8 万 t，禽肉产量占全省肉类产量的 53.3%，禽肉实现省内自给有余。全省肉鸡存栏前三名的设区市为南平市、龙岩市、漳州市，占全省存栏的 84.4%。

目前福建省快大型肉鸡品种主要以圣泽 901、817 小优鸡等品种的白羽肉鸡，以及黄羽肉鸡为主。优质肉鸡品种以河田鸡、闽清毛脚鸡、丝羽乌骨鸡、德化黑鸡、金湖乌凤鸡、象洞鸡等地方品种为主，还有清远麻鸡、杏花鸡、广西三黄鸡、矮脚鸡、贵妃鸡等。

4. 水禽

福建省是我国著名的水禽大省。水禽养殖业作为福建省畜牧业的优势特色产业，得到了福建省政府的高度重视，2005 年就提出了以水禽为突破口来推动福建省畜牧业发展的战略方针。"十四五"畜牧业发展规划中强调要重点引导水禽标准化规模发展，推进养殖模式转变，做大做强特色产业；大力发展绿色蛋品加工业，扩大出口量。

福建省是全国鸭品种资源最丰富的省份，金定鸭、莆田黑鸭和连城白鸭均被列入《国家畜禽遗传资源品种名录》。福建是全国生产番鸭和半番鸭最早、产量最多、生产水平最高的省份。连城白鸭是全国唯一药用鸭品种，2013 年评为国家地理标志保护产品，享誉国内外。

目前，福建省蛋鸭主要以龙岩山麻鸭、金定鸭、莆田黑鸭、连城白鸭等地方品种为主。肉鸭主要以法国番鸭及其杂交后代、樱桃谷肉鸭、中国番鸭（福建番鸭）、奥白星半番鸭为主。鹅主要以长乐鹅、闽北白鹅、狮头鹅、永康灰鹅等为主。

5. 奶牛

福建省在南平、宁德、三明等 3 个市重点发展荷斯坦奶牛养殖生产，扩大高产奶牛饲养规模。全省奶牛存栏 4.5 万头，其中设区市奶牛存栏前 3 名的是南平、漳州、三明，占全省存栏 82.6%。奶牛养殖规模化、标准化、机械化水平大幅提升，2019 年 100 头以上奶牛规模养殖比重 64.5%，机械化挤奶率达到 100%。福建省奶牛主要以荷斯坦牛为主，还有娟姗牛等。

6. 肉牛

福建省肉牛存栏 17.2 万头，其中存栏 2 万头以上的有龙岩、泉州、漳州、福州等 4 个设区市，占全省存栏 77.3%。设区市牛存栏前 3 名的是：龙岩、泉州、漳州。三明市是肉牛饲养优势区，大力开展黄牛杂交利用工作，促进肉牛产业化发展。

福建省肉牛主要以闽南牛、安格斯牛和外省引进杂交牛为主，还有利木赞牛、西门塔尔牛等。

7. 山羊

福建省山羊存栏105.2万头，其中存栏10万头以上的有福州、三明、泉州、龙岩、南平等5个设区市，占全省存栏81.4%。设区市羊存栏前3名的是：福州市、三明市、泉州市。福建省把三明市、南平市、宁德市和福州市的部分山区作为发展肉羊生产优势区。

目前福建省肉羊主要以福清山羊、戴云山羊、闽东山羊等地方品种为主，还有南江黄羊、湖羊、努比亚羊、简州大耳羊、大足黑山羊等。

8. 肉兔

福建省肉兔存栏730.5万头，其中存栏50万头以上的有龙岩、三明、泉州等3个设区市，占全省存栏81.7%。设区市兔存栏前3名的是：龙岩市、三明市、泉州市。

连城、武平、上杭、长汀、永定、大田、德化、屏南、古田等县区是福建肉兔饲养基地；延平区为兔肉生产、加工、出口基地。福建省肉兔主要以福建黄兔、闽西南黑兔、福建白兔等地方品种为主，还有新西兰白兔、伊拉配套系、獭兔等。

知识巩固

一、选择题

2020年底全国肉蛋奶产量（　　），人均消费量达到81 kg。

A. 1.46亿t　　B. 2.46亿t

C. 0.46亿t　　D. 3.46亿t

二、填空题

我国畜产品资源丰富，目前我国国内生猪品种以________、________、________杂交的外三元猪为主。

答案

任务四　动物营养与饲料学研究趋势

思维导图

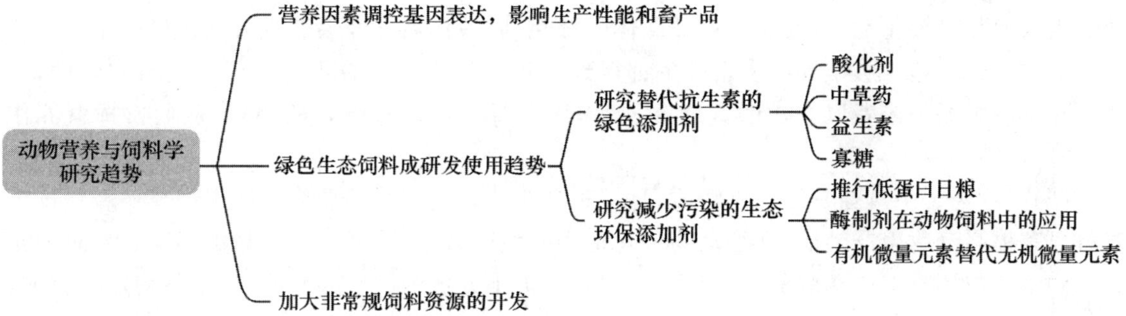

任务实施

一、营养因素调控基因表达，影响生产性能和畜产品

随着分子生物学及现代生物技术的发展，动物营养的研究也深入细胞、分子水平，人们开始研究营养与畜禽产品品质性状相关的功能基因的表达调控。营养因素的改变，特别在动物生长的早期关键阶段，可以干预甚至是修改动物生长的程序，从而影响动物的生产性能和产品品质。

目前基本明确其功效的、影响肉质的基因有如下几种：氟烷基因、RN 基因、脂肪酸结合蛋白(FABP)基因、Myod 基因家族等。现在，营养对肉质性状基因表达调控规律的研究还在初级阶段，但未来是分子营养学的重要研究领域。

二、绿色生态饲料成研发使用趋势

饲料安全包括饲料中的有毒有害物质的直接作用、使用不当和残留积累引发的毒副作用以及残留排出对环境的不良作用等方面。研究开发生产既符合食品安全，又有利于环境保护，同时使动物发挥最佳生产性能与免疫力的饲料，保证产品的安全高效，是当前饲料开发的首要任务。

1. 研究替代抗生素的绿色添加剂

饲料中添加抗生素类药物主要基于以下两个主要原因：一是尽可能杜绝有害微生物的污染和传播；二是保健促生长作用。世界各地时常有因为饲料中携带病原菌或病毒而给人类健康带来威胁的报道，过去人们为了杜绝有害微生物的污染和传播，往往会选择使用抗生素及其他药物类添加剂。但抗生素的滥用却带来一系列的危害，如破坏动物肠道有益菌、产生耐药性和在动物食品中的药物残留。农业农村部发布的 194 号公告，宣布停止生产、进口、经营、使用部分药物饲料添加剂，减少滥用抗生素造成的危害，维护动物源食品安全和公共卫生安全。这就要求养殖业要更加聚焦于健康养殖，进一步提高动物营养与保健水平，调整饲料营养设计，选用新型的绿色添加剂产品，研究“替抗”方案。

现在人们试图通过非药物途径来达到防病保健、提高动物生产效益的目的。目前替代部分抗生素的绿色添加剂主要有以下几类。

(1)酸化剂。饲料酸化剂又称酸度调节剂，是能提高饲料酸度的物质的统称。自20世纪60年代英国科学家发现酸化剂以来，经过半个多世纪的发展，从最初的无机酸到有机酸，到多种酸组成的复合酸化剂，再发展到包被载体的酸化剂，酸化剂已经逐渐成为饲料生产中重要的添加剂，在家禽、猪、牛、羊等诸多畜种中都得到了很好的应用。酸化剂能提高饲料的酸度，生产中在饲料中添加或者以饮水的方式添加，作用主要是优化胃肠道的环境，从而发挥营养作用，预防疾病的发生。

(2)中草药。中草药是纯天然物质，是一种理想的绿色饲料添加剂。利用中草药替代抗生素可显著提高动物生产性能，增加动物消化道中有益菌数量，降低畜禽产品中的铜、铅、总砷含量。中草药应用具有广阔的前景，但受原料品质、加工方法等因素的影响，效果不稳定。目前，添加剂企业不断寻找和研发高科技含量的中草药提取物以弥补中草药制剂的不足。

(3)益生素。在抗生素和药物性生长促进剂的替代品开发过程中，以微生态平衡与微生态失调作为理论基础，活菌制剂取得了较好的效果，备受人们青睐。其在动物消化道中与病原菌进行竞争抑制，增强动物机体的免疫功能，并直接参与胃肠道微生物的平衡，增强动物抵御疾病的能力，并间接提高动物机体的生产性能，产品没有抗药性和药物残留。但此类产品目前还存在菌种少、易失活、效果不稳定等缺点，还不能完全替代抗生素。

(4)寡糖。寡糖能促进消化道有益微生物的生长、繁殖，从而维持消化道的微生态平衡，有利于寄主动物健康和畜牧业生产。

寡糖不仅能与病原菌结合，还能与一定的毒素、病毒、真核细胞的表面结合，之后寡糖作为这些外源抗原的助剂，能减缓抗原的吸收，增加抗体的产生，从而提高机体的细胞免疫和体液免疫两方面的功能。

2. 研究减少污染的生态环保添加剂

(1)利用“理想蛋白模式”，大力推行低蛋白日粮。在畜禽日粮中使用合成氨基酸能降低饲料蛋白水平，减少粪尿中氮的排泄量。

(2)酶制剂在动物饲料中的应用将越来越广泛。酶制剂作为一种新型高效的饲料添加剂，可以提高畜禽生产性能和减少排泄物的污染，同时也为开辟新的饲料资源、降低饲料生产成本提供了有效的途径。如目前研究较为成熟的植酸酶可以解除植酸的抗营养作用，使无机磷的用量大幅度降低，从而降低饲料成本；显著降低猪、禽粪便排泄物中磷的含量，减少了磷对环境的污染；提高饲料中矿物元素，如钙、锌、铜、镁和铁等生物学利用率；增加饲料中蛋白质、氨基酸、淀粉和脂质等营养物质的利用率；提高动物采食量和日增重，改善动物生产性能。

(3)有机微量元素替代无机微量元素。在养殖业中，铜和锌的大量使用所导致严重的环境污染问题，仍然是制约行业健康发展的一大障碍。而有机微量元素物质不仅具有环保优势，还能够在满足营养需要的基础上具备更为突出的功能性效果，被认为是代替无机微量元素最合适的产品，同时，随着各国对畜禽养殖业中重金属的排放进行严格限制与微量元素工艺的不断升级与革新，有机微量元素物质迅速成为当前国内外研制和开发的热点。

三、加大非常规饲料资源的开发

非常规饲料资源是指通常不被利用或利用率低的产品，通过科学的加工处理，可以再循环或加以利用。常见的非常规饲料资源包括：农作物秸秆、秕壳、林业副产物、糟渣、废液类饲料、非常规植物饼粕类、动物下脚料、粪便再生饲料、矿物质饲料。随着人口不断增长，生活水平不断提高，人类粮食日益紧缺，常规饲料配方养殖存在动物与人争粮问题，今后国际上将不断降低配合饲料中常规能量饲料（如玉米）和蛋白质饲料（如大豆或豆粕）的用量。对非常规饲料资源进行深度开发、利用，将具有深远的经济、社会、生态效益。

但非常规营养资源应用也存在许多不足。就作物来源的非常规饲料而言，它们大多数是质量差、体积大的粗饲料，其粗纤维含量高，营养浓度低，在生长育肥动物日粮中使用受限制，但适于饲养草食动物。有些非常规饲料含有的抗营养因子对家畜有害。由于研究数据的缺乏，大多数非常规饲料原料的营养价值评定不太准确，没有较为可靠的饲料数据库，增加了日粮配方设计的难度。有些非常规饲料原料掺杂、掺假情况严重，部分加工副产品变质问题突出。

知识巩固

一、选择题

目前替代部分抗生素的绿色添加剂主要有（　　）。

A. 酸化剂　　B. 中草药　　C. 益生元

D. 益生菌　　E. 后生元

二、填空题

目前基本明确其功效的、影响肉质的基因主要有：________基因、________基因、________基因、________基因等。

答案

任务五　动物营养和饲料生产中存在的问题

思维导图

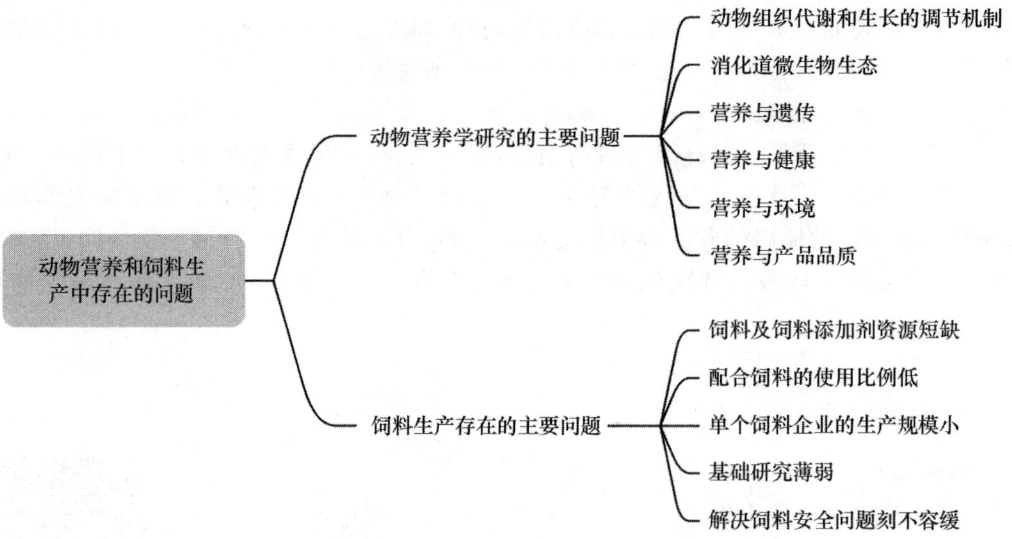

任务实施

一、动物营养学研究的主要问题

虽然当今人们对动物营养学的认识与研究不断深入，但仍存在许多未知的领域，例如，缺乏对动物组织代谢和生长过程中细胞调节和分子调节机制的认识；缺乏对动物与其消化道微生物生态系统相互关系的了解；对营养与遗传、营养与健康、营养与环境、营养与产品品质等关系的研究十分薄弱；综合考虑这些因素的相互作用时，动物营养需要的种类及需要量有何变化，目前知之极少；对动物达到最佳生产性能时的采食量及其调控机制与措施了解不足；高效迅速地检测饲料中养分和抗营养因子的含量以及评定养分的生物利用率的技术尚不完善。

二、饲料生产中存在的主要问题

1. 饲料及饲料添加剂资源短缺

蛋白质饲料的缺口较大。维生素、氨基酸及药物添加剂严重依赖进口的局面很难在短时期内迅速扭转。

2. 配合饲料的使用比例低

中国饲料工业虽然具有强大的生产能力，但与养殖业巨大的饲料消耗量相比较，工业饲料占所有饲料的比例较低，仅为30%，其余为农家饲料。目前中国的工业饲料用户主要为具有一定规模的养殖企业和养殖户,占养殖业绝大多数份额的小型养殖户较多地使用青绿饲料、农副产品、单一的谷物及营养不全价的自配饲料,因此养殖业生产水平较低。

3. 单个饲料企业的生产规模小

企业规模的大小往往是其抗风险能力强弱的重要标志,随着行业竞争加剧,高科技大型饲料企业在世界饲料业竞争中具明显优势。中国饲料工业虽然在世界饲料工业总量排名中处于第一位,但单个企业的平均规模较小,难以抵抗饲料市场尤其是发达国家大型饲料集团的竞争。而世界饲料工业的现状是约 3 800 家大型饲料企业生产的配合饲料占全球总量的 80%,单个企业的平均生产规模为 12.5 万 t/年左右。中国饲料企业要在国内外饲料业激烈竞争中占据一定市场,必须采取收购、兼并、托管等多种形式的资源重组,形成集团化优势。

4. 基础研究薄弱

我国对动物营养与饲料科学的基础性、前沿性研究投入较少,致使饲料营养物质的代谢规律、营养物质需要量等方面研究水平落后于发达国家,制订的饲养标准多借鉴和参考国外的资料,少有自己研究的数据,严重影响饲料工业发展的科技水平和持续发展的后劲。维生素、氨基酸的生产技术和药物添加剂新品种开发、机电一体化技术方面的研究不能适应饲料工业发展的需要,饲料机械制造业设备及工艺落后,依赖进口,耗费了大量的外汇。

5. 解决饲料安全问题刻不容缓

抗生素等生长促进剂在畜产品中的药物残留及兴奋剂等"非法添加剂"的滥用对人类健康所造成的危害已成为广大消费者疑虑的焦点。为了人民的健康和冲破"绿色壁垒",提高我国畜产品在国际上的竞争力,加速我国饲料工业标准化进程迫在眉睫。

知识巩固

选择题

饲料生产存在的主要问题有(　　)。

A. 饲料及饲料添加剂资源短缺

B. 配合饲料的使用比例低

C. 单个饲料企业的生产规模小

D. 基础研究薄弱

E. 解决饲料安全问题刻不容缓

答案

项目小结

动物营养与饲料是畜牧兽医专业一门重要专业基础课,内容包括研究动物需要什么营养素,动物摄入饲料后营养物质在动物体内代谢的规律、特点,动物生产效率与动物营养和饲料的关系。近二三十年来,生物化学和仪器分析的发展为营养学研究提供了强有力的技术支撑,研究的重点已由蛋白质、脂肪和矿物质转向氨基酸、微量元素、维生素、酶、激素等。畜牧业发达的国家和地区,由于重视动物营养科学的研究,制定了各种动物营养需要标准,按照科学配方生产全价、高效和低耗的配合饲料,从而在很大程度上提高了饲料利用效率,缩短了畜禽饲养周期，降低了饲料成本，特别是由于广泛深入地开展氨基酸、维生素和微量元素营养的研究，重视它们在日粮中的平衡作用，大量生产和使用各种添加剂，使饲料利用率提高到了一个新的水平。总之，动物营养、饲料生产、畜牧业生产三者关系密不可分，动物营养和饲料科学为饲料生产和畜牧业生产提供理论指导和技术基础，推动了饲料工业的发展和畜牧产业的升级。

思政小课堂

动物营养与饲料这门学科发展对人民生活水平的改善体现在哪些方面？

项目二
动物营养的基础知识

知识目标

1. 了解动物生存和生产所需的营养素及其功能。

2. 掌握畜禽关键营养素缺乏症的表现。

技能目标

1. 明确主要畜禽各类营养素的需要量及其发挥的生理功能。

2. 在生产中灵活应用动物营养知识来处理实际问题，防止营养素的过量或缺乏，从而使动物发挥出最大的生产潜力。

项目导读

动物体生长离不开基本的营养素，动物体活动的能量也来源于各种营养素，动物营养学在指导现代动物生产中起着重要的作用，营养是决定生产效率高低和生产潜力发挥的关键因素。本项目主要讲述动物生存和生产所需的营养素，各营养素的生理功能，以及各营养素在体内代谢、转化规律和作用调节机制。

任务一　水的营养

思维导图

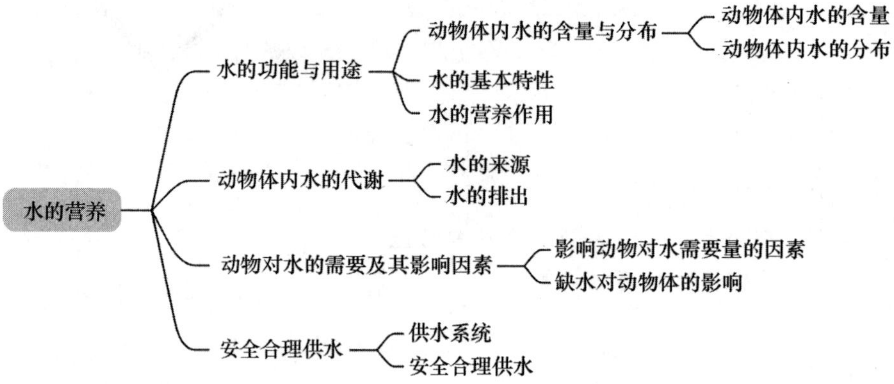

水的营养生理功能

任务实施

生命活动中一切化学反应都是在水环境下完成的。在畜禽养殖过程中，水的供给充足，成本小，生产者常常没有把水当成重要的营养物质来看待，忽视了动物的合理供水。随着养殖业现代化、集约化程度的不断提高，在生产中研究和认识水的营养和生理作用，合理地提供给动物充足、卫生的饮水，对于健康养殖和畜牧业的持续发展有重要的意义。

一、水的功能与用途

1. 动物体内水的含量与分布

(1)动物体内水的含量。动物体内水的含量较恒定，为 60%～70%，不像植物体那样变动范围较大。但不同品种、性别、年龄和营养状况的动物之间也有较大差异。具体见表 2-1、表 2-2。

表 2-1　各种动物体脂及水分的含量　　%

动物	水分	脂肪	动物	水分	脂肪
新生犊牛	74	3	猪(体重 8 kg)	73	6
犊牛(肥)	68	10	猪(体重 30 kg)	49	24
青年牛(瘦)	64	12	猪(体重 100 kg)	49	39
青年牛（肥）	43	41	母鸡	56	19
羊(瘦)	74	5	兔	69	8
羊(肥)	40	46	马	61	17

表 2-2　不同日龄猪体内水分和脂肪含量的变异　%

日龄	水分	脂肪	日龄	水分	脂肪
初生	80	1.8	60	67	13
7	77	2.2	90	62	15
15	75	7.5	120	60	21
30	73	8.2	240	52	32

新生动物的含水量最高。最初水分下降很快，随后逐渐降至成年动物水平。如果以去脂体重为基础，各种不同动物的含水量是相对恒定的，为去脂体重的70%～75%，平均为73%。

(2)动物体内水的分布。动物体内的水通常是与溶解在其中的有机物(如葡萄糖、蛋白质等)和无机物一起组成体液，分布于细胞内外。因此，在动物体内没有纯水存在。

体液中水的含量
- 细胞内液：水占65%～75%
- 细胞外液
  - 血浆：水占5%
  - 细胞间液：水占15%

水在动物器官和组织中的分布也不均匀，肌肉中大约占总水的55%，皮肤中为10%，血液中占总水的6%～7%，肝中相应为5%，剩余部分含在软组织中。脂肪和骨类组织中含水量低，肌肉、肝和血液属中等，脑的灰质、淋巴、弹性组织等含水量很高。

2. 水的基本特性

①水是良好的溶剂。

②水的比热容大。

③水的蒸发热值很大(1 kg 水在 37 ℃时完全蒸发，需吸收 2 260 kJ 的热量)。

④水的表面张力较大，是蛋白质等大分子构象的稳定剂，也是酶、激素等大分子的动力学促进剂。

3. 水的营养作用

(1)水是物质输送的介质。水是良好的溶剂，其黏度小，流动性好，有利于体内养分的输送、奶汁分泌以及代谢废物的排泄等。水可作为水溶性物质的载体，可用于给动物服药、注射药剂或疫苗等。

(2)水是良好的润滑剂。水是润滑液的主要成分，使骨关节和内脏组织器官保持润滑和活动自如。

(3)参与生化反应。动物体内营养物质的消化、代谢过程中的许多生化反应都必须有水的参与，如淀粉、蛋白质、碳水化合物的水解反应、氧化还原反应以及加水反应等。

(4)使动物保持体温的恒定。水需要失去或获得较多的热量，才能使水温发生明显下降或上升，因此动物的体温不易因外界温度的变化而明显改变，体内热量增加或减少不会引起体温的过大变化。动物体能够依靠出汗和经皮肤蒸发水分，达到散热的目的。

(5)参与维持组织器官形态。水与动物体蛋白质的活性基团或碳水化合物的活性基团以氢键形式相结合，形成胶体。胶体具有一定的稳定性，使组织细胞具有一定的形态、硬度和弹性。

二、动物体内水的代谢

水的消化代谢

1. 水的来源

动物体内水的来源：
- 饮水、饲料水 —— 外源水
- 代谢水＝内源水

(1)饮水。饮水是动物体内水的重要来源，是动物获得水的主要方式。其量较其他两种来源多，且饮水量的多少是调节体内水平衡的重要环节，当饲料来源的水和代谢水量增加或减少时，水需要总量将由饮水量来调节。

(2)饲料水。饲料水也是动物体内水的重要来源，其量的多少与饲料的种类和采食量有关。

(3)代谢水。代谢水包括体内发生的聚合反应生成的水(如氨基酸缩合成肽时所释放的水)、组织分解水(动物处于能量负平衡时，由组织分解所产生的水，对于冬眠动物较重要)和有机质在体内氧化分解所产生的水。1 g 碳水化合物氧化分解产生 0.6 mL 水；1 g 脂肪氧化分解产生 1.07 mL 水；1 g 蛋白质氧化分解产生 0.41 mL 水。蛋白质在体内的代谢产物是尿酸或尿素，不能完全转化成水，故产生的水较少。

代谢水的数量是有限的，通常只能满足动物需水量的 5%～10%(沙漠动物为 16%～20%)，但在缺水时对机体水的供应起着重要的作用。如正在冬眠的动物，代谢水即可满足机体的全部需要。

2. 水的排出(去路)

动物体内水的排出主要由肾、肺、皮肤、消化道和乳腺来完成。

(1)肾。肾是调节水平衡的重要器官。通常经肾随尿排出的水分可占动物体总排水量的50%左右。动物排尿量受其种类、饮水量、活动量、饲料性质及环境温度等因素的影响而发生变化。例如，哺乳动物蛋白质代谢的尾产物主要是尿素，其浓度高对体组织有害，必须经水稀释后排出体外。而禽类蛋白质代谢的尾产物主要是尿酸，排除的尿含水量少，呈半固体状。再如，饲料水和饮水进入机体越多，则由尿排出的水量也相应增多，反之则相对减少。不同动物的每日排尿量见表 2-3。

表 2-3　不同动物的每日排尿量　　L

动物	每日平均排尿量	范围
马	5	2～11
泌乳期乳牛	7	5～14
绵羊、山羊	1	0.5～2
猪	4	2～6
犬	0.6	0.4～1
鸡(母)	0.1	0.05～0.2

(2)肺。由肺呼出的气体含有较多水分，湿度较大，在散热上起着重要作用。每天蒸发排

出水分的多少，随空气干湿、基础代谢率高低、呼吸深浅快慢及汗腺发达与否而变化。各种动物由蒸发所排出的水量占总排出量的比例见表2-4。

表2-4　各种动物由蒸发排出的水分占总排出量的比例

动物种类	环境温度/℃	平均排水比例/%	范围/%
母牛	28～29	23.8	20.6～26.8
绵羊	17～23	26.1	17～34
兔	24.5	30.8	27～34

(3)皮肤。体内水分由皮肤排出的方式有两种，即无感觉水分和有感觉水分。在适宜环境又不出汗的条件下，每天由皮肤消散的水分称为无感觉水分。无感觉水分和由肺呼出的水分一起被称为蒸发水分，但肺呼出的水分所占的比例较大，尤其是不出汗的动物。如绵羊在代谢室内，无感觉水分的排出量占总排水量的45%～55%。

有感觉水分是在天气炎热或运动时，由皮肤汗腺分泌的汗水，用来调节体温。这种汗液是低渗溶液，含有NaCl和少量的K^+。多数家畜汗腺不发达，只有少数家畜如印度瘤牛和马属动物，可经皮肤排出水分。马的汗液含水量约为94%。

(4)消化道。消化道以粪的形式排出未被消化吸收的部分饲料和水分，其排出的水量与动物的种类、饲料的性质等因素有关。例如，奶牛粪排水量可高达80%左右，常超过尿中排水量。

(5)乳腺(或产蛋活动)。泌乳动物乳汁的分泌也是体内水分排出的重要途径。例如，牛乳中平均含水量达87%。另外，产蛋动物产蛋也排出大量水分(禽蛋含水量为70%)。

三、动物对水的需要及其影响因素

动物对水的需要特点

1. 影响动物对水需要量的因素

影响需水量的因素较多，如动物的品种、年龄、性别、生理状态、生产性能、采食量、饲料性质、水质、环境温度、水温等。现从3方面来加以叙述。

①动物因素。妊娠、泌乳动物需水量较高，高产动物需水量较低产动物高。

②饲料因素。需水量通常随干物质采食量的升高而升高。日粮中矿物质、蛋白质、纤维含量高时需水量增加。

③环境因素。环境对动物的需水量影响较大，高温会明显增加动物需水量。如产奶牛在气温30℃以上时，需水量比10℃以下时高75%。空气干燥时，需水量增加；相对湿度高时，需水量则下降。

总之，动物的需水量随体重、采食量、饲料性质和环境温度不同而异。如猪需水量为：冬季为采食饲料干物质的2～3倍或体重的6%～8%；春、秋季为采食饲料干物质的3～4倍或体重的10%～14%；夏季为采食饲料干物质的4～5倍或体重的14%～18%。

2. 缺水对动物体的影响

(1)缺水的影响。缺水对动物的健康和生产性能的发挥都是有害的。当动物体失去占体重1%～2%的水时，开始有渴感。如果失水量达到10%，则可引起代谢紊乱，如果超过20%，则会引起死亡。缺水最初表现为食欲减退、采食量下降；以后随着时间的延长，渴感更为强烈，此时出现食欲废绝，消化机能迟缓直至完全丧失，机体免疫力下降。缺水对动物的生产性能发挥产生重要影响。幼龄动物生长发育缓慢，肥育动物增重速度降低，泌乳动物泌乳量下降；蛋禽产蛋量减少，蛋重减轻，蛋壳变薄。动物轻度缺水时，其生产性能可以恢复，但严重缺水以后，生产性能无法恢复。

(2)不同动物对缺水的耐受力。奶牛和蛋鸡对缺水的耐受力较差，骆驼最强，绵羊次之。产蛋鸡只要断水 1 d，就会停产或换羽(强制换羽时采用)。骆驼之所以最耐旱，一是驼峰中的脂肪在需要时可分解产生代谢水(16%～20%)，二是可以通过体温的变动减少水耗。白天体温上升，暂时吸收热量，到晚上再将热量散放出来，因而能减少维持体温所消耗的水。绵羊具有类似骆驼的变温机制，故较猪和牛耐旱。

安全合理的畜禽供水

四、安全合理供水

1. 供水系统

生产者要定期检查水源、过滤系统、贮水系统、圈舍附近的配水系统、饮水设施以及周围环境，同时还要观察动物的表现。生产中供水系统容易出现的问题如下。

(1)泥沙沉积。由于维护不良，或井水泥沙过多，过滤系统中泥沙沉积、阻塞，此种现象在沙质土壤地区常见。管理人员应经常检查过滤器，清理饮水器，保持饮水器水流畅通，从而保证饮水的供应。

(2)水压不足。由于主干线或水井的水压不够，无法灌满水箱。尤其在用水高峰时段容易出现这种情况，比如冲洗猪舍的时候。另外，乡村的供水线由于延伸过远，也容易出现这种情况。水压波动也造成饮水器水流速度也随之波动。

(3)水箱盖封闭不严或无水箱盖。病原微生物容易经垫料上的尘埃和昆虫污染饮水。光线也会促进藻类的滋生。这些都会促进疾病的扩散(例如，经啮齿动物传播的钩端螺旋体)，而且海藻和垫料也会堵塞管线。

2. 安全合理供水

(1)饮水器的安置要合理。饮水器嘴该与地面呈 45°斜角。饮水器角度不良，造成猪饮水困难，浪费增加，饮水时间延长，还会造成饮水器过度磨损，使用寿命缩短；长期使用后，猪会表现面部变形。饮水器的高度应在猪的肩膀以上，猪正好可以仰起头喝水，随着猪的生长，慢慢提高饮水器的高度。这样猪喝水方便，并且浪费也少。体重 10～30 kg 时，高出背部 8～10 cm；体重 30～60 kg 时，高出背部 10～15 cm；体重 60 kg 以上时，高出背部 20～25 cm。

(2)饮水器的水流量要合适。饮水流速不能满足需要，表现为任何猪(泌乳母猪除外)每天花 10 min 以上时间喝水。夏季还常见处于支配地位的猪只在饮水器前打滚，影响其他群体地位较低的猪只饮水。饲养密度过大时更容易出现这种问题。

(3)水温要适宜。初生 1 周内的动物最好饮 12～15 ℃的温水。使役家畜，尤其使重役后，切忌马上饮冷水，以防感冒和蹄部风湿炎症，应休息 30 min 后慢慢饮用。

知识巩固

一、选择题

1. 体内水分布包括(　　)。

A. 细胞内液　　B. 细胞外液　　C. 游离水　　D. 水蒸气

2. 水的基本特性包括(　　)。

A. 水是一个良好的溶剂

B. 水的比热容量大

C. 水的蒸发热值很大

D. 水的表面张力较大

答案

3. 动物体内水的来源有(　　)。

A. 饮水　　B. 饲料水　　C. 代谢水　　D. 其他

二、填空题

1. 动物体内水的排出主要由________、________、________、________和________来完成。

2. 水的营养作用主要包括：①________；②水是良好的润滑剂；③________；④参与生化反应；⑤________。

任务二　碳水化合物的营养

思维导图

- 碳水化合物的营养
  - 碳水化合物的组成与种类
    - 碳水化合物的组成
    - 饲料碳水化合物的分类
  - 碳水化合物的营养生理功能
    - 基本功能
    - 功能性寡糖的益生作用
    - 粗纤维的营养作用
  - 碳水化合物的消化、吸收和代谢
    - 单胃动物对碳水化合物消化、吸收和代谢的特点
    - 反刍动物对碳水化合物消化、吸收和代谢的特点

任务实施

碳水化合物广泛地存在于植物性饲料中，在动物日粮中占了1/2以上，是供给动物能量最主要的营养物质。不同动物对碳水化合物的消化吸收机制不同，营养生理功能也存在差异。现代营养学研究发现碳水化合物与其他大分子如蛋白质、脂肪形成糖复合物，多分布于细胞外层，而糖链普遍存在于多细胞生物的外表面，传递细胞间生物信息，在细胞之间的相互作用、相互识别、相互制约中起着重要的作用。由于糖苷键的多样性以及糖基的多种异构体，形成了糖链的多样性。因此，碳水化合物可以承载大量的生物信息，在生命活动中起到不可或缺的重要作用。经研究发现，碳水化合物决定动物体血型，并且与免疫、癌症、疾病感染、细胞发育和分化有关。碳水化合物占生物物质总量的3/4，是数量最多的有机物，天然及合成的碳水化合物超过了36万种，注定会拥有巨大的应用价值和发展潜力。

碳水化合物的组成与分类

一、碳水化合物的组成与种类

（一）碳水化合物的组成

碳水化合物是多羟基的醛、酮或其简单衍生物，以及能水解产生这些醛和酮的化合物的总称。大部分糖类含碳、氢、氧3种元素，可用通式$C_x(H_2O)_y$来表示，少数糖类不遵循这一结构规律，含有氮、磷、硫。

(二)饲料碳水化合物的分类

1. 饲料概略养分分类

- 碳水化合物
  - 无氮浸出物
    - 可溶性糖
      - 单糖:葡萄糖、果糖、半乳糖
      - 双糖:麦芽糖、蔗糖、乳糖
    - 淀粉
  - 粗纤维
    - 纤维素
    - 半纤维素
    - 镶嵌物
      - 木质素
      - 角质
      - 木栓质、硅酸

2. 化学分类

(1)单糖。单糖是碳水化合物的最简单形式。根据碳原子数目,单糖可分为三碳糖、四碳糖、五碳糖、六碳糖及七碳糖等。饲料中常见的单糖如下。

葡萄糖为右旋光性并具有还原作用,广泛分布于自然界中,但在饲料中则很少游离存在。动物体内的葡萄糖绝大部分是由淀粉消化而得到的。

果糖分子式与葡萄糖相同,而旋光性相反,主要存在于多种水果、植物绿叶及蜂蜜中。

半乳糖是乳糖的组成部分,以乳糖的形式存在于乳汁中。饲料中通常不以游离形式存在。

甘露糖是糖蛋白的组成成分,不以游离形式存在。

(2)寡聚糖。寡聚糖又称低聚糖,是指2～10个相同或不同的单糖经脱水缩合,由糖苷链连接形成的具有直链或支链的低聚合糖类的总称。由于组成的单糖分子种类、分子间结合位置及结合类型不同,寡聚糖种类很多,在自然界中达到数千种以上。

由同一种单糖结合而成的称为均寡聚糖,由两种或者两种以上单糖结合而成的称为杂寡聚糖。根据生物学功能又可将其分为普通寡聚糖和功能性寡聚糖。普通寡聚糖多由1,4-糖苷键连接,可被肠道消化酶降解,包括蔗糖、乳糖、麦芽糖等。而功能性寡聚糖是指具有特殊生理功能的非消化性寡糖。在动物营养中所研究的寡聚糖主要包括低聚甘露糖、低聚葡萄糖、低聚半乳糖、低聚果糖、低聚木糖、低聚乳糖、壳寡糖类。寡聚糖一般具有耐高温、稳定、无毒等良好的理化性能,大部分不能被动物本身的消化酶所消化,但到达肠道后可作为有益微生物的底物,又不被病原微生物利用,从而促进有益微生物的繁殖,抑制有害微生物。

(3)多糖。多糖是由单糖聚合而成的大分子聚合物,这些单糖通过糖苷键连接在一起。多糖广泛存在于植物体中,是植物的主要组成部分,分为营养性多糖和结构性多糖。

①营养性多糖。淀粉是植物最主要的贮备物质,主要积存于禾本科作物的籽实及马铃薯内,可占其有机物质的80%。淀粉是一种十分重要的多糖,由于在结构上葡萄糖分子聚合的方式不同,可分为直链淀粉与侧链淀粉两类。

某些植物中不含淀粉而含另一种多糖——菊糖,菊糖起着贮备物质的作用,在菊芋及菊苣等植物中存在。

糖原存在于动物体内。糖原的结构与淀粉相似,也是由许多葡萄糖组成,主要存在于肝脏和肌肉中。

②结构性多糖。结构性多糖是植物组织中除淀粉以外的所有多糖的总称,也称非淀粉多糖(NSP),按其溶解性可分为水溶性非淀粉多糖和非水溶性非淀粉多糖。

纤维素为构成植物细胞壁的主要成分,是植物中含量极其丰富的一种碳水化合物。纤维素在一定酶(如纤维素酶、纤维二糖酶)的作用下能分解为葡萄糖。

半纤维素是植物贮备物质与支持物质的中间类型,在植物界中分布极广。大部分半纤维素和多糖一样,是由相同的单糖组成,少部分则由不同的单糖组成。

木质素与纤维素和半纤维素共同作为植物细胞壁的结构物质,故将其列为碳水化合物。木质素是植物中最稳定和难以被消化部分。

果胶是富含糖醛酸的多糖类。禾谷类植物没有果胶物质,而双子叶植物中(如豆类)则含大量的果胶物质。

碳水化合物的营养生理功能

二、碳水化合物的营养生理功能

1. 基本功能

(1)动物体组织的构成物质。碳水化合物普遍存在于动物体各种组织中。例如,核糖及脱氧核糖是核酸的组成成分,黏多糖参与形成结缔组织基质,糖脂是神经细胞的组成成分,糖蛋白因多糖部分的复杂结构而与多种生理功能有关。碳水化合物也是动物体内合成某些氨基酸的原料。

(2)动物体内能量的主要来源。在正常情况下,碳水化合物的主要功能是在动物体内氧化供能。植物性饲料含丰富的碳水化合物,动物主要依靠它满足生理活动所需要的能量。葡萄糖能迅速氧化释放能量,及时供给动物需要。纤维素、半纤维素等也是反刍动物的重要能源。

(3)动物体内的营养贮备物质。饲料碳水化合物除供给动物所需的养分外,有多余时可转变为糖原和脂肪在体内贮备。糖原贮存在肝脏和肌肉中,分别称为肝糖原和肌糖原。糖原在动物体内经常处于合成贮备与分解消耗的动态平衡。动物采食的碳水化合物合成糖原后有剩余时,将合成脂肪贮存于体内。

(4)动物产品的合成原料。碳水化合物是乳脂和乳糖的重要合成原料。单胃动物主要利用葡萄糖合成乳脂。反刍动物利用碳水化合物在瘤胃中发酵产生的乙酸合成乳脂肪中的脂肪酸,乳脂中的甘油主要由血液中的葡萄糖合成。乳中的乳糖可由葡萄糖合成,葡萄糖可来源于血液的葡萄糖(单胃动物)或碳水化合物在瘤胃中发酵产生的丙酸合成的葡萄糖(反刍动物)。

寡聚糖的营养及作用

2. 功能性寡糖的益生作用

(1)促进机体肠道内微生态平衡。一些功能性寡糖可作为营养物质被双歧杆菌、乳酸杆菌、拟杆菌等有益菌利用,而梭状芽孢杆菌、真细菌、肠杆菌和大肠杆菌等有害菌对寡糖的利用率很低。因而这些寡糖可促进有益菌的增殖,通过对外源性病原菌的竞争性作用而抑制有害菌。同时,有益菌大量增殖的同时产生短链脂肪酸和一些抗菌物质,起到降低肠道pH、直接抑制外源致病菌和肠道内固有腐败细菌生长繁殖的作用。有害菌产生的毒素、胺、吲哚等有毒有害代谢产物大量减少,动物肠道疾病的发生也随之受到控制。

(2)结合并排出外源性病原菌。肠道微生物入侵的第一步是结合在消化道肠黏膜表面，这种结合是特异性的，当肠道内存在一定量的甘露寡糖、低聚半乳糖等寡糖时，病菌可与其结合，减少了病菌与肠黏膜上皮细胞结合的机会，这样外源病菌就会被排出体外。

(3)调节机体的免疫系统。一些寡糖不仅能连结到细菌上，而且能与毒素、病毒、真核细胞的表面结合。结合后，寡糖作为这些外源抗原的助剂，增加抗原的效价。外源性病原菌进入动物体后，巨噬细胞释放介质-6，随后介质-6由血液进入肝脏并促使其产生甘露糖结合蛋白，由此触发机体多级免疫功能。

(4)寡聚糖的能量效应。尽管一些寡聚糖在小肠不被吸收，但在大肠可被双歧杆菌等肠内细菌发酵利用，产生短链脂肪酸，一部分被大肠内膜上皮细胞吸收利用，转换成能量，一部分被转运到肝脏，转化为肝脏细胞的能量。

3. 粗纤维的作用

粗纤维的营养及作用

粗纤维(CF)是植物细胞壁的主要成分，包括纤维素、半纤维素、木质素、角质等。粗纤维的作用有两面性。

(1)粗纤维在单胃动物中的营养作用。

①用一定量粗纤维起填充消化道的作用，产生饱感。

②刺激胃肠道发育，促进胃肠运动(蠕动)，减少疾病。

③提供能量，单胃动物的粗纤维在盲肠消化，可满足正常维持需要的10%～30%。

④改善胴体品质，能提高瘦肉率、乳脂率。

(2)粗纤维在反刍家畜中的营养作用。

①粗纤维发酵产生挥发性脂肪酸，提供能量。

②对于奶牛，增加饲粮中优质粗饲料的给量，则形成的乙酸多，有利于形成乳脂肪，提高乳脂率。如奶牛中的粗纤维供给不足或粉碎过细，轻则影响产量、降低乳脂率，重则引起奶牛蹄叶炎、酸中毒、瘤胃不完全角化症。

③粗纤维对保证消化道正常功能、调节微生物区系具有重要作用。

(3)非淀粉多糖的抗营养作用。非淀粉多糖(NSP)是饲料纤维的主要成分，这些纤维将饲料营养物质包围在细胞壁里面，部分纤维可溶解于水并产生黏性物质，这些黏性物质抑制动物的正常消化功能，妨碍动物吸收营养。如将这些NSP去除，营养物质就从细胞壁里释放出来，从而增加了代谢能和蛋白质的利用率。玉米、小麦中均有大量的NSP，许多植物蛋白源如大豆粕同样含有NSP，在饲料中添加酶制剂可将这些NSP去除，被细胞结构包围的淀粉和蛋白质就可释放，因而提高了饲料的代谢能和蛋白质的利用率。

大部分谷物的NSP是水溶性的，在单胃动物的小肠内可产生高黏性，其后果是损害动物的消化系统。非淀粉多糖对单胃动物抗营养作用的具体机理如下：

①降低物理性消化的有效性，延长食糜通过消化道的排空时间，抑制动物采食量。

②与酶的底物结合，导致营养屏障，降低化学消化有效性。

③为后肠细菌提供营养底物，改变肠道微生物菌群，加剧宿主和细菌间的养分竞争。

④加快胃肠道膜更新，导致消化酶代偿性分泌，增加内源性物质损失。

碳水化合物的消化吸收与代谢

三、碳水化合物的消化、吸收和代谢

碳水化合物在动物体内代谢方式有两种，一是葡萄糖代谢，二是挥发性脂肪酸代谢。其过程表示如图 2-1 所示。

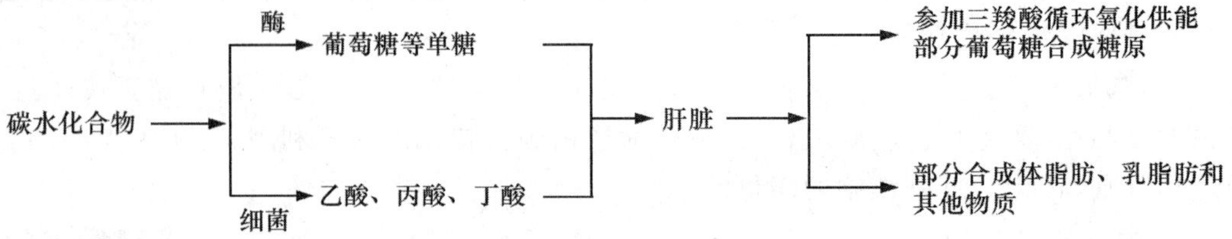

图 2-1 碳水化合物在动物体内代谢方式

(一)单胃动物对碳水化合物消化、吸收和代谢的特点

1. 消化

饲料中碳水化合物被动物采食后进入口腔，猪口腔的唾液淀粉酶活性较强，少部分淀粉经唾液淀粉酶水解为麦芽糖等。胃本身不含消化碳水化合物的酶类，而是由饲料从口腔带入部分淀粉酶，猪胃内大部分为酸性环境，淀粉酶失去活性。小肠中含有大量消化碳水化合物的各种酶，为碳水化合物主要的消化场所，其消化过程如下：

$$\text{淀粉}\xrightarrow{\text{胰淀粉酶、肠淀粉酶}}\text{麦芽糖}\xrightarrow{\text{麦芽糖酶}}\text{葡萄糖}$$

$$\text{蔗糖}\xrightarrow{\text{蔗糖酶}}\text{葡萄糖}+\text{果糖}$$

$$\text{乳糖}\xrightarrow{\text{乳糖酶}}\text{葡萄糖}+\text{半乳糖}$$

动画：碳水化合物在单胃动物体内的消化代谢

单胃动物的胃及小肠不分泌纤维素酶及半纤维素酶，饲料中的纤维素和半纤维素和在小肠内未被水解的淀粉转移至盲肠和结肠时，被细菌分解产生挥发性脂肪酸（乙酸、丙酸及丁酸等）和气体（二氧化碳和甲烷），挥发性脂肪酸被机体吸收利用，气体由肛门排出体外。

2. 吸收和代谢

猪碳水化合物代谢的特点是以葡萄糖代谢为主，消化吸收的主要场所在小肠，靠酶的作用进行；以挥发性脂肪酸代谢为辅，且在大肠内靠细菌发酵进行，其营养作用较小。因此，猪能大量利用淀粉和各类单、双糖，但不能大量利用粗纤维。猪饲粮中的粗纤维比例不宜过高，一般为 4%～8%。禽碳水化合物的代谢特点与猪相似，但缺少乳糖酶，故乳糖不能在禽消化道中水解，而粗纤维的消化只在盲肠，禽利用粗纤维的能力比猪还低。鸡饲粮中，粗纤维的含量以 3%～5%为宜。单胃草食动物，如马、驴、骡、兔等，对碳水化合物的消化代谢过程与猪基本相同，单胃草食动物虽然没有瘤胃，但盲肠、结肠较发达，其中的细菌对纤维素和半纤维素具有较强的消化能力，因此，它们对粗纤维的消化能力比猪强，但不如反刍动物。

碳水化合物最终的分解产物是各种单糖，其中大部分由小肠壁吸收，经血液输送至肝脏，在肝脏中，其他单糖首先都转变为葡萄糖。其中大部分葡萄糖经体循环输送至身体各组织，参加循环,氧化释放能量供动物需要;一部分葡萄糖在肝脏合成肝糖原;一部分葡萄糖通过血液输送至肌肉,形成肌糖原;再有过多的葡萄糖时,则输送至动物脂肪组织的细胞中合成体脂肪作为贮备。其代谢过程如图 2-2 所示。

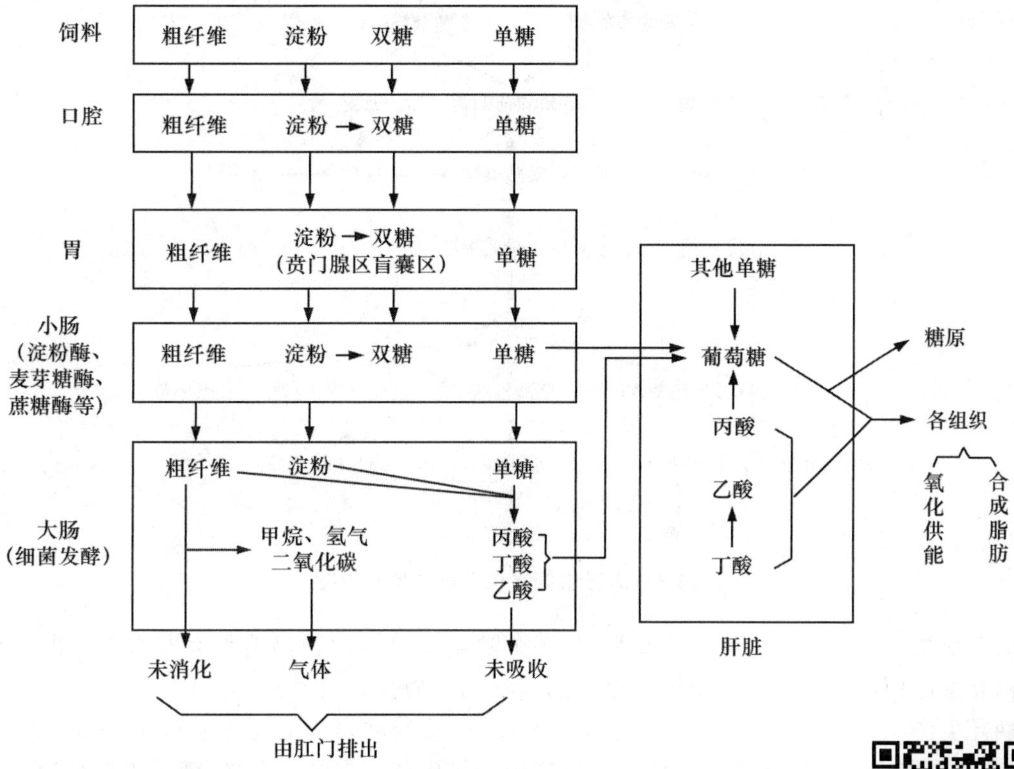

图 2-2　非反刍动物的淀粉和糖的消化吸收情况

(二)反刍动物对碳水化合物消化、吸收和代谢的特点

动画:碳水化合物在反刍动物体内的消化代谢

反刍动物的碳水化合物消化、吸收和代谢不同于单胃动物。碳水化合物主要被分解为挥发性脂肪酸而被吸收利用,以单糖形式被吸收的数量则很少。

1. 消化和吸收

反刍动物除前胃外,消化道各部分的消化和吸收均与非反刍动物类似。反刍动物的口腔中含淀粉酶很少,故饲料中的淀粉在反刍动物的口腔内被消化的数量不多,饲料中大部分淀粉、粗纤维进入瘤胃被细菌分解为乙酸、丙酸和丁酸等挥发性脂肪酸,同时产生甲烷、氢气和二氧化碳等气体。分解后的挥发性脂肪酸大部分可直接被瘤胃壁迅速吸收,由血液输送至肝脏。瘤胃中未被降解的粗纤维,通过小肠时无大变化,到达盲肠与结肠中,部分粗纤维又可被细菌降解为挥发性脂肪酸及气体,挥发性脂肪酸被肠壁吸收参加机体代谢,气体排出体外。碳水化合物的代谢情况如图 2-3 所示。

2. 代谢

碳水化合物在反刍动物体内以挥发性脂肪酸代谢为主,在瘤胃和大肠中靠细菌发酵,以葡萄糖代谢为辅,在小肠中靠酶的作用进行,故反刍动物不仅能大量利用无氮浸出物,也能大量利用粗纤维,反刍动物对粗纤维的消化率一般可达 42%～61%。

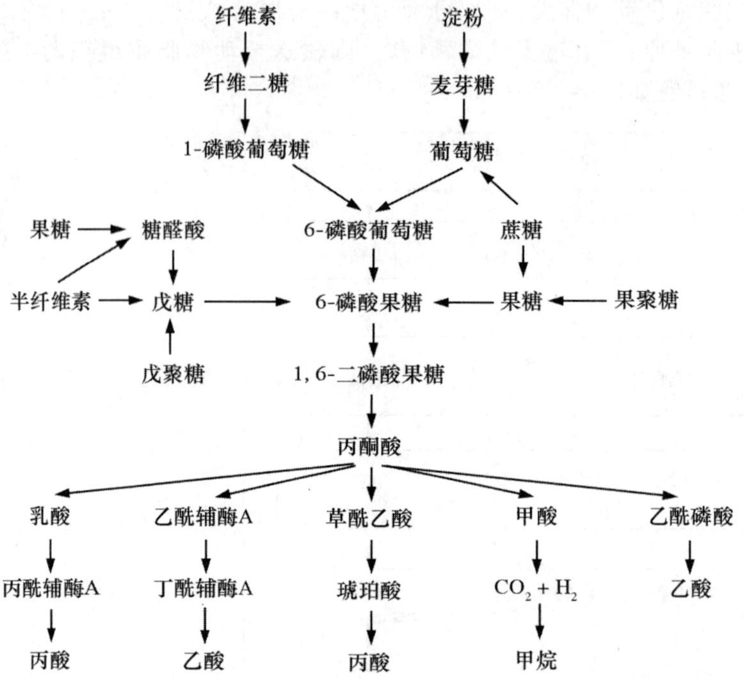

图 **2-3** 瘤胃中碳水化合物的代谢情况

反刍动物不能从消化道吸收葡萄糖，但葡萄糖对于反刍动物仍然具有非常重要的生理作用。糖异生作用对于反刍动物是极其重要的碳水化合物代谢途径。

糖异生作用：在大量饲喂纤维性饲料的条件下，反刍动物从消化道吸收的葡萄糖几乎为零，反刍动物体内代谢所需的葡萄糖必须全部由糖异生作用提供。但是，糖异生作用的主要前体物质——丙酸在瘤胃发酵过程中所产生的数量和比例都很小。在饲喂劣质饲草时，瘤胃液中乙酸与丙酸的比例为100∶16，而饲喂精料型饲粮时这一比例却为100∶75。故大量饲喂纤维性饲料条件下，一方面糖异生作用加强，以提供机体代谢所必需的葡萄糖，另一方面又因丙酸数量不足，无法满足糖异生作用进行的需要，使其受到限制，由此导致体脂肪合成与沉积量下降，机体蛋白质代谢更加恶化，以及母畜泌乳量下降。

知识巩固

1. 碳水化合物的营养生理功能有（　　）。

A. 动物体组织的构成物质　　B. 动物体内能量的主要来源

C. 动物体内的营养贮备物质　　D. 动物产品的合成原料

2. 下面描述反刍动物对碳水化合物代谢的特点正确的是（　　）。

A. 以挥发性脂肪酸代谢为主，在瘤胃和大肠中靠细菌发酵；以葡萄糖代谢为辅，在小肠中靠酶的作用进行

B. 以挥发性脂肪酸代谢为辅，在瘤胃和大肠中靠细菌发酵；以葡萄糖代谢为主，在小肠中靠酶的作用进行

C. 只有挥发性脂肪酸代谢，反刍动物没有葡萄糖代谢

答案

D. 以挥发性脂肪酸代谢为辅，在瘤胃和大肠中靠酶的作用；以葡萄糖代谢为主，在小肠中靠酶的作用进行

3. 非淀粉多糖对单胃动物抗营养作用的具体机理有(　　)。

A. 降低物理性消化的有效性，延长食糜通过消化道的排空时间，抑制动物采食量

B. 与酶底物结合，导致营养屏障，降低化学消化有效性

C. 为后肠细菌提供营养底物，改变肠道微生物菌群，加剧宿主和细菌间的养分竞争

D. 加快胃肠道膜更新，导致消化酶代偿性分泌，增加内源性物质损失

4. 粗纤维在单胃动物的营养作用有(　　)。

A. 一定量粗纤维起填充消化道的作用，产生饱感

B. 刺激胃肠道发育，促进胃肠运动(蠕动)，减少疾病

C. 提供能量

D. 改善胴体品质，能提高瘦肉率、乳脂率

二、填空题

1. 单胃动物的胃及小肠不分泌__________及__________，饲料中的纤维素和半纤维素以及在小肠内未被水解的淀粉转移至盲肠和结肠时，被细菌分解产生__________。

2. 寡聚糖又称低聚糖，是指__________个相同或不同的单糖经脱水缩合，由糖苷链连接形成的具有直链或支链的低聚合糖类的总称。

非淀粉多糖的抗营养作用及其在动物生产中的应用.mp4

任务三　蛋白质、小肽、氨基酸的营养

思维导图

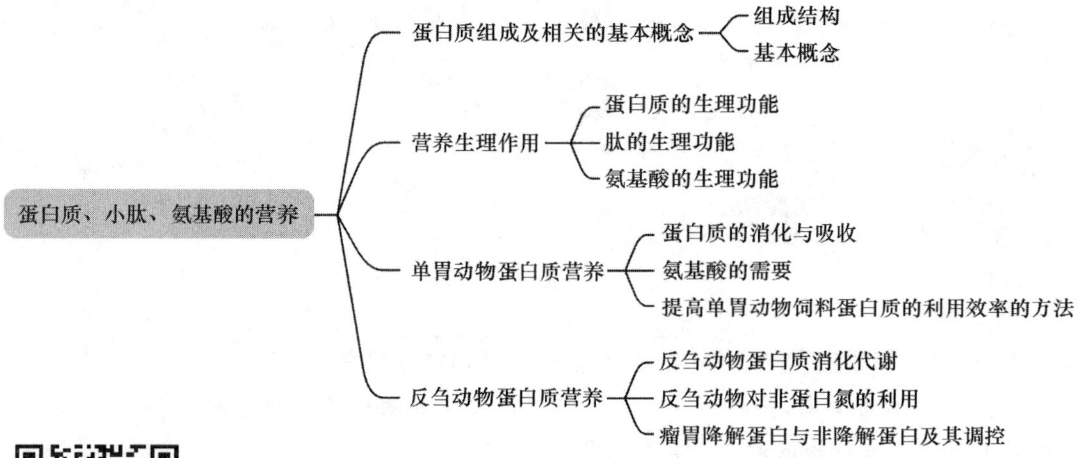

蛋白质的组成与基本概念

蛋白质的营养生理作用

任务实施

蛋白质具有多种生物学功能，是生命活动的物质基础，在生命过程中起着特殊重要的作用。蛋白质是化学结构复杂的一类有机化合物，是动物体的必需营养素。

一、蛋白质组成及相关的基本概念

1. 组成结构

蛋白质的主要组成元素是碳、氢、氧、氮，大多数的蛋白质还含有硫，少数含有磷、铁、铜和碘等元素。各种蛋白质的含氮量很接近，平均为16%，且蛋白质是体内的主要含氮物，因此可以根据生物样品的含氮量推算出蛋白质的大致含量。蛋白质中元素的平均含量：碳53%、氢7%、氧23%、氮16%、硫+磷<1%。

2. 基本概念

粗蛋白质：饲料中所有含氮化合物的总称，包括真蛋白和非蛋白氮。

可消化蛋白：指饲料蛋白质中可被动物消化的粗蛋白质。它在一定程度上反映蛋白质品质的高低。

蛋白质的生物学价值：表示饲料蛋白质利用效率的一种形式，它是指消化吸收后饲料氮（蛋白质）转变为动物体沉积氮（体蛋白质或产品蛋白质）的百分率。

非蛋白氮：指非蛋白质的含氮物质，包括游离氨基酸、肽、硝酸盐、铵盐（如硫酸铵）、酰胺、生物碱、有机碱、含氮糖苷、氨、尿素、尿酸等。

氨基酸：蛋白质的基本构成单位（图2-4）。

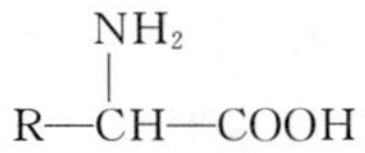

图 2-4　氨基酸结构通式

天然存在的氨基酸有 200 多种，但参与动植物体蛋白质构成的氨基酸只有 20 余种。氨基酸在蛋白质中的组成比例决定着蛋白质营养价值的高低。氨基酸在结构上有 L 型和 D 型两种构型，动物对 L 型和 D 型氨基酸的利用程度不一样。如蛋氨酸的 L 型和 D 型都能被动物利用；赖氨酸的 L 型能被动物利用，但 D 型不能被利用。氨基酸可分为酸性氨基酸、中性氨基酸和碱性氨基酸。

中性氨基酸：甘氨酸、丙氨酸、缬氨酸、亮氨酸、异亮氨酸、丝氨酸、苏氨酸等。

碱性氨基酸：赖氨酸、精氨酸等。

酸性氨基酸：天冬氨酸、谷氨酸等。

20 种氨基酸的简写符号如表 2-5 所示。

表 2-5　氨基酸的简写符号

名称	三字母符号	单字母符号	名称	三字母符号	单字母符号
丙氨酸(alanine)	Ala	A	亮氨酸(leucine)	Leu	L
精氨酸(arginine)	Arg	R	赖氨酸(lysine)	Lys	K
天冬酰胺(asparagine)	Asn	N	甲硫氨酸(methionine)	Met	M
天冬氨酸(aspartic acid)	Asp	D	苯丙氨酸(phenylalanine)	Phe	F
半胱氨酸(cysteine)	Cys	C	脯氨酸(proline)	Pro	P
谷氨酰胺(glutamine)	Gln	Q	丝氨酸(serine)	Ser	S
谷氨酸(glutamic acid)	Glu	E	苏氨酸(threonine)	Thr	T
甘氨酸(glycine)	Gly	G	色氨酸(tryptophan)	Trp	W
组氨酸(histidine)	His	H	酪氨酸(tyrosine)	Tyr	Y
异亮氨酸(isoleucine)	Ile	I	缬氨酸(valine)	Val	V

理想蛋白：指各种氨基酸之间(必需氨基酸之间以及必需氨基酸与非必需氨基酸之间)具有最佳比例的蛋白质，即各种氨基酸的比例与动物所需比例完全吻合。显然，理想蛋白的利用率已达到最大限度，不可能通过向其加入任何氨基酸或改变其氨基酸之间的比例关系而得到进一步提高。

蛋白质的周转：机体蛋白质代谢是一个动态平衡过程，机体在合成新的蛋白质的同时，也存在旧的蛋白质的降解，降解产生的氨基酸又可用于合成蛋白质，这种现象叫蛋白质周转。

二、蛋白质和氨基酸的生理功能

1. 蛋白质的生理功能

单胃动物蛋白质营养

蛋白质不足与过量对畜禽的危害

(1)构成体组织。动物体表的被毛、角、蹄、喙都是角蛋白与胶质蛋白构成的。动物的皮肤、肌肉、神经、结缔组织、腺体、精子、卵子及心脏、肺脏、肝脏、脾脏、胃肠等内脏器官，均以蛋白质为基本成分。肌肉、肝脏、脾脏等组织器官的干物质中含蛋白质达80%以上。

动物的新陈代谢过程中，各种组织器官的细胞在不断地更新，增殖及损伤后的修补，都需要蛋白质。据同位素测定，动物全身的蛋白质经6～7个月可更新一半。

(2)形成生物活性物质，参与多种重要的生理活动。蛋白质是体液、酶、激素与抗体的重要成分。这些物质都是动物生命活动所必需的调节因子。蛋白质是体液的重要成分。酶本身就是具有特殊催化活性的蛋白质。在维持体内渗透压和水分的正常分布上，蛋白质都起着非常重要的作用。蛋白质和氨基酸的功能不能由糖和脂类代替。

(3)蛋白质是遗传物质的基础。动物的遗传物质DNA与组蛋白结合成为一种复合体——核蛋白，而以核蛋白的形式存在于染色体上，将本身所蕴藏的遗传信息，通过自身的复制过程遗传给下一代。DNA在复制过程中，涉及30多种酶和蛋白质的参与协同作用。

(4)蛋白质也可分解供能。蛋白质的主要营养作用不是氧化供能，但在分解过程中，可氧化产生部分能量。尤其是当食入蛋白质过量或蛋白质品质不佳时，多余的氨基酸经脱氨基作用后，将不含氮的部分氧化供能或转化为体脂肪贮存起来，以备能量不足时动用。实践中应尽量避免蛋白质作为能源物质。

(5)蛋白质是动物产品的重要组成成分。蛋白质是形成奶、肉、蛋、皮毛、羽绒等畜产品的重要原料。

2. 肽的生理功能

小肽的营养

一个氨基酸的氨基与另一个氨基酸的羟基缩合失去一分子水所形成的化合物叫肽。由3个以上氨基酸分子组成的肽，叫多肽；小肽一般指2～3个氨基酸组成的寡肽。肽特别是小肽在蛋白质的营养中有着重要的作用。与氨基酸运输体系相比，小肽具有吸收快、能耗低、效率高、载体不易饱和等特点。小肽可直接被消化道吸收进入循环系统，被组织利用。其营养生理功能如下。

(1)促进氨基酸的吸收和体内蛋白质的沉积。小肽与游离氨基酸具有相互独立的吸收机制，二者互不干扰。小肽吸收系统具有速度快、耗能少、不易饱和，在氨基酸吸收中有着很重要的作用，能快速提高动、静脉氨基酸差值，从而可提高蛋白质合成速率。

(2)促进矿物质的吸收利用。小肽可与钙、锌、铜、铁等矿物质离子形成螯合物，增加后者可溶性，有利于机体的吸收。

(3)促进瘤胃微生物对营养物质的利用。小肽对于瘤胃微生物有重要的作用。肽是瘤胃微生物合成蛋白质的底物，小肽对微生物的主要效应是加快微生物的繁殖速度，缩短细胞分裂周期。

(4)提高动物生产性能。在生长猪日粮中加少量小肽，能显著提高猪的日增重、蛋白质的利用率和饲料转化率；在蛋鸡基础日粮中加入肽制品后，蛋鸡的产蛋率、日产蛋量和饲料转化率均显著提高，蛋壳强度有提高的趋势。小肽还能阻碍脂肪的吸收，并能促进脂质代谢。

(5)调节机体生理功能。肽类是神经系统的重要活性物质，许多蛋白质在消化酶的作用下，可以分解产生活性肽，这些肽可以被完整地吸收进入循环系统，作为神经递质而发挥生理作用。例如，激素肽和调节激素肽(包括生长激素释放肽、胰岛素样生长因子、催产素等)通过自身作为激素或调节激素反应而产生多种生理作用。

(6)抗氧化的作用。近年来，由于化学抗氧化添加剂的不安全性，高效、低毒的天然抗氧化剂成为目前一大研究热点。研究发现肌肽、谷胱甘肽以及大豆肽具有抗氧化作用。

(7)参与机体免疫调节，提高机体免疫机能。蛋白质尤其是乳源蛋白降解产生的肽在机体免疫调节中发挥着重要作用。从酪蛋白的胰蛋白酶-糜蛋白酶降解产物中分解得到的免疫刺激肽能激活巨噬细胞的吞噬功能。β-酪蛋白酶的水解产物中的三肽或六肽可以促进腹膜内巨噬细胞的体外吞噬作用。除酪蛋白外，乳铁蛋白和大豆蛋白酶水解产生的某些小肽也同样具有免疫活性作用。缓激肽能促进巨噬细胞的生长，促进淋巴细胞的转运和淋巴因子的分泌，从而提高机体的免疫机能。

(8)抗菌作用。大多数抗菌肽都具有抗细菌的作用。饲料蛋白质酶解可得到有效的抗菌肽。目前应用最多的杆菌肽的抗菌谱与青霉素 G 相似，主要对革兰氏阳性菌有抗菌的作用。

未来，小肽将成为继维生素、氨基酸之后既安全又性能卓越的添加剂，其有丰富的营养作用，又有全面的功能性作用，如味觉肽、神经肽、免疫调节肽、抗氧化肽、杀菌肽、微量元素络合肽、类激素肽。小肽产品的开发应用将在动物生产上具有广阔的前景，在挖掘动物生长生产潜能、防病抗病、改善产品品质、提高经济效益等方面有重要的作用。

3. 氨基酸的生理功能

常见的构成动植物体的氨基酸只有 20 种，植物能合成自己全部的氨基酸，但动物不能，几种常见氨基酸的功能如下。

(1)赖氨酸。赖氨酸是动物最缺乏的必需氨基酸之一，是动物体内合成细胞蛋白质和血红蛋白所必需的氨基酸，也是幼龄动物生长发育所必需的营养物质。日粮中缺乏赖氨基酸，会导致动物食欲降低，体况消瘦，瘦肉率下降，生长停滞；还可引起皮下脂肪减少，骨的钙化失常。

植物性饲料，除大豆、豆饼(粕)富含赖氨酸外，其余的含量均低；赖氨酸常为第一限制性氨基酸，在饲料中多用人工合成 L-赖氨酸直接添加。

(2)蛋氨酸。它是含硫氨基酸。蛋氨酸不仅是合成蛋白质的原料，而且是动物体代谢中一种重要的甲基供体。通过甲基转移，参与肾上腺素、胆碱和肌酸的合成；肝脏脂肪代谢中，蛋氨酸参与脂蛋白的合成，将脂肪输出肝外，防止动物产生脂肪肝，降低胆固醇；此外，还具有促进动物被毛生长的作用，当动物缺乏蛋氨酸时表现为发育不良，体重减轻，肝、肾机能受到破坏，禽蛋变轻、被毛变质。动物性蛋白质中蛋氨酸含量丰富，植物性蛋白质中含量较少。在饲料中多用人工合成的 DL-蛋氨酸给动物补饲。

(3)色氨酸。色氨酸参与血浆蛋白的更新，并与血红素、烟酸的合成有关；它能促进维生素 B_2 发挥作用，并具有传递神经冲动的功能；它是幼龄动物生长发育和成年动物繁殖泌乳所必需的氨基酸。动物缺少色氨酸时，食欲降低，体重减轻，生长停滞；易患贫血、下痢、视力障碍及皮炎等；种公畜睾丸萎缩；产蛋母鸡胚胎发育不正常。色氨酸在动物蛋白中含量多，玉米中含量较低。

(4)亮氨酸。亮氨酸是合成体组织蛋白与血浆蛋白所必需的氨基酸，可促进雏鸡的食欲和体重的增加。亮氨酸是免疫球蛋白的成分，并能促进骨骼肌的合成，对除骨骼肌以外的机体组织的降解有抑制作用。

(5)异亮氨酸。异亮氨酸与亮氨酸共同参与体蛋白质的合成，缺乏异亮氨酸时，动物不能利用饲料中的氮。用不含异亮氨酸的饲料育雏，雏鸡体重下降，且过一定时间后雏鸡会死亡。

(6)缬氨酸。缬氨酸具有保持神经系统正常机能的作用。缺乏时，动物生长停滞，运动失调，它是免疫球蛋白的成分并影响动物的免疫反应。

(7)苯丙氨酸。苯丙氨酸是合成甲状腺素和肾上腺素所必需的氨基酸。动物体缺乏苯丙氨酸时甲状腺和肾上腺机能受到破坏，用缺乏苯丙氨酸的饲料育雏，雏鸡体重减轻。

(8)精氨酸。精氨酸是幼龄动物的一种必需氨基酸，哺乳仔猪对其需要量特别高。研究证明，精氨酸不仅具有提高哺乳仔猪增重、刺激激素分泌等营养作用，而且对免疫系统具有调节作用。成年畜自身能合成精氨酸。

(9)苏氨酸。苏氨基酸是免疫球蛋白的成分，也是母猪初乳与常乳中免疫球蛋白中含量最高的氨基酸；参与体蛋白的合成，缺乏时动物体重迅速下降；苏氨酸作为黏膜糖蛋白组成成分，有助于形成防止细菌与病毒入侵的非特异性防御屏障。

(10)甘氨酸。甘氨酸在动物体内参与多种化合物的合成，与氨甲酸及二氧化碳等共同合成核酸的重要成分——嘌呤类；甘氨酸是合成甘胆酸、谷胱甘肽、肌酸及血红素的原料。甘氨酸是雏鸡的必需氨基酸。

动画:蛋白质在单胃动物体内的消化代谢

三、单胃动物蛋白质营养

(一)蛋白质的消化与吸收

1. 消化

单胃动物的蛋白质消化在胃和小肠上部进行，主要靠酶消化。

饲料蛋白质被采食后，在胃中被胃蛋白酶水解为大分子的多肽和少量的游离氨基酸，然后连同未被消化的蛋白质一起进入小肠，经胰液和肠液的各种蛋白酶水解，蛋白质和多肽转变为游离氨基酸和小肽。此过程通常可生成占食入蛋白质氨基酸组成的60%以上的游离氨基酸，经小肠壁吸收进入血液循环。在上述消化过程中，胃蛋白酶的作用较小，只有20%左右的饲料蛋白质的消化在胃部进行，而且需在盐酸的作用下无活性的胃蛋白酶原才能变为有活性的胃蛋白酶。胰蛋白酶(来自胰液)在单胃动物的蛋白质消化过程中起着主要作用。在蛋白质的消化过程中，除了胃蛋白酶和胰蛋白酶外，还有多种蛋白质水解酶的参与，如凝乳酶等。在胃和小肠中未被消化的饲料蛋白质经大肠以粪的形式排出体外，其中有部分蛋白质可降解为吲哚、粪臭素、酚、硫化氢、氨和氨基酸，虽然大肠内的细菌可利用非蛋白氮合成菌体蛋白，但最终还是随粪排出体外。随粪排出的蛋白质并非全部来源于未被消化的饲料蛋白质，其中有来自消化道脱落的细胞、消化道分泌物、残存的消化液等所含的蛋白质，这部分蛋白质称为代谢(粪)蛋白质，其量可占整个粪蛋白质的30%。

马属动物、兔等草食单胃动物有发达的盲肠和结肠，其内有较猪、鸡多得多的微生物，这些微生物在蛋白质的消化过程中有着特殊的作用。未消化蛋白质进入大肠，在微生物作用下分解为氨基酸及其他含氮物质，因此这类动物的盲肠和结肠可消化50%的日粮蛋白质，而猪、禽等动物不能利用这部分营养。

2. 吸收

单胃动物主要以氨基酸和小肽的形式吸收利用蛋白质，其吸收部位在小肠，而且主要在十二指肠。新生的哺乳动物血液内几乎不含γ球蛋白，在出生后24～36 h内可吸收完整的蛋白质，即直接从初乳中吸收免疫球蛋白，以获取抗体，得到免疫力。因此，给新生幼畜及时吃上初乳，可保证获得足够的抗体，对幼畜的健康非常重要。

对氨基酸的吸收为主动吸收，维生素B_6可提高氨基酸的转运效率，有3个转运系统分别转运碱性、酸性和中性氨基酸，3个系统各有不同载体：同一类氨基酸之间有竞争作用，但不影响另一类氨基酸吸收。

各氨基酸吸收速度顺序为：

L-氨基酸＞D-氨基酸

半胱氨酸＞甲硫氨酸＞酪氨酸＞亮氨酸＞苯丙氨酸＞赖氨酸≈丙氨酸＞丝氨酸＞天冬氨酸＞谷氨酸

3. 影响消化吸收的因素

动物的种类和年龄、饲料组成及抗营养因子、饲料加工贮存中的热损害等均是影响蛋白质消化吸收的因素。

(1)动物因素。

①动物种类。对同一种饲料蛋白质的消化吸收，不同的动物之间存在着一定的差异，这是不同种类动物各自消化生理特点的不同所致。

②年龄。随着动物年龄的增加，其消化道功能不断完善，对食入蛋白的消化率也相应提高。例如，仔猪胃内盐酸、胃蛋白酶及胰蛋白酶的分泌，2～3 月龄才能达到成年猪的水平。

(2)饲粮因素。饲粮中的纤维水平、蛋白酶抑制剂等均影响蛋白质的消化、吸收。

①纤维水平。纤维物质对饲粮蛋白质的消化、吸收都有阻碍作用，随着纤维水平的增加，蛋白质在消化道中的排空速度也增加，这无疑降低了其被酶作用的时间以及被肠道吸收的概率。有研究表明，饲粮粗纤维含量在 2%～20%范围内，每增加 1 个百分点，粗蛋白质的消化率降低 1.4 个百分点。

②蛋白酶抑制因子。一些饲料，尤其是未经处理或热处理不够的大豆及其饼粕和其他豆科籽实，含有多种蛋白酶抑制因子，其中最主要的是胰蛋白酶抑制剂。胰蛋白酶抑制剂能降低胰蛋白酶的活性，从而降低蛋白质的消化率，并引起胰腺肿大。蛋白酶抑制因子对热敏感，适当的热处理(蒸、煮、炒或膨化)可使这些因子失活。但初乳中的抗胰蛋白酶因子却是一个例外，它可保护免疫球蛋白免遭分解，使其以完整的大分子形式被吸收。

(3)热损害。对大豆等饲料进行适当的热处理，能消除其中的抗营养因子，也能使蛋白质初步变性，有利于消化吸收。但温度过高或时间过长，则有损蛋白质的营养价值，其原因是发生了美拉德反应(Maillard 反应)。在这个反应中，肽链上的某些游离氨基，特别是赖氨酸的ε-氨基，与还原糖(葡萄糖、乳糖)的醛基发生反应，生成一种棕褐色的氨基-糖复合物，使胰蛋白酶不能切断与还原糖结合的氨基酸相应肽键，导致赖氨酸等不能被动物消化、吸收。

(二)氨基酸的需要

1. 必需氨基酸和非必需氨基酸

(1)必需氨基酸。在动物体内不能合成，或虽能合成但合成的速度和数量不能满足动物需要，而必须从饲料中外源供给的氨基酸称为必需氨基酸(EAA)。

(2)非必需氨基酸。在动物体内可以合成，或者可由其他种类的氨基酸转变而成，即使饲料中不供给，也能维持机体的氮平衡，这类氨基酸就称为非必需氨基酸(NEAA)。

实验证明，某些必需氨基酸是合成某些特定非必需氨基酸的前体物质，因而，饲粮中非必需氨基酸的量对必需氨基酸的需要有一定影响，如酪氨酸(非必需氨基酸)可由苯丙氨酸(必需氨基酸)转变而来，胱氨酸(非必需氨基酸)可由蛋氨酸(必需氨基酸)转变而来。因此，当饲粮中酪氨酸和胱氨酸的含量丰富时，动物体内不必耗用苯丙氨酸及蛋氨酸来合成这两种非必需氨基酸，则可节省苯丙氨酸和蛋氨酸的需要量。已经确认，胱氨酸可以提供含硫氨基酸的40%～50%；酪氨酸可提供芳香族氨基酸(苯丙氨酸＋酪氨酸)的 30%～50%。由于这种关系，有人将酪氨酸、胱氨酸等氨基酸称为“半必需氨基酸”。需要注意的是某些氨基酸之间的转换反应是不可逆反应，如上述转化中，胱氨酸不能转化为蛋氨酸（但蛋氨酸可以 100%地取代胱氨酸），酪氨酸不能转化为苯丙氨酸；而某些氨基酸之间的转化是可逆反应，如丝氨酸和甘氨酸之间可相互转化。

（3）必需氨基酸的种类。必需氨基酸种类因动物种类、年龄和生理状况等不同而异。

仔猪（10 种）：赖氨酸、蛋氨酸、色氨酸、苯丙氨酸、亮氨酸、异亮氨酸、缬氨酸、苏氨酸、组氨酸、精氨酸。

成年猪（8 种）：赖氨酸、蛋氨酸、色氨酸、苯丙氨酸、亮氨酸、异亮氨酸、缬氨酸、苏氨酸。

雏鸡（13 种）：赖氨酸、蛋氨酸、色氨酸、苯丙氨酸、亮氨酸、异亮氨酸、缬氨酸、苏氨酸、组氨酸、精氨酸、甘氨酸、胱氨酸、酪氨酸。

成年鸡（11 种）：赖氨酸、蛋氨酸、色氨酸、苯丙氨酸、亮氨酸、异亮氨酸、缬氨酸、苏氨酸、甘氨酸、胱氨酸、酪氨酸。

随着动物年龄的增长，动物对组氨酸和精氨酸的需要量减少，而且体内合成这两种氨基酸的能力增强，所以这两种氨基酸对于成年动物则属于非必需氨基酸。

另外，虽然必需氨基酸对单胃动物很重要，但在非必需氨基酸或合成非必需氨基酸所需氮源满足的条件下，才能最大限度发挥必需氨基酸的作用，必需氨基酸总量和非必需氨基酸总量之间的合适比例大约是 1∶1。必需氨基酸可能转化为非必需氨基酸，如 Met→Cys、Phe→Tyr、Gly→Ser，因而增加这些非必需氨基酸的供应量可减少必需氨基酸需要量。

2. 限制性氨基酸

（1）限制性氨基酸的概念。不同生理状态下的动物对饲料中的必需氨基酸有特定的要求，各种必需氨基酸之间要求有一定的比例关系，由于饲料中某一种必需氨基酸的缺乏而影响到其他氨基酸的利用，这种缺乏的必需氨基酸就成为限制性氨基酸。

氨基酸的供给量与其需要量的比值越低，则缺乏的程度越大，即其限制作用越强。通常将饲料中最缺乏的必需氨基酸称为第一限制性氨基酸，其次缺乏的则称为第二限制性氨基酸。依此类推，称为第三、第四限制性氨基酸。限制性氨基酸的水桶效应如图 2-5 所示。

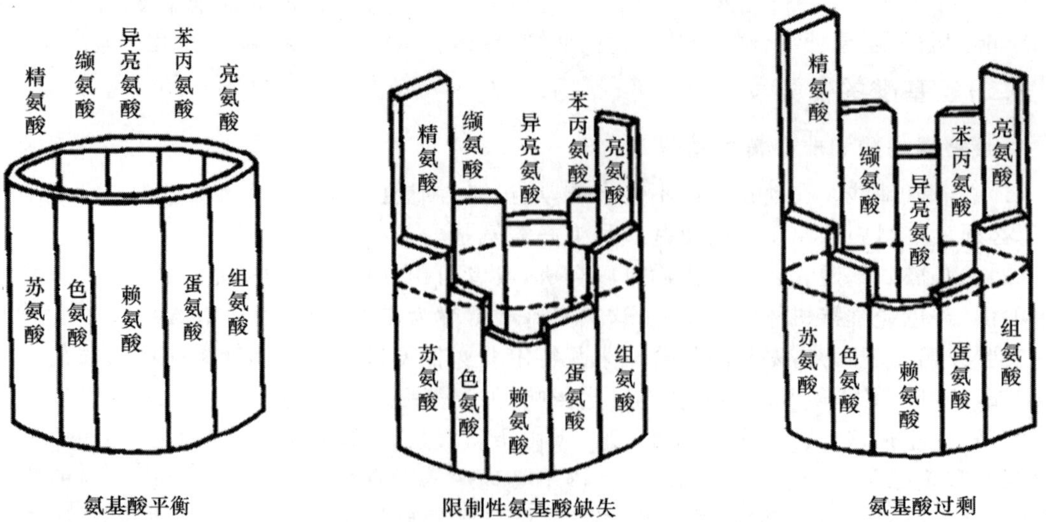

图 2-5　限制性氨基酸的水桶效应（虚线为第一限制性氨基酸需要量）

(2)限制性氨基酸的确定。限制性氨基酸是指某一具体的饲料或日粮对某一具体的动物而言的,饲料不同或日粮组成不同时,则限制性氨基酸的种类不同,顺序也不同;动物种类或生产目的不同,限制性氨基酸的种类和顺序也不同。但对于某一特定地区的常用日粮,其限制性氨基酸的种类通常是可知的,如玉米-豆粕型日粮,对禽类来说蛋氨酸是第一限制性氨基酸,而对猪来说赖氨酸是第一限制性氨基酸。常用猪饲料的限制性氨基酸如表 2-6 所示。

表 2-6　常用猪饲料的限制性氨基酸

饲料	第一限制性氨基酸	第二限制性氨基酸	第三限制性氨基酸	第四限制性氨基酸	第五限制性氨基酸
玉米	赖氨酸	色氨酸	异亮氨酸	苏氨酸	缬氨酸
杂交玉米	色氨酸	赖氨酸	异亮氨酸	苏氨酸	缬氨酸
大麦	赖氨酸	苏氨酸	蛋氨酸	异亮氨酸	缬氨酸
高粱	赖氨酸	苏氨酸	蛋氨酸	缬氨酸	异亮氨酸
小麦	赖氨酸	苏氨酸	蛋氨酸	缬氨酸	异亮氨酸
大豆饼粕	蛋氨酸	苏氨酸	蛋氨酸	缬氨酸	异亮氨酸
肉骨粉	色氨酸	蛋氨酸	异亮氨酸	苏氨酸	组氨酸

3. 氨基酸平衡理论及理想蛋白

(1)日粮的氨基酸平衡。所谓氨基酸平衡是指日粮中各种必需氨基酸在数量和比例上与动物特定氨基酸需要相符合,即供给与需要相一致,一般是指与动物最佳生产水平的需要量相平衡。这种氨基酸平衡的蛋白质就是前面所说过的"理想蛋白质"。

从理论上讲,各种氨基酸参与某一蛋白质的代谢过程,是以某种氨基酸的最低值为基础的。如果其中的一种氨基酸含量过低,则其他氨基酸都要以这个低的氨基酸为基准,循此比例参与代谢。超过此比例要求的其他所有过量的氨基酸都不能参与这一代谢,而是经过转氨基反应、脱氨基反应、碳链的氧化分解反应以及脱羧作用等,其中的含氮部分形成尿素或尿酸排出体外,不含氮部分经过三羧酸循环最后形成体脂肪,或最终分解为水和二氧化碳,释放出能量。

低蛋白日粮技术

除了上述因氨基酸比例不当而导致蛋白质利用率降低外,与氨基酸平衡有关的概念还有氨基酸失衡、氨基酸过量、氨基酸拮抗。

①氨基酸失衡。假如日粮中必需氨基酸总量较多,但氨基酸之间的比例与动物体需要不相符,其中一种或几种氨基酸数量过多或过少就会出现氨基酸平衡失调,即氨基酸失衡。

如:向低蛋白日粮中过多地添加第二限制性氨基酸,会加剧第一限制性氨基酸的缺乏程度。此时,添加第一限制性氨基酸可缓解不良影响(采食量较少、生长迟缓、繁殖率下降等)。

从表 2-7 可知,日粮Ⅳ通过提高缺乏赖氨酸的花生粕用量,虽然使赖氨酸水平增高,但由于导致氨基酸不平衡,所以仍不能有效促进仔猪的生长和提高饲料利用率。

表 2-7　氨基酸不平衡对仔猪生长的影响

日粮	赖氨酸与蛋白质水平		生产性能	
	赖氨酸/%	粗蛋白质/%	增重/g	增重/饲料
日粮Ⅰ(高粱＋大豆粕)	1.07	20.2	540	0.52
日粮Ⅱ(高粱＋花生粕)	0.54	20.2	250	0.36
日粮Ⅲ(日粮Ⅱ＋赖氨酸)	1.07	20.2	420	0.41
日粮Ⅳ(日粮Ⅱ＋花生粕)	1.07	40.0	310	0.44

说明:日粮Ⅰ是氨基酸相对平衡的日粮;日粮Ⅱ的粗蛋白质水平与日粮Ⅰ相同,而赖氨酸含量仅为日粮Ⅰ的50%;日粮Ⅲ是通过向日粮Ⅱ中添加结晶赖氨酸,使其粗蛋白质和赖氨酸含量与日粮Ⅰ相等;日粮Ⅳ是通过提高花生粕用量而使其赖氨酸含量与日粮Ⅰ相等,其粗蛋白质高达40%。

②氨基酸过量。日粮中氨基酸的量超过动物的需要量。氨基酸过量会引起动物氨基酸中毒,其中毒症状不能通过添加其他氨基酸来消除。尤其是蛋氨酸的毒性较强,过量摄食蛋氨酸可使动物的生长受到抑制,蛋白质利用率降低。

③氨基酸拮抗。当日粮中某一氨基酸过多时则对另一种氨基酸的利用起到抑制作用。如精氨酸与赖氨酸之间,异亮氨酸、亮氨酸与缬氨酸之间。

氨基酸之间的拮抗作用主要是由它们的结构造成的,由于结构相似,导致小肠运载系统发生竞争,从而影响了其中一种或多种氨基酸的吸收。

(2)日粮氨基酸平衡方法。

①多原料搭配。根据限制性氨基酸选择相应的、必需氨基酸含量不同的原料进行搭配,使不同原料的氨基酸之间产生互补作用,从而使日粮蛋白质的氨基酸组成比例平衡。

②单独添加某种氨基酸。根据日粮类型添加某一种或几种限制性氨基酸,如蛋氨酸、赖氨酸、苏氨酸等。

(3)理想蛋白。氨基酸间平衡最佳的蛋白质,包括必需氨基酸之间、必需氨基酸与非必需氨基酸之间具有最佳比例的氨基酸。理想氨基酸模式,通常以赖氨基酸作为100,其他氨基酸用相对比例表示。

(三)提高单胃动物饲料蛋白质的利用效率的方法

(1)配合日粮时注重原料品种多样化,提高氨基酸的互补作用。饲料的品种及种类不同,蛋白质中所含必需氨基酸的种类、数量就不同,多种原料搭配,能起到氨基酸的互补作用,改善饲料中氨基酸的平衡,提高蛋白质的转化效率。

(2)提供适宜的蛋白质水平。日粮中蛋白质含量不是越多越好,多余的蛋白质只能分解供能,既造成蛋白质的浪费,又增加了肝肾负担和环境的污染。目前,理想蛋白模型、低蛋白日粮等方法在生产中得到普遍运用。

(3)日粮中能氮比要适当。正常情况下被吸收的蛋白质中70%～80%被畜禽用以合成体组织或产品,20%～30%分解供能。当供给能量的碳水化合物和脂肪不足时,必然会加大蛋白质的供能部分,减少合成体蛋白质和畜禽产品的部分,导致蛋白质的利用率降低。

(4)保证与蛋白质代谢有关的维生素及矿物质的供应。很多维生素和矿物质直接或间接参与动物体蛋白质的代谢,直接或间接地催化蛋白质的合成。

(5)控制好日粮中粗纤维的水平。单胃动物中粗纤维水平过高会影响蛋白质及其他营养物质的消化。

(6)加热处理豆类饲料。生豆类与生豆饼等饲料中含有的胰蛋白酶抑制剂能抑制胰蛋白酶的活性，影响蛋白质的消化。加热能消除胰蛋白酶抑制剂的活力。

四、反刍动物蛋白质营养

动画：蛋白质在反刍动物体内的消化代谢

反刍动物蛋白质营养

（一）反刍动物蛋白质消化代谢

1. 消化

（1）瘤胃。瘤胃是一个大发酵罐，其内共生着大量的细菌和纤毛原虫，每克瘤胃内容物含细菌 500 亿～1 000 亿个，每毫升瘤胃液含纤毛原虫 20 万～200 万个。这些细菌和纤毛原虫对反刍动物的消化起着非常重要的作用。瘤胃自身并不分泌蛋白质水解酶，但细菌和纤毛原虫可产生大量的蛋白酶。进入瘤胃的饲料蛋白质约有 70%（40%～80%）被细菌和纤毛原虫产生的蛋白质水解酶分解，约有 30%（20%～60%）未经任何变化而进入消化道的下一段。

饲料蛋白质在瘤胃微生物蛋白质水解酶（包括蛋白酶和肽酶）的作用下，先被分解为肽，后被进一步分解为游离氨基酸。部分肽和氨基酸被微生物用于合成微生物蛋白（MCP），部分氨基酸也可在细菌脱氨基酶的作用下经脱氨基作用进一步降解为氨、二氧化碳和挥发性脂肪酸。饲料中的非蛋白质含氮化合物也可在细菌尿素酶作用下分解为氨和二氧化碳。

在瘤胃中被发酵而分解的蛋白质称为瘤胃降解蛋白（RDP）。瘤胃中的细菌蛋白氮有 50%～80%来源于瘤胃中的氨气，另有 20%～50%来源于食入蛋白质在瘤胃中水解而产生的氨基酸。瘤胃微生物区系中，约有 80%的细菌以氨氮为唯一氮源，部分细菌既可利用氨，又可利用氨基酸，只有少数细菌可利用肽为氮源。纤毛原虫不能利用氨氮，只能利用细菌氮和饲料颗粒氮。

饲料蛋白质在瘤胃内的降解率与饲料的溶解度和在瘤胃内滞留时间有关。

（2）皱胃和小肠。未经瘤胃微生物降解的饲料蛋白质被转移至皱胃和小肠，通常将这部分饲料蛋白质称为过瘤胃蛋白（RBPP）或未降解蛋白（UDP）。过瘤胃蛋白和微生物蛋白在皱胃和小肠的消化与单胃动物相似。瘤胃以下的消化道对蛋白质的消化率为 65%～70%。

2. 吸收

反刍动物对蛋白质消化产物的主要吸收部位是瘤胃和小肠。

（1）瘤胃。瘤胃主要吸收氨，它对氨的吸收能力极强。氨除用于合成微生物蛋白外，还可被瘤胃壁吸收进入门静脉。被吸收的氨随血液循环进入肝脏，通过鸟氨酸循环合成尿素，所生成的尿素大部分进入肾脏随尿排出，部分可进入唾液腺，随唾液又返回瘤胃或通过瘤胃壁由血液扩散回瘤胃，再次被微生物利用合成微生物蛋白。这个过程就称为瘤胃-肝脏氮素循环（或称为尿素循环）。除可吸收氨外，瘤胃还可吸收少量的游离氨基酸。

（2）小肠。与单胃动物相似。

（3）大肠（结肠和盲肠）。进入盲肠和结肠的含氮物主要是未被消化的蛋白质和来自血液的尿素。在此降解和合成的氨基酸几乎不能被吸收，最终以粪的形式排出体外。

（二）反刍动物对非蛋白氮（NPN）的利用

1. 非蛋白氮种类

（1）尿素。尿素含氮 46.6%，纯品呈白色结晶状，易溶于水，无臭而略有苦咸味。1 kg 尿

反刍动物对非蛋白氮的利用

素的氮量相当于 2.6～2.9 kg 蛋白质，相当于 6.5 kg 豆粕。如果合理应用尿素，并辅以微生物增殖的能源——易溶性碳水化合物等营养源，尿素氮源的平均利用率可达 80%。瘤胃中微生物分泌的尿素酶活性很强，尿素进入瘤胃后很快会分解完，如不合理使用，可引起反刍畜尿素中毒。尿素由于成本低，效果好，是反刍动物生产中应用最为广泛的一种非蛋白氮饲料。

(2)尿素衍生物。这类产品主要包括磷酸脲、缩二脲、异丁叉双脲等。磷酸脲是一种有氨基结构的磷酸复合盐，由等摩尔的尿素与磷酸反应制得，磷酸脲易溶于水，水溶液呈酸性。缩二脲是由两分子尿素缩合脱氨的产物，含氮量 34.7%，蛋白质当量 217%。异丁叉双脲含氮量为 32.2%，每 1 kg 该品相当于 1.73 kg 蛋白质或相当于 5 kg 豆饼。它们都具有释氨慢这一优点，但生产工艺复杂，价格昂贵，养殖生产中用得较少。

(3)氨。这是最简单的非蛋白氮。液氨和氨水由于包装、运输和使用不方便，一定程度上限制了应用范围。另外，氨的气味和易挥发特点造成环境污染，对人、畜健康不利，同时对非蛋白氮源也是一种浪费。饲料、饲草加入氨后，适口性降低，也是一个缺点。目前，液氨和氨水的使用仅限于处理秸秆和青贮加工。

(4)铵盐。主要有碳酸氢铵、磷酸铵盐、硫酸铵和氯化铵等。碳酸氢铵是合成氨工业的主要产品之一。纯品为白色粉状，含氨 17.7%，已用于反刍动物的饲料添加。磷酸铵盐主要有磷酸氢二铵或磷酸二氢铵两种，除作为氮源外，还能提供动物所需的无机磷，但价格较贵。其他无机铵盐如硫酸铵和氯化铵，因动物食后带入较大量的氯离子和硫酸根，有碍体液的酸碱平衡，故实践中较少使用。

2. 非蛋白氮的利用原理

以尿素为例，其在反刍动物体内的反应过程如下。

$$\text{尿素} \xrightarrow{\text{脲酶}} NH_3 + CO_2$$

$$\text{碳水化合物} \xrightarrow{\text{发酵}} \text{挥发性脂肪酸} + \text{酮酸(碳架)}$$

$$NH_3 + \text{酮酸} \xrightarrow{\text{细菌酶}} \text{氨基酸} \xrightarrow{\text{细菌}} \text{菌体蛋白} \xrightarrow[\text{消化}]{\text{真胃和小肠}} \text{游离氨基酸} \xrightarrow{\text{吸收}} \text{动物体蛋白或产品蛋白}$$

3. 尿素的合理利用

(1)拌入饲料。为了有效地利用尿素，防止中毒，按照牛羊的饲料配方营养标准或日喂量，把尿素均匀混合到反刍家畜的精饲料中；或把含尿素的精饲料均匀混拌到农副产品中饲喂；当尿素与秸秆等粗饲料混合时，可将尿素与糖蜜配成溶液，均匀喷洒于秸秆上。尿素的喂量为日粮粗蛋白质需要量的 20%～30%或日粮干物质的 1%～2%，或按体重的 0.02%～0.05%添加。成年牛每头每天饲喂 60～100 g，成年羊每天每头 6～12 g。出生后 2～3 个月的犊牛和羔羊由于瘤胃尚未发育完全，严禁饲喂。

(2)尿素青贮。常规的青贮饲料中粗蛋白质的含量较低，不能满足牛羊的需要。如果按青贮原料湿重的 0.5%～0.6%添加尿素并在青贮装填过程中均匀混于青贮原料中，可提高青贮饲料的营养价值。饲喂尿素青贮时，开始少喂，逐渐加量，使家畜有 2 周左右的适应期，一天的喂量要分几次饲喂。

(3)氨化秸秆。将秸秆风干重3%～5%的尿素制成溶液，然后将溶液均匀喷洒于秸秆上，装入氨化设备中，压实密封，在15～20 ℃的条件下封存3～4周即可放氨饲喂。氨化后秸秆的营养价值显著提高，消化能明显增加，长期饲喂无毒、无害，安全可靠。

(4)尿素舔砖。“糖蜜尿素舔砖”是避免反刍动物过量食入尿素的补充非蛋白氮的有效方法。主要根据反刍动物的营养需要量和饲料营养含量的差异而制定舔砖的配方。给牛羊饲喂舔砖能提高饲料利用率，节省精料，显著提高增重和产仔母畜的奶量。

制作舔砖的常用配方：糖、蜂蜜30%～40%，糠麸25%～40%，尿素7%～15%，硅酸盐水泥5%～15%，食盐1%～2.5%，矿物质元素添加剂(骨粉等)1%～1.5%，根据需要适量添加维生素。

(5)缓释尿素。由于尿素分解很快，必须同时存在有机酸与氨及时结合，防止过量的氨进入血液，因此使用尿素时，日粮中应有适量易分解的碳水化合物。具体操作是将尿素和淀粉饲料及载体混合，加入黏合剂，经硬制颗粒法加工形成了一种溶解慢的缓释尿素饲料。为了刺激瘤胃微生物的生长，必须加入硫、锌、镁、钴等元素。这种复合物在瘤胃中经脲酶逐渐分解出氨，达到缓慢释放氨的效果。制法是：粉碎的谷物(70%～75%)、尿素(20%～25%)和膨润土(3%～5%)混合后，经高温高压喷爆处理，使淀粉糊化并与融化的尿素紧密结合。这样做，在降低氨释放速度的同时，加快淀粉的发酵速度，保持能、氮的同步释放，提高细菌蛋白的合成效率。

(6)脲酶抑制剂。在尿素利用中，研究最多的是脲酶抑制剂。脲酶抑制剂作为一种新型饲料添加剂在国外的应用已较为广泛。国内近年也开始重视脲酶抑制剂的合成与应用研究。微生物分解尿素产生氨的速度是微生物利用氨合成微生物蛋白速度的4倍左右，微生物脲酶的高活性极大制约了尿素的利用。脲酶抑制剂不但能抑制瘤胃内脲酶活性，降低瘤胃中氨的浓度，而且可使氨的释放速度平稳，有利于微生物合成菌体蛋白，从而提高反刍动物对尿素的利用率。

4. 尿素利用中应注意的问题

(1)日粮中应含一定的碳水化合物。瘤胃中细菌在合成菌体蛋白时所需的能量和碳架，主要是由碳水化合物酵解供给。饲料中的碳水化合物为细菌的生长、繁殖提供营养，也是微生物利用尿素的能源。而碳水化合物的性质，直接影响对尿素的利用效果。粗饲料中的粗纤维提供能量的速度较慢，因此，尿素单独与粗饲料混喂效果不好，而与淀粉混合使用效果较好，如果能把淀粉糊化后与尿素混合，制成糊化淀粉尿素，能减缓释放氨的速度，使瘤胃微生物能充分利用尿素合成菌体蛋白，因此，添加尿素的日粮中应混有一定量的玉米等谷物。每100 g尿素，可搭配1 kg易消化的碳水化合物，其中2/3为淀粉，1/3为可溶性糖。

(2)日粮中的蛋白质水平。牛羊日粮中蛋白质含量较低时，尿素能替代部分蛋白质。当日粮中粗蛋白质含量充足时，再喂尿素则造成浪费。一般认为添加尿素的日粮中粗蛋白质含量应保持在10%～12%。另外，要注意日粮中蛋白质的可溶性。如果可溶性强，在瘤胃中释放氨的速度过快，就影响了尿素的利用。实践证明，将甲醛加到饲料中，可保护饲料蛋白质安全通过瘤胃，能提高尿素的利用率。

(3)日粮中钴和硫的含量。钴是家畜体内合成维生素B_{12}的原料，而维生素B_{12}在蛋白质的代谢中起重要的作用。如果钴短缺则影响尿素的利用效果。添加时可用硫酸钴。硫是瘤胃合成蛋氨酸等含硫氨基酸的原料，如果把尿素作为唯一的氮源而不加硫时，则效果较差。一般日粮中氮与硫的比例以 15∶1为宜。此外，还要保证细菌生命活动所必需的钙、镁、铁、铜、锌、锰及碘等矿物质的供给。

(4)控制喂量。尿素被利用时，首先要在细菌分泌的脲酶作用下分解为氨。而脲酶的活性很强，若饲喂占日粮干物质1%的尿素，只需 20 min 就全部分解。然而细菌利用氨合成菌体蛋白的速度仅为尿素分解速度的 1/4，如果尿素喂量过大，它被迅速地分解成大量氨，细菌来不及利用，一部分氨被胃壁吸收后随血液流入肝脏形成尿素，由肾排出。更严重的是，如果吸收的氨超过肝脏将其转化为尿素的能力时，氨就会在血液中积蓄，出现氨中毒。因此，要控制喂量，防止氨中毒。

(5)注意喂法。严禁将尿素单独饲喂或溶于水中饮用，应在饲喂尿素 3～4 h 后饮水。不能与含脲酶活性高的饲料混合。饲喂混有尿素的饲料时要注意逐渐过渡，首次饲喂量要少，一般为正常量的 10%即可，然后逐渐增加，10～15 d 可达到正常用量。同时，要注意连续饲喂，不宜间断。添加尿素的牧草勿喂予泌乳畜及 6 月龄以下牛。

5. 尿素中毒的诊治

(1)症状。

①牛过量采食尿素后 30～60 min 即可发病。病初表现不安，呻吟，流涎，肌肉震颤，体躯摇晃，步样不稳。继而反复痉挛，呼吸困难，脉搏增数，从鼻腔和口腔流出泡沫样液体。末期全身痉挛出汗，眼球震颤，肛门松弛，几小时内死亡。

②羊过量采食尿素后 15～45 min 即可出现中毒症状。其表现为不安、肌肉颤抖、呻吟，不久之后动作协调紊乱，步态不稳，卧地。急性情况下，反复发作强直性痉挛，眼球颤动，呼吸困难，鼻翼扇动；心音增强，脉搏快而弱，多汗，皮温不均。继续发展则口流泡沫状唾液，臌胀，腹痛，反刍及瘤胃蠕动停止。最后，肛门松弛，瞳孔放大，窒息而死。

(2)治疗。发现牛羊中毒后，立即灌服食醋或醋酸等弱酸溶液，成年牛灌服 1 000 g，羊灌服 100 g，皆用水稀释 3～5 倍，以降低瘤胃内容物的 pH，制止瘤胃膨气，阻止尿素继续在瘤胃内分解为氨，避免氨被吸收及产生碱毒症。药物治疗可将 10%葡萄糖注射液 1 000～2 000 mL 加入谷氨酸钠 150～200 mL 给牛静脉注射(羊的剂量为牛的 1/10 或酌情使用)。谷氨酸钠能与血液中的氨结合成无毒的谷氨酰胺，随尿排出体外而起到解毒作用。同时应用强心剂、利尿剂、高渗葡萄糖等疗法。为了保护胃黏膜，内服鱼石脂 15 g 或植物油 200～300 mL，阻止毒物吸收。在应用泻剂时，加入蛋清、牛奶等黏膜保护剂。

(三)瘤胃降解蛋白与非降解蛋白及其调控

反刍动物同单胃动物一样，需要的不是蛋白质本身，而是蛋白质分解产生的氨基酸，因此，反刍动物蛋白质营养的实质是小肠氨基酸的营养。

由于微生物蛋白的品质不如饲料蛋白，保护品质好的蛋白质使其不被微生物降解，对充分利用蛋白质饲料非常有利。

1. 饲料蛋白质在瘤胃内的降解率

瘤胃内被降解的蛋白质平均占 60%，但各种饲料差异大，常用饲料蛋白质在瘤胃内的降解率见表 2-8。

表 2-8　常见饲料蛋白质在瘤胃内的降解率　　%

原料	降解率	原料	降解率	原料	降解率	原料	降解率
酪蛋白	90	豆饼	39～60	小麦草	73～89	白三叶草	47
花生饼	63～78	玉米	40	黑麦草	59～70	棉仁饼	60～80
白鱼粉	50	苜蓿干草	40～60	菜籽饼	75	秘鲁鱼粉	30
禾草干草	50	大麦	72～90	禾草青贮	85	玉米青贮	40

提高饲料中蛋白质转化率

影响降解率的因素：蛋白质的溶解度（酪蛋白高，玉米蛋白低）与瘤胃降解率呈正相关；蛋白质结构；采食量；日粮碳水化合物含量及种类；食糜通过速度等。

一般饲养条件下，反刍动物对必需氨基酸的需要量约 40%依赖微生物合成，其余的 60%则来自饲料。但是对于高产乳牛和高产绵羊，上述来源的氨基酸却不能充分满足需要，从而限制了生产潜力的发挥。

在生产实践中，必须从饲料中保证高产反刍动物对限制性氨基酸的需要，以充分发挥其高产潜力。对高品质蛋白质饲料进行过瘤胃保护，不仅可满足高产反刍动物对氨基酸的需要，而且可避免瘤胃过度降解饲料真蛋白造成的能量和氮素浪费。

2. 过瘤胃蛋白保护技术

高产反刍动物仅依靠瘤胃菌体蛋白质所提供的氨基酸不能满足其需要，过瘤胃蛋白质保护无疑是一项重要的补充，对于高品质蛋白质饲料进行过瘤胃保护更为必要。

过瘤胃蛋白质保护技术，即经过技术处理将饲料蛋白质保护起来，避免在瘤胃内被发酵降解，直接进入小肠被消化吸收，从而达到提高饲料蛋白质利用率的目的。

（1）加热。加热处理可降低降解率，但效果可能不太明显，若产生 Maillard 反应则小肠降解度下降，而且热处理可被破坏半胱氨酸、酪氨酸、赖氨酸等，故无实用价值。

（2）甲醛处理。甲醛处理能降低溶解度，酪蛋白经甲醛处理后，溶解度从 85%～90%降到 4%～8%。甲醛与蛋白质的复合物在 pH 6.0 时稳定，但在酸性条件下可逆。如用 0.6%或 1.2%处理菜籽饼后，瘤胃降解率分别减少 28%和 50%。

（3）用血粉包被。血粉降解度低，是很好的天然过瘤胃蛋白。将血粉或全血撒在蛋白质补充料上，然后干燥，效果取决于干燥的温度和时间。

（4）单宁处理。单宁与蛋白质形成的复合物，微生物对这种复合物的降解率降低。蛋白质单宁复合物在真胃酸性条件下水解。

（5）膨化处理。大豆膨化后降低蛋白质分解率。

（6）加金属离子。Zn 可抑制蛋白质分解酶，Cu、Ni 对微生物有较强的直接抑制作用。

（7）添加瘤胃素。瘤胃素可抑制革兰氏阳性细菌的脱氨基作用。

知识巩固

一、选择题

1. 蛋白质的生理功能有(　　)。

A. 构成体组织

B. 形成生物活性物质,参与多种重要的生理活动

C. 蛋白质是遗传物质的基础

D. 蛋白质也可分解供能

E. 蛋白质是动物产品的重要组成成分

2. 提高单胃动物饲料蛋白质的利用效率的方法有(　　)。

A. 配合日粮时原料品种多样化,提高氨基酸的互补作用

B. 提供适宜的蛋白质水平

C. 日粮中能氮比要适当

D. 保证与蛋白质代谢有关的维生素及矿物质的供应

E. 要控制好日粮中粗纤维的水平

F. 豆类饲料加热处理

二、填空题

1. 反刍动物的非蛋白氮利用包括:__________、__________、__________、__________。

2. 反刍动物对蛋白质消化产物的主要吸收部位是__________和__________。

答案

任务四　脂类及脂肪酸的营养

思维导图

- 脂类及脂肪酸的营养
  - 脂类的组成
    - 真脂肪的组成
    - 类脂肪的组成
  - 脂类的主要化学性质
    - 水解与皂化
    - 加成反应（氢化反应）
    - 氧化与酸败
  - 脂类的营养功能
    - 脂肪是供给动物体能量和贮备能量的最好形式
    - 脂类是构成动物体组织的重要原料
    - 脂肪是脂溶性维生素的溶剂
    - 脂肪可为幼小动物提供必需脂肪酸
    - 脂类是畜产品的组成部分
    - 脂肪对动物具有保护作用
  - 脂类的消化、吸收、代谢
    - 单胃动物对脂类的消化、吸收和代谢
    - 反刍动物对脂类的消化、吸收和代谢
  - 饲料脂肪对动物产品品质的影响
    - 饲料脂肪对胴体脂肪的影响
    - 饲料脂肪对乳脂肪品质的影响
    - 饲料脂肪对蛋黄脂肪的影响
  - 脂肪氧化的危害
    - 降低适口性
    - 降低营养价值
    - 影响酶活性
    - 影响免疫功能
    - 影响消化功能
    - 实质器官病变
  - 必需脂肪酸
    - 必需脂肪酸的概念
    - 必需脂肪酸的生理功能
    - 必需脂肪酸过量及缺乏症状

任务实施

动物营养研究过去主要集中在氨基酸、维生素及微量元素方面，而对饲料中关键的高能物质脂肪的研究相对较少。现代养殖业的规模化生产对能量提出了更高的要求，提高脂肪的添加效果可以更好地服务于畜禽的生产。

一、脂类的组成

脂类是广泛存在于动植物体内的一类有机化合物。根据其结构的不同，可分为真脂肪和类脂肪两大类。

1. 真脂肪的组成

真脂肪即中性脂肪，它是由 1 分子甘油与 3 分子脂肪酸构成的酯类化合物，故又称甘油三酯或三酰甘油。其表示通式如下：

$$\begin{array}{ccccccc}
CH_2OH & & HOOC\cdot R_1 & & CH_2O\cdot CO\cdot R_1 & & \\
| & & & & | & & \\
CHOH & + & HOOC\cdot R_2 & = & CH_2O\cdot CO\cdot R_2 & + & 3H_2O \\
| & & & & | & & \\
CH_2OH & & HOOC\cdot R_3 & & CH_2O\cdot CO\cdot R_3 & & \\
\text{甘油} & & \text{3 分子脂肪酸} & & \text{甘油三酯} & &
\end{array}$$

其中 3 分子脂肪酸有的是相同的，有的是不相同的。前者称为单纯甘油酯，后者称为混合甘油酯。动植物体所含脂肪大都是混合甘油酯。构成脂肪的脂肪酸种类很多，自然界约有 40 种，其中绝大多数是含偶数碳原子的直链脂肪酸，包括饱和脂肪酸和不饱和脂肪酸。脂肪酸结构中含有双键的为不饱和脂肪酸，不含双键的为饱和脂肪酸。脂肪从形态上分固体和液体两种，脂肪的硬度与所含不饱和脂肪酸的数量有关。脂肪含不饱和脂肪酸越多，其硬度越小，熔点也越低，植物脂肪均属此类，如豆油、玉米油等在常温下均为液体状态；而动物脂肪因含不饱和脂肪酸少，故呈固体状态。

2. 类脂肪的组成

类脂肪是指含磷或糖或其他含氮物的脂类。它虽不属真脂肪，但在结构上或性质上却与真脂肪相接近，主要包括磷脂、糖脂、固醇及蜡。

磷脂是一种复合脂肪，在结构上除含有磷酸根、甘油和脂肪酸外，还有含氮的有机碱。它是动植物细胞的重要组成成分，动物的各种组织器官如脑、心脏和肝脏内均含有大量磷脂，植物的种子中磷脂含量较多。磷脂中以卵磷脂、脑磷脂和神经磷脂最为重要。

糖脂是一类含糖的脂肪。糖脂与磷脂不同，其分子不含磷酸，但含有脂肪酸、半乳糖及神经氨基醇各 1 分子。糖脂主要存在于动物外周和中枢神经中，也是禾本科青草和三叶草青草中脂类的主要组成成分。

固醇是一类高分子量的一元醇，在动植物界中分布很广，在化学结构上属环戊烷多氢菲的衍生物。固醇类化合物中最重要的有胆固醇和麦角固醇。

蜡是由高级脂肪酸与高级一元醇所生成的酯。一般为固体，不易水解，故无营养价值。动物的毛、羽表面因蜡的存在而具有一定的防水特性。

二、脂类的主要化学性质

1. 水解与皂化

各种脂肪都能在酸、碱或酶的作用下水解为脂肪酸及甘油（或甘油一酯）。脂肪在碱性溶液中水解的产物不是游离脂肪酸，而是脂肪酸的盐类，俗称肥皂，因此把脂肪在碱性溶液中的水解称为皂化作用。当饲料保管不当时，其所含脂肪易于水解而使饲料品质下降。

2. 加成反应(氢化反应)

天然的脂肪都含有不饱和脂肪酸,因其分子结构中含有双键,故可与氢发生反应,由双键变成单键,由不饱和脂肪酸变成饱和脂肪酸。脂肪的这种性质也可称为氢化作用。脂肪发生氢化作用后,其硬度增加,不易氧化酸败,有利于贮存,但也损失必需脂肪酸。

不饱和脂肪酸与碘原子可发生加成反应,脂肪的不饱和程度可由它所能结合的碘的多少测定,100 g 脂肪所能吸收碘的克数为碘价。碘价越高,脂肪的不饱和程度越高。

反刍动物可利用进食的饲料脂肪在瘤胃微生物作用下发生某种程度的氢化作用,从而使体脂肪中饱和脂肪酸含量较高。

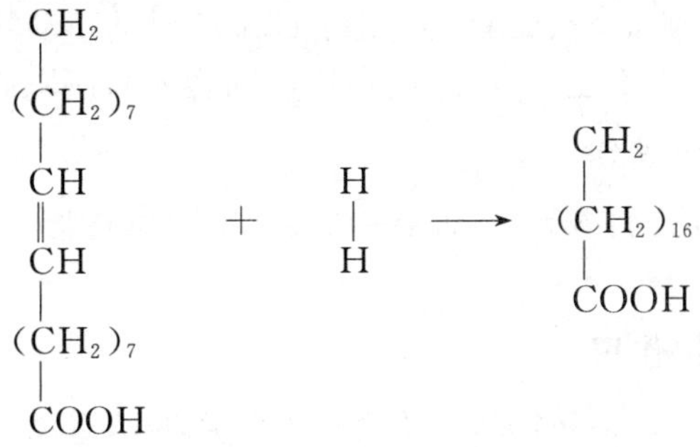

油酸　　　　硬脂酸

3. 氧化与酸败

天然油脂暴露在空气中会发生氧化作用,降低营养价值。氧化分自动氧化和微生物氧化两种过程:前者是由自由基激发的,首先生成过氧化物,在继续分解成醛、酮、酸等化合物,产生酸败味;后者是指由酶催化的过程。不同种类的脂肪变质能力不同,多数植物油变质缓慢,动物脂肪变质较快,而含高比例不饱和脂肪酸的水生生物的油则变质更快。

油脂酸败的另一个原因是油脂中存在水,会导致甘油三酯分子水解为甘油和游离脂肪酸,从而造成水解酸败。如果只存在水时,分解速度是很慢的,但如同时存在酶和微生物,则水解酸败的速度大大加快。

三、脂类的营养功能

1. 脂肪是供给动物体能量和贮备能量的最好形式

动物摄入过多的有机物质时,可以以体脂肪形式将能量贮藏起来,而体脂肪能以较小体积贮藏较多的能量,是动物体贮备能量的最佳形式。脂肪的能值是碳水化合物或蛋白质的 2.25 倍,能提供高浓度、易利用的代谢能。脂肪含量高的食糜通过胃肠道的速度比脂肪含量低的食糜慢,这就使畜禽有更多的时间消化、吸收其他养分。因此,在饲料中添加脂肪可提高小肠对碳水化合物和蛋白质的消化率。日粮中添加脂肪往往会获得比预期更多的能量,这个现象有时被称之为“超能效应”或“额外代谢效应”。

2. 脂类是构成动物体组织的重要原料

动物体各种器官和组织细胞,如神经、肌肉、骨骼、皮肤及血液的组成中均含有脂类,主要为磷脂和固醇等,各种组织的细胞膜并非完全由蛋白质所组成,而是由蛋白质和脂类按一定比例组成,脑和外周神经组织都含有鞘磷脂。磷脂对动物的生长发育非常重要;固醇是体内合成固醇类激素的重要物质；中性脂肪是构成机体的贮备脂肪，在机体需要时可被动用，参加脂肪代谢和供给能量，同时具有隔热保温和支持保护体内各种脏器和关节等作用。

3. 脂肪是脂溶性维生素的溶剂

饲料中的脂溶性维生素，如维生素 A、维生素 D、维生素 E、维生素 K 等，均须溶于脂肪后，才能被动物体消化、吸收和利用。有人试验，给母鸡饲喂 4%脂肪日粮，其胡萝卜素吸收率为 60%，如果将日粮脂肪含量降至 0.07%，则胡萝卜素的吸收率降至 20%。可见，饲料中含有一定数量脂肪可促进脂溶性维生素的吸收。饲料中脂肪的缺乏，可导致脂溶性维生素的缺乏。

4. 脂肪可为幼小动物提供必需脂肪酸

构成脂肪的脂肪酸中的亚油酸、亚麻酸及花生四烯酸对幼小动物具有重要作用，称为必需脂肪酸(EFA)。由于动物体内不能合成(除成年反刍动物外)，所以必须由饲料中供给。

5. 脂类是畜产品的组成成分

动物产品肉、蛋、奶、皮毛、羽绒等，均含有一定数量的脂类，脂类的缺乏会影响动物产品的形成和品质。

6. 脂肪对动物具有保护作用

因为脂肪是一种绝缘物质，不易传热。皮下脂肪层能够减慢热的散失，寒冷季节有利于维持体温恒定和抵御寒冷，脂肪充填在脏器周围，具有固定和保护器官及缓和外力冲击的作用。

单胃动物对脂肪的消化代谢

四、脂类的消化、吸收、代谢

1. 单胃动物对脂类的消化、吸收和代谢

由于脂类是非极性的，不能与水混溶，所以必须先使其形成一种能溶于水的乳糜微粒，才能通过小肠微绒毛将其吸收。可概括为：脂类水解→水解产物形成可溶的微粒→小肠黏膜摄取这些微粒→在小肠黏膜细胞中重新合成甘油三酯→甘油三酯进入血液循环。

畜禽的脂肪酶仅对短、中链脂肪酸组成的脂肪有一定消化作用，但随年龄增加，此酶分泌减少。饲粮脂肪进入十二指肠后与大量胰液和胆汁混合，在肠蠕动影响下，脂肪乳化，便于与胰脂酶在油水交界面上充分接触。在胰脂酶作用下，甘油三酯水解产生甘油一酯和游离脂肪酸。磷脂由磷脂酶水解成溶血性卵磷脂。胆固醇酯由胆固醇酯水解酶水解成胆固醇和脂肪酸。甘油一酯、脂肪酸和胆酸均具有极性和非极性基团，三者可聚合在一起形成水溶性的适于吸收的混合乳糜微粒。混合微粒既有极性基团，又有非极性基团，极性基团向外排列与水紧密接触，非极性基团向内。混合微粒的一个重要特性是其内部非极性的脂质部分可携带大量的非极性化合物如固醇、脂溶性维生素、类胡萝卜素等，否则这些物质不能被吸收。

混合微粒携带的脂肪消化产物与肠绒毛接触时即破裂，主要在十二指肠和空肠上段通过易化扩散过程被吸收。在肠黏膜上皮细胞中，吸收的长链脂肪酸(碳原子数在 12 个以上)与甘油一酯重新合成甘油三酯，中、短链脂肪酸则可直接进入门脉血液。肠黏膜细胞中重新合成的甘油三酯外被一层蛋白质膜，这些外被蛋白质膜的脂质小滴称为乳糜微粒，主要由甘油三酯和少量的磷脂、胆固醇酯和蛋白质构成。乳糜微粒经胞饮作用的逆过程逸出黏膜细胞，通过细胞间隙进入乳糜管，后经淋巴系统进入血液循环进行转运。

饲料脂肪在体内代谢极为复杂。在日粮脂肪和能量供给充足情况下，畜禽的脂肪组织主要以甘油三酯的合成代谢为主，饥饿或机体需要热能时，则以氧化分解代谢为主。脂肪水解产生的游离脂肪酸和甘油，可分别参与代谢，最后氧化释放能量供机体利用。脂肪细胞中脂肪代谢主要为了储存过多的能量和通过脂肪代谢循环向血浆提供游离脂肪酸。肌肉细胞中脂肪代谢主要为了供能，是体内最主要的脂肪代谢库。肝细胞中脂肪代谢主要是摄取血中游离脂肪酸合成甘油三酯或脂蛋白，然后转运到其他组织器官进行代谢。

2. 反刍动物对脂类的消化、吸收和代谢

反刍动物对脂肪的消化代谢

瘤胃尚未发育成熟的反刍动物，对脂类的消化与非反刍动物相同。

瘤胃脂类的消化，实质上是微生物的消化代谢。其结果使脂类的质和量发生明显变化：第一，大部分不饱和脂肪酸经微生物作用变成饱和脂肪酸，必需脂肪酸减少。第二，部分氢化的不饱和脂肪酸发生异构变化。第三，中性脂肪、磷脂和甘油都可变成挥发性脂肪酸。第四，微生物合成的支链脂肪酸和奇数碳链脂肪酸增加。

脂类经过网胃和瓣胃时，基本上不发生变化。在皱胃，饲料脂肪、微生物与胃分泌物混合，最后使微生物细胞分解。进入十二指肠的脂类主要是吸附在饲料粒子表面的饱和脂肪酸和微生物脂类。未消化而进入小肠的脂类的消化与非反刍动物类同。已消化的脂类，在胆汁和胰液作用下形成乳糜微粒。基于反刍动物消化道对脂类的消化损失较小和微生物脂类的合成，进入十二指肠的脂肪酸总量可能大于摄入量。给绵羊饲喂高精料日粮时，进入十二指肠的脂肪酸量是采食脂肪酸的 104%。

瘤胃中产生的短链脂肪酸主要通过瘤胃壁吸收。其余脂类的消化产物，进入回肠后都能被吸收。呈酸性环境的空肠前段主要吸收乳糜微粒中的长链脂肪酸，空肠中后段主要吸收乳糜微粒中的其他脂肪酸。溶血磷脂酰胆碱也在空肠中后段吸收。胰液分泌不足时，磷脂酰胆碱可能在回肠积累。

反刍动物对脂类的吸收率高，可达 80%～90%，对 16～18 个碳原子的脂肪酸的吸收比非反刍动物更有效，因此可利用高脂肪日粮。

五、饲料脂肪对动物产品品质的影响

1. 饲料脂肪对胴体脂肪的影响

(1)单胃动物。单胃动物体组织沉积脂肪的不饱和脂肪酸多于饱和脂肪酸，这是由于植物性饲料中脂肪的不饱和脂肪酸含量较高，被采食吸收后，不经氢化即直接转变为体脂肪。因此，当饲喂不饱和脂肪酸含量高的饲料脂肪时，猪体内的不饱和脂肪酸亦显著升高，导致猪的体脂变软，容易酸败，肉的品质下降，不适宜做腌肉和火腿。为尽量避免这种情况，猪育肥期间应少喂脂肪含量高的饲料，多喂富含淀粉的饲料，既可保证猪肉品质，又可降低饲养成本。马、兔虽是草食动物，但其没有瘤胃，虽有发达的盲肠，但饲料中不饱和脂肪酸进入盲肠之前，在小肠中经胰液和胆汁的作用，未经转化为饱和脂肪酸就被吸收。因此，马、兔体脂肪的饱和程度仍受饲料脂肪较大的影响。

(2)反刍动物。由于瘤胃微生物作用，反刍动物所采食的不饱和脂肪酸在瘤胃内大量氢化形成饱和脂肪酸，下移到小肠经消化吸收以饱和脂肪酸的形态沉积为体脂，另外，瘤胃微生物合成的高级脂肪酸也多为饱和性质。上述两个原因说明反刍动物体脂肪品质受饲料脂肪性质影响较小。因此，无论反刍动物所采食的饲料脂肪饱和程度高还是低，它们的体脂肪依然保持硬度大、熔点高、饱和脂肪酸含量多的特点。

2. 饲料脂肪对乳脂肪品质的影响

饲料脂肪在一定程度上可直接进入乳腺，饲料脂肪的某些成分可不经变化用以形成乳脂肪，因此，饲料脂肪性质与乳脂品质密切相关。

3. 饲料脂肪对蛋黄脂肪的影响

将近 50％的蛋黄脂肪是在卵黄发育过程中，摄取经肝脏来的血液脂肪合成，这说明蛋黄脂肪的质和量受饲料影响较大。因此，饲粮中添加油脂可促进蛋黄的形成，并通过配制特殊的功能饲料，通过食物链效应，使鸡蛋成为富含亚油酸或胆固醇含量低的“营养蛋”或“保健蛋”。

六、脂肪氧化的危害

随着饲料工业的发展，脂肪添加剂被广泛应用，但其在储藏加工和使用过程中容易氧化变质，尤其在高温、高湿环境条件下极易氧化酸败。脂肪氧化酸败产生多种初级和次级氧化产物，如低级脂肪酸、脂肪醇、醛、酸等，当其被动物摄食后，对动物健康生长、饲料适口性和营养价值产生不良影响。

1. 降低饲料适口性

脂肪氧化酸败产物如短链脂肪酸、脂肪聚合物、醛、酮、过氧化物和烃类，具有难闻的气味及苦涩滋味，降低了饲料的适口性，甚至出现动物拒食现象，严重者会导致动物采食后中毒或死亡。

2. 降低饲料营养价值

脂肪氧化酸败造成油脂中营养成分的破坏，动物长期饲喂这种油脂饲料，会出现必需脂肪酸缺乏症。脂肪氧化过程中形成大量高活性的自由基，其对维生素 A、维生素 D、维生素 E 和维生素 K 产生极大的破坏性，同时影响 B 族维生素的吸收，并能破坏细胞膜的功能，造成维生素缺乏症，导致脑软化症、母畜不孕或孕畜流产以及生产性能和抵抗力降低。

3. 影响酶活性

脂肪氧化酸败产物如酮、醛等，对机体的几种重要酶系统，如琥珀酸氧化酶和细胞色素氧化酶等有损害作用，从而造成机体代谢紊乱，生长发育迟缓。

4. 影响免疫功能

酸败油脂的代谢产物对机体内免疫活性细胞等有毒害作用。酸败氧化过程的副产物能使免疫球蛋白生成量下降，肝和小肠上皮细胞损伤率提高，引起小肠、肝脏等器官的肥大。

5. 影响消化功能

油脂氧化产生的游离脂肪酸会减少胆汁的产生，降低乳糜微粒形成的效率，从而干扰油脂在消化道内的吸收。对于肉鸡和蛋禽，还会阻碍叶黄素类色素在肠道内的吸收，导致肉鸡皮肤及蛋禽蛋黄着色不佳。

6. 实质器官病变

用棉籽油进行大鼠饲养试验，在过氧化物值剧增时，肝脏也明显增大，同时热能利用率下降。大鼠摄入含过氧化物多的油脂易患腹泻与肠炎，并伴有肝、心和肾肿大以及脂肪肝等肝脏病变。

七、必需脂肪酸

必需脂肪酸
对动物的营养

1. 必需脂肪酸的概念

不饱和脂肪酸中，有几种不饱和脂肪酸在动物体内不能合成，必须由饲料供给，故称其为必需脂肪酸。主要有三种：亚油酸（十八碳二烯酸）、亚麻酸（十八碳三烯酸）、花生四烯酸（二十碳四烯酸）。

2. 必需脂肪酸的生理功能

①必需脂肪酸是细胞膜、线粒体膜等生物膜结构脂质的主要成分，在绝大多数膜的特性中起关键作用。它参与磷脂的合成，并以磷脂形式出现在线粒体和细胞膜中。

②必需脂肪酸能维持皮肤和其他组织对水分的不通透性。正常情况下，皮肤对水分和其他许多物质是不通透的，这一特性是由于 ω-6 必需脂肪酸的存在。必需脂肪酸不足时，水分可迅速通过皮肤，使饮水量大，生成的尿少而浓。许多膜的通透性与必需脂肪酸有关，如血-脑屏障、胃肠道屏障。

③必需脂肪酸与类脂代谢有密切关系，并对胆固醇的代谢很重要。胆固醇必须与必需脂肪酸结合，才能在体内转运，进行正常代谢，如果缺乏必需脂肪酸，胆固醇将与一些饱和脂肪酸结合，不能在体内正常转运，从而影响动物体的代谢过程。

④必需脂肪酸可作为体内合成前列腺素的原料。前列腺素是一组与必需脂肪酸有关的化合物，由亚油酸合成。它可控制脂肪组织中甘油三酯的水解过程。必需脂肪酸缺乏的大鼠，前列腺素合成减少，脂肪组织中脂解作用速度加快。

⑤必需脂肪酸还与动物的精子形成有关。日粮中长期缺乏必需脂肪酸可导致动物繁殖性能的降低，引起雌性动物的不孕症或授乳过程的障碍。

3. 必需脂肪酸过量及缺乏症状

当必需脂肪酸或多不饱和脂肪酸超过需要时并无直接有害影响，然而，会造成双键的易氧化和酸败。日粮中多不饱和脂肪酸水平高时，维生素 E 和锌的需要量提高。

亚油酸缺乏对雏鸡影响最大，表现为生长迟缓，饮水量增加，对疾病的抵抗力降低，出现脂肪肝，公鸡睾丸变小，第二性征发育推迟。产蛋鸡缺乏必需脂肪酸时，会使蛋变小，种鸡产蛋率降低，受精率和孵化率下降，胚胎死亡率上升。

知识巩固

一、选择题

1. 脂类的营养功能主要包括（　　）。

A. 脂肪是供给动物体能量和贮备能量的最好形式

B. 脂类是构成动物体组织的重要原料

C. 脂肪是脂溶性维生素的溶剂

D. 脂肪可为幼小动物提供必需脂肪酸

E. 脂类是畜产品的组成成分

F. 脂肪对动物具有保护作用

2. 必需脂肪酸的生理功能有(　　)。

A. 是细胞膜、线粒体膜等生物膜结构脂质的主要成分

B. 维持皮肤和其他组织对水分的不通透性

C. 参与类脂代谢

D. 作为体内合成前列腺素的原料

E. 与动物的精子形成有关

二、填空题

1. 类脂肪是指含________或________或其他含氮物的脂肪。它虽不属真脂肪,但它在结构上或性质上却与真脂肪相接近。主要包括________、________、固醇及蜡。

2. 饲料中的脂溶性维生素,如维生素______、______、______、______等,均须溶于脂肪后,才能被动物体消化、吸收和利用。

答案

任务五　能量代谢

思维导图

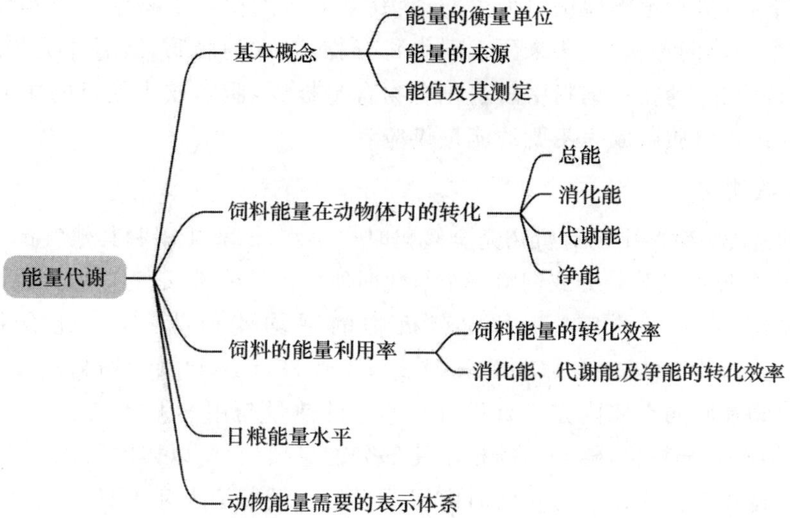

任务实施

一切生命活动都需要能量的驱动，动物可以将饲料中的化学能转变为机械能、热能，用于维持、生长、繁殖和生产等活动。化学能储存在碳水化合物、脂肪和蛋白质中，这三大类营养物质在机体内进行物质代谢的同时，也进行着能量的代谢，动物体内的能量代谢遵循能量守恒定律，根据该定律可以确定动物对饲料中能量的利用效率以及饲料有效能的含量，最终以饲料提供的能量满足动物的需要。

一、基本概念

植物利用光能（太阳能）合成有机物（碳水化合物、脂肪、蛋白质等），将光能转化为化学能贮存在有机物当中。动物食入有机物，通过一系列酶促反应将有机物氧化为水及二氧化碳等气体，同时放出能量供机体利用或仍以化学能的形式贮存于动物体内。因此，有机物是能量的载体，而能量是有机物的综合指标。

1. 能量的衡量单位

焦耳是能量、功和热的国际计量单位。但由于焦耳单位较小，实际应用时常用千焦（kJ）或兆焦（MJ）作为能量的单位。卡路里（cal）是旧的能量单位。换算关系如下。

$$1\ \text{MJ} = 10^3\ \text{kJ} = 10^6\ \text{J}$$

$$1\ \text{Mcal} = 10^3\ \text{kcal} = 10^6\ \text{cal}$$

$$1\ \text{J} = 0.239\ \text{cal}$$

$$1\ \text{cal} = 4.184\ \text{J}$$

2. 能量的来源

如机械工作需要动力驱动一样，动物维持生命活动、繁殖、生产产品等，均需要消耗能量。动物从饲料中摄取营养物质，同时也获得了能量。动植物性饲料中的水分和矿物质在动物体内不释放能量；有机物质中，维生素的份额极少，它们含有的能量极微，主要作为活性物质参与体内代谢，故动物所需的能量主要来源于三大类有机物，即碳水化合物、脂肪和蛋白质。

正常情况下，以摄食植物性饲料为主的动物（畜禽），因植物中碳水化合物含量高，故从动物获取总能量中的比例考虑，主要来源于碳水化合物，其次为脂肪，最后才为蛋白质。肉食性动物则是另一种情况，动物性饲料中碳水化合物含量极少，脂肪成为能量的主要来源；当其中脂肪含量不高时，蛋白质就成为主要的能量供应者。

3. 能值及其测定

（1）能值的概念。饲料中的有机物完全氧化时产生水、二氧化碳和其他气体等氧化产物，同时放出的能量。单位重量某养分或饲料完全氧化时所放出的能量，成为该养分或饲料的能值。

（2）能值的测定。经测定，三大类有机物的平均能值为：碳水化合物 17.35 kJ/g（4.15 kcal/g）；蛋白质 23.64 kJ/g（5.65 kcal/g）；脂肪 39.54 kJ/g（9.45 kcal/g）。但值得注意的是，碳水化合物和脂肪在体内完全氧化时所产生的热量与用热量计测定值基本相等。而蛋白质在体内不能被完全氧化，随氨基的排出使部分能量损失，所以体内氧化产热低于热量计测定值。据测定，每克蛋白质在体内氧化时由尿损失的能量平均为 5.4 kJ（1.29 kcal），即蛋白质体内氧化产热量为（23.64－5.4）kJ/g＝18.24 kJ/g＝4.36 kcal/g，与碳水化合物相近。

饲料能量在动物体内的转化

二、饲料能量在动物体内的转化

有机物是能量的载体。饲料能量在动物体内的转化过程，也是饲料有机物被动物采食、消化、代谢及沉积的过程。二者是不同表述方式的同一过程。能量在动物体内的转化遵循能量守恒定律，即能量从一种形式转变其他形式时，其总量保持不变，如图 2-6 所示。

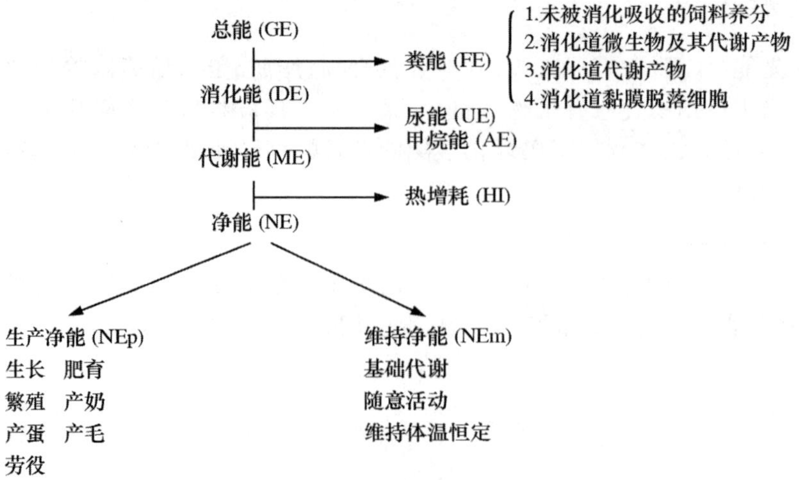

图 2-6 饲料能量在动物体内的转化过程

1. 总能

饲料的能值即为饲料总能(GE),是饲料完全氧化燃烧后释放的全部能量(热量),是动物摄入饲料中三大有机物质所含能量的总和。总能不能反映和区别饲料的真实营养价值。如玉米 18.87 MJ/kg,燕麦秸 18.70 MJ/kg,它们能值相同,但真实营养价值相差很远。

$$食入饲料总能(IGE)=饲料能值\times食入饲料量$$

2. 消化能

消化能(DE)是被动物消化吸收的养分所含的能量,即从饲料总能中减去粪能后的能量。

$$DE=GE-FE$$

粪能(FE):粪中有机物所含的能量。饲料被动物采食以后,其中一部分有机物(养分)未被动物消化吸收,而随粪便排出体外,这部分有机物(养分)所含的能量就称为粪能。动物种类不同。

由于动物粪便中除含有未被消化吸收的饲料残渣外,还含有来自动物体内的分解产物,如消化道脱落细胞、进入消化道的机体分泌物和消化道微生物及其产物等。这些物质也含有一定能量,称之为代谢粪能(FmE)。代谢粪能常与未消化饲料所含的能量一起被测定而作为粪能。由此得出的消化能称为表观消化能(ADE)。通常所说的消化能指的是表观消化能。

真实消化能(TDE)是将 FE 中的 FmE 扣除。计算公式为:

$$ADE=\frac{IGE-FE}{食入饲料量}$$

$$TDE=\frac{IGE-(FE-FmE)}{食入饲料量}$$

粪能损失量与动物的种类和饲料性质有关。虽然吸收的能量在动物体内可能被利用的程度仍有差异,但已排除了影响最大的消化损失,故消化能在一定程度上反映了不同饲料对动物的营养价值。

凡影响消化率的因素均影响消化能,包括动物种类、年龄、饲料种类、饲料粗纤维(CF)水平。

3. 代谢能

饲料总能减去粪能、尿能(UE)和消化道甲烷气体能(AE)损失后,即为代谢能(ME)。ME=GE−UE−AE−FE。它是指可被动物利用的饲料养分所含的能量,所以又称之为生理有用能。

尿能(UE):指被吸收的饲料养分在代谢过程中所产生的不能被机体利用的副产物(主要是尿素、尿酸等含氮物质)所含的能量。同样,尿中也含有动物体分解代谢的尾产物,这部分物质所含的能量称为尿代谢能(UeE)。牛的 UE 占 GE 的 4%~5%;猪的 UE 占 GE 的 2%~3%。

气能(AE):甲烷气体能主要对草食动物而言。饲料在消化过程中产生而随嗳气或粪便排出体外的含有化学潜能的气体主要是甲烷,这些甲烷燃烧后所放出的能量称为甲烷气体能,简称气能。气能占总能的 8%。饲养水平高时气能低,碳水化合物含量高时气能高。

非草食动物消化道甲烷产量很少,可忽略不计。

$$表观代谢能(AME)=\frac{IGE-FE-UE-AE}{食入饲料量}$$

$$真实代谢能(TME)=\frac{IGE-(FE-FmE)-(UE-UeE)-AE}{食入饲料量}$$

由于蛋白质在体内不完全氧化产物从尿排出，故同一种饲料的代谢能测定结果受试验时氮平衡状况的影响。当氮平衡为负值时，测出的代谢能值较高；氮平衡为正值时，测出的代谢能值较低。可对代谢能值进行氮沉积校正，推算出氮沉积为零时的代谢能值，称之为氮校正代谢能（AMEn）。

4. 净能

净能（NE）=代谢能（ME）-热增耗（HI）

（1）热增耗（HI）。热增耗就是动物食入饲料后伴随发生的体产热增加的现象，又称为食后体增热。这部分热在气候寒冷条件下可供机体维持体温，在非寒冷情况下却成为能量的额外损耗，故将其称为热增耗。热增耗包括发酵热（HF）和营养代谢热（HNM）两部分。

发酵热（HF）：食入饲料在被消化过程中由消化道微生物发酵而产生的热。草食动物的发酵热为食入总能的5%～10%，非草食动物的发酵热一般忽略不计。

营养代谢热（HNM）：动物采食饲料后由于体内代谢活动加强而增加的产热量。主要产生于被吸收养分的代谢过程；此外，消化道肌肉活动、呼吸加快，以及内分泌系统和循环系统等的机能加强，都会引起体热增加。

影响热增耗的因素：动物种类、饲喂水平、饲料种类和组成、日粮全价性等。不同动物和养分的热增耗占代谢能的百分比如表2-9所示。

表2-9 不同动物和养分的HI占ME的百分比 %

养分	猪	绵羊	牛
脂肪	9	29	35
碳水化合物	17	32	37
蛋白质	26	54	52
混合日粮	10～40	35～70	35～70

（2）净能的组成。净能分为维持净能（NEm）和生产净能（NEp）两部分。

维持净能：用于基础代谢、维持体温恒定和随意活动所消耗的能量。从生产效益考虑，维持净能也是一种无偿消耗，其最终转化为热能形式散失，但这又是不可避免的。

生产净能：用于形成各种动物产品或做功的能量，如增重、繁殖、产奶、产毛、产蛋、劳役等。

与消化能、代谢能相对应，净能也分为表观净能和真实净能。但常用的是表观净能。

影响净能的因素包括影响ME的因素、影响HI的因素以及环境温度，如低温环境下HI可维持体温。需要注意的是除了总能以外，同一种饲料饲喂不同种类的动物，其消化能、代谢能和净能值均不同；日粮组成不同、饲养水平不同，消化能、代谢能、净能值也不同。其原因是不同动物的消化代谢生理差异较大。

三、饲料的能量利用率

提高饲料能量利用率的措施

1. 饲料能量的转化效率

(1)概念。饲料能量的转化效率是指动物生产的产品所含能量占食入饲料总能的百分率。

$$\text{饲料能量的转化效率}=\frac{\text{产品能}}{\text{食入饲料总能}}\times 100\%$$

不同动物生产不同产品或类似产品时能量的转化效率不同(差异较大),如猪肉 17%、鸡肉 12%、鸡蛋 7%、牛乳 15%、牛肉 4%、兔肉 9%。由于能量用于维持和生产时的效率并不一致,而且饲料总能难以反映饲料的真实价值,所以饲料能量的利用率又常用总效率和纯效率来表示。

(2)饲料能量的总效率。动物生产的产品所含能量占食入有效能的百分率。

(3)饲料能量的纯效率。动物生产的产品所含能量占食入饲料用于形成产品的有效能的百分率。

$$\text{饲料能量的纯效率}=\frac{\text{产品能}}{\text{食入饲料有效能}-\text{维持用有效能}}\times 100\%$$

(4)饲料报酬。生产单位动物产品(如增重、产蛋、产奶等)所用去的饲料量。

$$\text{饲料报酬}=\text{饲料量}/\text{产品量}$$

饲料报酬的缺陷:当饲料能量浓度不同时难以比较两种饲料养分或能量的利用率;不能反映动物增重的实质。

饲料报酬的优点:便于生产成本和经济效益核算,方便实用。如:现市场活猪销售价格为 5 元/kg(批发价),肥育猪配合料销售价为 1.50 元/kg,按饲料报酬 3.5∶1 计算,则每千克活猪的饲料成本为 3.5 kg×1.50 元/kg=5.25 元。根据当时市场行情,仅饲料成本就高于活猪的销售成本,处于严重亏损状态。

2. 消化能、代谢能及净能的转化效率

饲料能量在动物体内的转化过程中,各种能量之间的比值关系较为复杂,但在同一种动物、同一生产目的时所测得的比值大致有一定范围。通常猪的代谢能大约是消化能的 96%,用高蛋白饲料饲喂时略低;净能为消化能的 66%～72%,多按 70%折算。反刍动物代谢能为消化能的 76%～86%,多按 82%折算;净能为代谢能的 30%～65%。禽类净能为代谢能的 75%～80%,营养平衡时可达 82%。

不同生产目的有效能的转化效率不同,其转化效率从大到小依次是:维持＞产奶＞生长、肥育＞妊娠、产毛。

四、日粮能量水平

日粮能量水平又称日粮能量浓度,是指日粮所含可利用能量的高低。饲粮的能量水平不是越高越好,应与动物类别、动物所处的生理状态相适应,才能提高饲料能量的利用效率,从而提高畜禽的生产力。

在正常情况下,日粮中能量水平不足,不能满足畜禽需要量时,畜禽健康恶化,繁殖力降低，饲料能量用于生产的效率降低。给乳牛饲喂低能日粮时，泌乳高峰消失快，泌乳期产乳量减少。能量供给过低时，母绵羊表现为生长缓慢或停止，育肥仔猪可能出现“小老猪”现象。

过高的日粮能量水平对动物的生长、发育同样不利。例如：乳牛日粮能量水平过高，其产后瘫痪及乳腺炎的发病率较高；妊娠母猪供能能量过高，易导致产后食欲降低，影响哺育仔猪，蹄病发病率也高；产蛋后备鸡供给能量过高，易造成性成熟过早，初产蛋重量轻、耗料过多现象。

五、动物能量需要的表示体系

动物能量需要的表示体系：猪常用 DE、ME；家禽常用 ME；反刍动物常用 NE。能量体系间的转化关系如表 2-10 所示。

表 2-10 能量间的转化关系 %

物种	DE	ME	NE
反刍动物	100	82	50～60
猪	100	96	70

知识巩固

一、选择题

1. 化学能主要储存在哪三大营养物质的化学结构中？（ ）

A. 碳水化合物 B. 脂肪 C. 蛋白质 D. 维生素

2. 影响动物热增耗的因素有（ ）。

A. 消化道运动、血液循环和呼吸的增快

B. 体内合成代谢的增多

C. 肾排泄活动的增强

D. 营养物质代谢有关的器官（肝）产热的增加

二、填空题

1. 净能分为__________和__________两部分。

2. 能量主要来源于__________，其次为__________，最后才为__________。

答案

任务六　维生素营养

思维导图

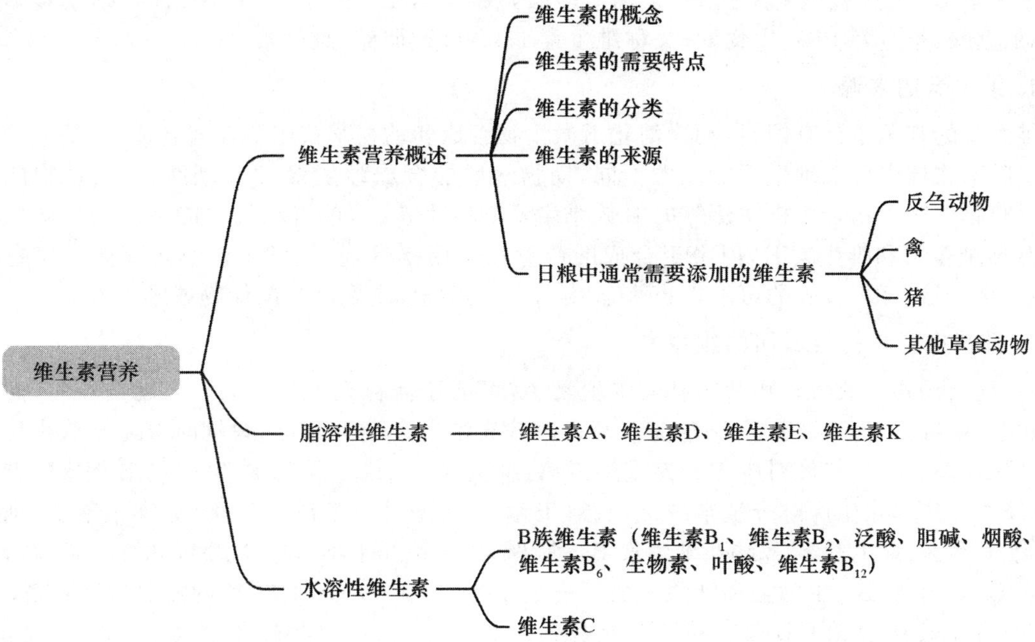

任务实施

维生素是动物生命过程中不可缺少的一类小分子有机化合物，在机体内起着与三大营养物质完全不同的作用。维生素是体内代谢过程的生物催化剂——酶的组成成分，或与一些生物活性物质有关系，广泛参与机体的化学反应过程和维持内环境的稳定。动物体内几乎不能合成这类化合物，必须由饲料提供。现已确认动物体组织中需要 14 种维生素，它们对动物的正常生长和生产具有重要的生理作用。

本部分内容主要讲述动物所需维生素的基本概念、分类、分布、营养生理功能、吸收代谢特点、缺乏和过量的危害等。

一、维生素营养概述

维生素在动物生产中的作用

1. 维生素的概念

维生素是动物机体代谢所必需的，而需要量极少的一类低分子有机化合物，体内一般不能合成，必须由饲料中提供，或提供其先体。

2. 维生素的需要特点

维生素的需要量少，通常以微克或毫克计。维生素参与代谢调节，不构成体组织，也不供给热能，在体内起催化作用，促进主要营养素的合成与降解，其中有些维生素是辅酶的组成部分。维生素缺乏时产生缺乏症，危害大；过量时会中毒。

3. 维生素的分类

有 14 种维生素在动物营养中有重要作用，可分为脂溶性维生素和水溶性维生素。脂溶性维生素包括维生素 A、维生素 D、维生素 E、维生素 K；水溶性维生素包括维生素 B_1（又称硫胺素）、维生素 B_2（又称核黄素）、泛酸（又称遍多酸）、维生素 B_6、维生素 B_{12}（又称钴维素）、烟酸（又称尼克酸、维生素 PP）、生物素（又称维生素 H）、叶酸、胆碱、维生素 C。

4. 维生素的来源

维生素的来源主要有饲料、动物消化道微生物合成和动物某些组织器官合成。

不同动物体内合成维生素的能力不同，动物一般能合成维生素 C 和烟酸，反刍动物能利用瘤胃和肠道微生物合成机体所需的 B 族维生素和维生素 K，单胃动物也能利用肠道微生物合成 B 族维生素和维生素 K，但由于合成的数量和利用率有限，故常不能满足需要。家禽消化道短，合成量有限，吸收的可能性也小，必须由日粮供给，或提供其前体物或维生素原。

5. 日粮中通常需要添加的维生素

(1)反刍动物。放牧动物常需补充维生素 A，可能还需补充维生素 E。限制饲养时，需补充维生素 A、维生素 E、维生素 D；应激和高产时补充维生素 B_1 和烟酸，舍饲时补充 B 族维生素以降低死亡率。犊牛代乳料中需补充维生素 A、维生素 D_3、维生素 E、维生素 C、B 族维生素。

(2)禽。集约化生产对维生素缺乏敏感，玉米-豆饼型日粮常需维生素 A、维生素 D、维生素 E、维生素 K、维生素 B_2、烟酸、维生素 B_{12}、胆碱（该日粮几乎不含维生素 D 和维生素 B_{12}，而维生素 B_1、维生素 B_6、生物素和叶酸一般可满足需要）。家禽的维生素 K 的需要量比家畜高。

(3)猪。玉米-豆粕型日粮容易缺乏维生素 A、维生素 D、维生素 E、维生素 B_2、烟酸、泛酸、维生素 B_{12}，有时需添加维生素 K 和胆碱。所有猪的日粮都应添加维生素 A、维生素 D、维生素 B_{12}、维生素 B_2、烟酸、泛酸、胆碱，一些厂家添加维生素 E、维生素 K、生物素和维生素 B_6，后 4 种是为了抗应激，防止出现亚临床缺乏症和应付其他可能引起应激的情况。

(4)其他草食动物。草食动物最可能缺乏维生素 A 和维生素 E。

二、脂溶性维生素

维生素 A 的营养作用

脂溶性维生素包括维生素 A、维生素 D、维生素 E、维生素 K。它们只含有碳、氢、氧 3 种元素，可从食物及饲料中提取。在消化道内随脂肪一同被吸收，吸收的机制与脂肪相同，凡有利于脂肪吸收的条件，均有利于脂溶性维生素的吸收。脂溶性维生素以被动扩散方式穿过细胞膜的脂相，主要从粪中排出，易在体内蓄积，摄入过量的脂溶性维生素可引起中毒、代谢和生长障碍。

1. 维生素 A

维生素 A 是视黄醇及其衍生物的统称。维生素 A 只存在于动物体内，植物饲料不含维生素 A，含有类胡萝卜素，如 α-胡萝卜素、β-胡萝卜素、γ-胡萝卜素和玉米黄素等，在肠壁细胞和肝脏内可转变为维生素 A。1 分子 β-胡萝卜素可转化为 2 分子维生素 A，其余只转化为 1 分子维生素 A。转化效率因动物不同而异，例如：

大鼠、禽：0.6 μg β-胡萝卜素 ⟶ 1 IU(国际单位) 维生素 A

牛、羊：2.5 g β-胡萝卜素 ⟶ 1 IU 维生素 A

猪：2 μg β-胡萝卜素 ⟶ 1 IU 维生素 A

1 IU 维生素 A＝0.3 μg 视黄醇＝0.6 μg β-胡萝卜素

维生素 A 在无氧时对热稳定，120～130 ℃下基本不变；有氧时易氧化，尤其是在湿热和有微量元素及酸败脂肪存在时，易氧化失效。

(1)维生素 A 的生理功能。①促进视紫质形成，使动物对弱光产生视觉，缺乏时产生夜盲症。②维持上皮组织健康。③参与性激素形成。④促进骨骼和中枢神经系统发育。⑤维持免疫力，促进动物生长。

(2)维生素 A 的需要特点。取决于饲料种类、添加情况、环境条件、饲养管理、贮备情况等，需要量一般为 1 000～1 500 IU/kg。

(3)维生素 A 的缺乏症和中毒症。长时间缺乏维生素 A，动物首先表现出暗适应能力降低，乃至夜盲或干眼病。幼龄动物生长发育受阻，增重减慢对疾病的抵抗力、生产力下降。繁殖机能障碍，性欲差，公牛睾丸精细管变性，母牛不发情或发情不规律、受胎率低，胎儿发育异常，如畸形、瞎眼，胎衣不下、死胎、流产等现象。家禽产蛋率低、孵化率不高，被毛粗乱无光，食欲欠佳，易患呼吸道疾病，共济运动失调等。对成骨作用产生不良影响，缺乏维生素 A 时，形成网状骨质，骨脆弱而过分增生(附图 1 至附图 5)。

维生素过量服用也会引起中毒，维生素 A 易积蓄在肝脏和脂肪内，即使未超过急性中毒量，如每天服用 8 万～10 万 IU，半年后仍会造成中毒。中毒后果表现为骨畸形、器官发生病变、生长缓慢、皮肤受损等。急性中毒时，颅内会产生水肿，两眼突出，浑身脱皮，还伴有发烧症状。

(4)维生素 A 的来源。维生素 A 主要来自动物性饲料，如鱼粉、卵黄、牛奶、血液、肝脏等含量均不少。一切植物性饲料中均不含维生素 A，只有胡萝卜素。各种饼粕、秸秆、淀粉渣及大多数的块根块茎类饲料均缺少维生素 A 及胡萝卜素(胡萝卜例外)。

饲料中胡萝卜素或维生素 A 的含量因加工调制技术、贮藏方式及其他条件而变化。如青干草在调制过程中胡萝卜素损失 30%～90%。维生素 A 的主要商品有维生素 A 醋酸酯和棕榈酸酯。

2. 维生素 D

维生素 D 又称抗软骨病维生素。维生素 D 有维生素 D_2、维生素 D_3、维生素 D_4、维生素 D_5、维生素 D_6 和维生素 D_7 等多种形式，侧链结构的差异影响其活性。天然的维生素 D 主要为维生素 D_2(麦角钙化醇)和维生素 D_3(胆钙化醇)。前者主要存在于植物性饲料中，后者是由存在于动物的皮肤、血液、神经和脂肪组织中的 7-脱氢胆固醇经紫外线照射转变成的。其余几种异构体对畜禽没有多大营养意义。维生素 D_3 比维生素 D_2 对家禽的营养意义更大，维生素 D_2 效价仅为维生素 D_3 的 1/40～1/20。

维生素 D 的营养作用

(1)维生素 D 的生理功能。维生素 D 在动物体内必须先转变为具有活性的形式才能发挥其生理功能。

①维生素 D 主要与动物钙、磷代谢有关，可以控制钙、磷代谢，特别是增加肠对钙与磷的吸收，同时还可调节肾脏对钙和磷的排泄，控制骨骼中钙与磷的贮存，改善骨骼中钙、磷的活动状态，从而影响动物骨骼与牙齿的正常发育。

②维生素 D 与肠黏膜细胞的分化有关。

③维生素 D 能促进肠道中钴、铁、镁、锌等元素的吸收。

(2)维生素 D 的缺乏症与中毒症。缺乏维生素 D 可引起骨质钙化停止，幼年动物出现佝偻病，常见行动困难甚至不能站立。成年动物骨质变脆变软、骨质疏松、四肢关节变形、肋骨发生变形、鸡胸等(附图 6 至附图 9)，牙齿发育不良，缺乏釉质。泌乳动物缺乏维生素 D，则泌乳期缩短，在高产乳牛常常出现钙的负平衡。产蛋鸡缺乏维生素 D，不仅影响产蛋率，更影响蛋壳质量和蛋的孵化率。这种情况对笼养蛋鸡尤应注意。

维生素 D 过多有可能引起动物中毒，主要表现为血钙异常升高，引起软组织钙化，导致组织器官发生炎症。维生素 D 中毒严重程度，取决于维生素 D 的类型、剂量、吸收途径、肾功能及日粮组成等。维生素 D_3 比维生素 D_2 毒性高 10～20 倍。日粮中钙、磷水平高时，维生素 D 中毒症状加剧。但由于中毒剂量很大，在实际生产中很少见到。

(3)维生素 D 的需要特点。一般在工厂化封闭饲养条件下可适当增加维生素 D，繁殖母畜需要也较多，畜禽对维生素 D 的需要一般为每千克饲粮 1 000～2 000 IU。

(4)维生素 D 的来源。虽然自然界中维生素 D 原广泛存在，但维生素 D 的分布非常有限。太阳光照是获得维生素 D 最廉价的方式之一，在集约化生产条件下，动物不能充分接触阳光，日粮中必须添加维生素 D。动物性饲料如鱼肝油、肝粉、血粉、酵母中都含有丰富的维生素 D，经阳光晒制的干草含有较多的维生素 D_2。

维生素 E 的营养作用

3. 维生素 E

维生素 E 是生育酚、生育酚三烯及其异构体的统称。

(1)维生素 E 的生理功能。维生素 E 的功能极其多样化。

①在动物体内起催化作用、抗氧化作用，它与硒协同保护多种不饱和脂肪酸，从而维持细胞膜正常脂质结构，防止过氧化产物形成，作为抗氧化的第一道防线。

②维持中枢神经系统、骨骼肌、心肌、平滑肌及外周血管系统的构造与功能。

③增强机体免疫力和抵抗力，可促进抗体的形成和淋巴细胞的增殖，提高机体的抗病能力。

④适当增加维生素 E 可使动物增重加快，并减慢肉的腐败。

⑤维生素 E 对生殖机能有影响，如促进性腺发育、促成受孕、防止流产、调节性激素代谢等。

(2)维生素 E 的缺乏症。维生素 E 缺乏症可分为原发性与继发性两种，前者是由于动物进食饲料中缺少维生素 E，后者是因其他因素引起维生素 E 失活，如食入过量的不饱和脂肪酸或已酸败的脂肪。各种动物都可能发生维生素 E 缺乏，其中幼年动物发病较多。

①肌肉损伤。肌肉营养不良(白肌病)，急性表现为心肌变性，亚急性表现骨骼肌变性。前者常突然死亡；后者表现运动障碍，严重时不能站立。以上多发生于仔猪、羔羊、犊牛、仔兔。

②血管和神经系统病变。雏鸡缺少维生素 E 时，毛细血管通透性增强，致使大量渗出液在皮下积蓄，称为渗出性素质病。肉鸡饲喂高能量饲料又缺少维生素 E，患“脑软化”，表现为小脑出血或水肿，运动失调，伏地不起甚至麻痹，死亡率高(附图 10 至附图 14)。

③繁殖障碍。维生素 E 缺乏还会严重影响繁殖机能，公畜尤为明显，精细胞的形成受阻，精液品质不佳，易发生不育。母畜缺维生素 E 时，受胎率下降，即使受胎，很可能胚胎中途死亡或产弱仔或胎儿被吸收。在鸡则表现为产蛋率下降，孵化率下降。如表 2-11 所示。

表 2-11　动物种类与维生素 E 缺乏症的表现

缺乏症	动物种类	受损组织
桑葚心	猪	心肌
肌肉营养不良	所有动物	肌肉有白条斑
羔羊僵直症	新生羔羊	肌肉僵硬
黄脂病	猪、马、鸡	脂肪组织
肝坏死、锯屑肝	牛、猪	肝
渗出性素质病	鸡、猪	血管壁
贫血	猪、鸡	骨髓
溶血	鸡、羔羊	红细胞
脑软化	鸡	小脑
睾丸退化，卵巢萎缩	猪、牛、鸡、火鸡、马	生发层上皮
死胎，新生畜禽活力低	猪、鸡、火鸡	胎儿血管系统
肾退化	羔羊、猪	肾小管
肌酸尿	猪	血浆
膝关节肿大	鸡	膝
胃溃疡	猪	胃
肌胃浸蚀	鸡、火鸡	肌胃
胰纤维化	鸡	胰脏
动物产品酸败	所有动物	肉、脂肪

(3)维生素 E 的需要特点。由于维生素 E 分布广泛，家畜饲粮一般不需要额外补充。近年来，为了提高肉的品质和延长贮藏时间，一些国家的标准推荐的维生素 E 的需要量已有所提高。猪、禽每千克饲粮维生素 E 的量已由 5～10 mg 提高到了 10～20 mg；鱼类为 50～100 mg。

(4)维生素 E 的来源。青饲料、谷物胚、植物油和动物饲料中含量丰富，籽实饲料和副产物中含量较少。谷实类在一般条件下贮存 6 个月后，维生素 E 可损失 30%～50%。维生素 E 添加剂已在生产中广泛应用。

4. 维生素 K

维生素 K 的营养作用

维生素 K 分为两大类，一类是脂溶性维生素 K，即从绿色植物中提取的维生素 K_1 和肠道细菌(如大肠杆菌)合成的维生素 K_2。另一类是水溶性的维生素 K，即人工合成的维生素 K_3 和维生素 K_4。最重要的是维生素 K_1 和维生素 K_2。脂溶性维生素 K 的吸收需要胆汁协助，水溶性维生素 K 的吸收不需要胆汁。

(1)维生素 K 的生理功能。

①催化肝脏中凝血酶原以及凝血活素的合成。通过凝血活素的作用，凝血酶原变为凝血酶，以维持正常的凝血功能。

②与钙结合蛋白的形成有关。

③具有利尿、强化肝脏解毒功能及降低血压等作用。

(2)维生素 K 的缺乏症。家畜缺乏维生素 K 的情况较少，而家禽易发生维生素 K 缺乏症。因为家畜消化道内的微生物可以合成维生素 K_2，且量足够，而家禽合成维生素 K 的能力差，特别是笼养鸡不能从粪中获得维生素K。缺乏症表现为鸡胚出血而死，躯体各部位出现出血点（附图15至附图17），初生仔猪去势后会发生凝血时间过长或流血不止而死。

（3）维生素K的需要特点。反刍动物瘤胃微生物能合成足够需要的维生素K。肠道微生物也能合成，但在下段大肠中几乎不被吸收。单胃动物能通过食粪获取一些维生素K。除家禽外一般不需要补充维生素K。畜禽对维生素K的需要一般为每千克饲料0.5～1.5 mg。

双香豆素是自然界维生素K的主要拮抗物，抗生素及磺胺类药的使用都会使动物对维生素K的需要增大。

（4）维生素K的来源。青绿饲料中含有维生素K_1，动物性饲料中维生素K_2含量丰富，畜粪中均有相当数量的维生素K_2，籽实、饼粕及块根块茎类饲料中极少。

水溶性维生素营养及缺乏症

三、水溶性维生素

水溶性维生素主要有B族维生素及维生素C。目前已确定的水溶性维生素共有10种，另有几种还没有完全确定，常称为类维生素或假维生素。水溶性维生素主要有以下特点：①水溶性维生素可从食物及饲料的水溶物中提取。②除含有碳、氢、氧元素外，多数都含有氮，有的还含有硫或钴。③主要作为辅酶，催化碳水化合物、脂肪和蛋白质代谢中的各种反应。多数情况下，缺乏症无特异性，而且难与其生化功能直接相联系。食欲下降和生长受阻是其共同的缺乏症状。④多数通过被动扩散方式吸收，但在饲粮供应不足时，可以主动的方式吸收。维生素B_{12}的吸收较特殊，需要胃分泌的一种内因子帮助。⑤除维生素B_{12}外，水溶性维生素几乎不在体内贮存，因此必须经常补给。⑥主要经尿排出（包括代谢产物），毒性相对较小。

1. 维生素B_1

（1）维生素B_1的理化特性。常见的商品形式为硫胺素盐酸盐、硫胺素硝酸盐，极易溶于水，微溶于乙醇，不溶于其他溶剂，对碱特别敏感，pH在7以上时，室温下噻唑环被打开；对于热稳定，但湿热环境中对热不稳定。味微苦，具有特殊香气。

（2）维生素B_1的生理功能。维生素B_1是动物体内许多酶的辅酶，参与碳水化合物的代谢。碳水化合物合成脂肪及其吸收均与维生素B_1有关。对维持神经组织及心肌的正常功能、维持正常的肠蠕动及消化道内脂肪吸收均起一定作用。

（3）维生素B_1的缺乏症。缺乏维生素B_1会影响动物生长，导致食欲减退、下痢、羽毛蓬乱、运动不灵活、神经系统疾病（多发性神经炎）。雏鸡及鸽对维生素B_1缺乏十分敏感，饲喂缺乏维生素B_1的日粮，约经10 d，即可出现病禽头后仰、羽毛无光泽、肌胃变性。猪缺乏维生素B_1，表现为痉挛及共济运动失调，并伴有消化紊乱、呕吐、腹泻（附图18至附图20）；母猪缺乏时，则新生仔猪软弱、畸形仔猪增多。反刍动物消化道中微生物能合成维生素B_1，一般不会缺乏。

（4）维生素B_1的来源。干酵母中含量丰富，籽实饲料中含量也不少，特别是糠麸类饲料中较多，块根块茎饲料中很少，如表2-12所示。蕨类植物中含有维生素B_1的拮抗物质，动物误食后引起维生素B_1缺乏症——蕨病。新鲜软体动物的内脏中含有维生素B_1酶，能破坏维生素B_1。

表 2-12　各种饲料中维生素 B_1 含量　mg/kg

饲料	含量	饲料	含量	饲料	含量
干酵母	30～200	野草	2	大豆	11
青刈玉米	3	米糠	10～20	甘薯	0.3
大麦	6	干草	1～5	青玉米	4
甜菜	0.3	麦麸	5		

(5)维生素 B_1 的需要特点。猪禽及某些鱼类对硫胺素的需要一般为每千克饲粮 1～2 mg。对于大多数动物，硫胺素的中毒剂量是需要量的数百倍，甚至上千倍。

2. 维生素 B_2

1933 年 Kuhn 等首次发现维生素 B_2，并于 1935 年人工合成，因其结构中含有核糖且呈黄色，故又名核黄素。

(1)维生素 B_2 的理化性质。维生素 B_2 为橘黄色结晶，味苦，微溶于水，极易溶于稀酸、强碱性溶液，对光、碱及重金属很敏感，易被破坏。核黄素存在 3 种形式：游离的核黄素、黄素单核苷酸(FMN)和黄素腺嘌呤二核苷酸(FAD)。

(2)维生素 B_2 的生理功能。动物体内许多氧化还原酶类的辅基中含有维生素 B_2，这些酶统称为黄酶类，黄酶参与能量代谢，在生物氧化过程中传递氢原子，具有促进生物氧化的作用，这对碳水化合物、蛋白质和脂肪的代谢具有十分重要的作用。另外，维生素 B_2 与色氨酸代谢、维生素 C 的生物合成、铁代谢、红细胞功能与寿命、解毒作用有关。

(3)维生素 B_2 的缺乏症。缺乏维生素 B_2 初期，幼畜表现为生长停滞、食欲减退、被毛粗乱、眼角分泌物增多，伴有腹泻、繁殖与泌乳性能降低。雏鸡对维生素 B_2 极敏感，经 2～3 周后开始出现膝关节软弱、脚趾麻痹并卷曲呈拳状(附图 21、附图 22)；重新补充维生素 B_2 后，虽可逐渐恢复，但会严重影响其后的生长发育。母鸡缺乏维生素 B_2，则产蛋率下降，种蛋孵化率极低，鸡胚在孵化至 12 d 左右死亡或 20 d 时往往不出壳。马缺乏维生素 B_2，主要表现为厌食、腹泻、生长受阻、多泪及脱毛等；犊牛易患口腔黏膜出血、口角唇边溃烂、流涎等。

(4)维生素 B_2 的来源。常用的猪、鸡饲料中维生素 B_2 含量有限，谷实及其副产品中均不能满足动物的需要；而乳品加工副产品中含量丰富；青绿饲料中的苜蓿及三叶草含量中等。

(5)维生素 B_2 的需要特点。在笼养鸡配合饲料中要注意添加人工合成的维生素 B_2，特别是种鸡尤为重要。种用产蛋鸡和妊娠泌乳母猪的需要量比一般猪、鸡高 1 倍左右。小猪需要量比大猪多，猪和家禽对核黄素的需要随环境温度升高而减少。

3. 泛酸

泛酸是由泛解酸和 β-丙氨酸组成的一种酰胺类物质。泛酸钙是泛酸的商品形式。

(1)泛酸的理化性质。泛酸是一种二肽衍生物，为黄色黏性油状物，可溶于水，对氧化剂与还原剂均稳定，在水溶液中加热也稳定，但在干热及酸性或碱性介质中加热极易破坏，分裂为丙氨酸及其他产物。饲料添加剂中常以泛酸钙形式使用，是无色粉状结晶。

(2)泛酸的生理功能。泛酸是辅酶 A 的成分，是体内能量代谢不可缺少的成分，参与碳水化合物、脂肪和蛋白质代谢。对脂肪的合成与代谢起十分重要的作用，为生长家畜所必需。

(3)泛酸的缺乏症。猪、禽、犬、鼠对泛酸缺乏较为敏感。牛、羊、马等可以由消化道中微生物合成。生长猪缺乏泛酸时表现为增重缓慢、食欲差、皮肤病、黏膜病变，易患呼吸道、肠道疾病，脱毛，步态不正，出现“鹅步”。种畜缺乏泛酸时影响生殖机能，新生仔猪畸形。雏鸡表现为眼分泌物增加，与眼睑粘在一起，喙角及趾部形成痂皮、生长受阻。母鸡产蛋率、种蛋孵化率均下降，鸡胚胎死亡，严重时影响卵的形成(附图 23 至附图 26)。

(4)泛酸的来源。其广泛分布于动植物体中，苜蓿干草、花生饼、糖蜜、酵母、米糠和小麦麸中含量丰富；谷物的种子及其副产物中含量也较多。

(5)泛酸的需要特点。畜禽对泛酸的需要量一般为每千克饲料 7～12 mg，鱼类为 10～30 mg。泛酸中毒只在饲喂超过需要量 100 倍剂量的大鼠中发现。

4. 胆碱

胆碱为动物机体所必需，它不仅是机体构成成分，还在代谢过程中具有一定调节作用。它是否属于维生素，尚有不同意见，有人认为是类脂肪的成分之一。根据多数人的看法，列为维生素。

(1)胆碱的理化特性。由于分子中含有羟基，故胆碱具有碱性。纯胆碱无色，可与酸反应生成稳定的结晶盐，具有极强的吸湿性，吸收二氧化碳后，发出胺的臭味。胆碱溶于水、甲醛和乙醇，难溶于丙酮、氯仿，不溶于石油醚、苯。对热稳定，但在强碱条件下不稳定。饲料工业上常用的是氯化胆碱，为吸湿性极强的物质。

(2)胆碱的生理功能。胆碱的生理功能主要有 4 个方面。

①组成细胞的成分。胆碱是磷脂的组成成分，如卵磷脂、神经磷脂和某些原生质。

②防止脂肪肝。胆碱可促进肝脏脂肪以卵磷脂形式被输送出去或者促进脂肪酸在肝脏内氧化利用，从而防止脂肪在肝脏里反常积聚。

③神经冲动的传导。胆碱是乙酰胆碱的成分，而乙酰胆碱是副交感神经终端释放的神经递质，从而使神经刺激由交感神经和副交感神经系统的突触前到突触后纤维的传递成为可能。

④不稳定甲基的供体。不稳定甲基，是指在体内从一种化合物转移到另一种化合物的甲基，亦称活性甲基。

(3)胆碱的缺乏症。胆碱缺乏首先是脂肪代谢障碍，易发生肝脏脂肪浸润。家禽缺乏胆碱，则发生骨短粗病、关节变形-滑腱症(附图 27)、贫血、生长缓慢、产蛋率下降、死亡淘汰率增高；仔猪缺乏胆碱时，后腿叉开站立，行动不协调。

动物缺乏胆碱的临床症状还受日粮中其他因素，包括蛋氨酸、维生素 B_{12}、叶酸、日粮营养水平等的影响。对高能日粮一定要考虑添加胆碱。事实上目前养禽业中普遍使用胆碱。

(4)胆碱的来源。正常饲料中都含有胆碱，尤以动物性饲料中为多，玉米中含量较少(表 2-13)。动物对不同饲料中的胆碱的利用率是有区别的，豆粕中胆碱利用率较高，为 60%～75%。

常用作添加剂的胆碱是氯化胆碱，固体状态的氯化胆碱中胆碱含量一般为 50%。

(5)胆碱的需要特点。动物对胆碱的需要量一般为每千克饲料 400～1 300 mg。在水溶性维生素中胆碱相对其需要量较易发生过量中毒。动物过量进食胆碱的症状是：流唾液、颤抖、痉挛、发绀、惊厥和呼吸麻痹。添加超过需要量一倍的胆碱对成年鸡来说是安全的。猪对胆碱忍受力比鸡强。

表 2-13　几种饲料中胆碱的含量　　mg/kg

饲料	含量	饲料	含量	饲料	含量
大麦	1 177	大豆粕	2 916	青玉米	567
啤酒糟	1 757	高粱	737	血粉	848
小麦	1 053	苜蓿粉	1 037	小麦麸	1 797
鱼粉	4 036	燕麦	1 116	花生粕	2 120
棉仁饼	2 965				

5. 烟酸

(1)烟酸的理化性质。烟酸(尼克酸)作为一种维生素是以其衍生物烟酰胺(尼克酰胺)的形式参与代谢过程。烟酸与烟酰胺二者均为吡啶衍生物,这两种物质均为无色结晶,性质稳定,不易被酸、碱、热所破坏,也不易被氧化。

(2)烟酸的生理功能。烟酸主要在动物体以辅酶Ⅰ(NAD)和辅酶Ⅱ(NADP)的形式参与机体代谢,在动物的能量利用及脂肪、蛋白质和碳水化合物合成与分解方面都起着重要的作用。因为它们是多种脱氢酶的辅酶,在生物氧化中起传递氢的作用。

(3)烟酸的缺乏症。当动物体内缺乏烟酸或烟酰胺时,上述酶的合成受阻,影响体内生物氧化过程,从而使物质代谢与能量代谢过程发生障碍。

动物体内可以将色氨酸转化为烟酸,此种转化效率在猪体内为(50～60)∶1。

动物缺乏烟酸时,猪表现为呕吐、下痢及皮肤炎,结肠与盲肠损害以致坏死,粪便恶臭;产蛋鸡产蛋率与孵化率降低,脱毛;雏鸡口腔发生炎症。见附图 28 至附图 30。

(4)烟酸的来源。烟酸在饲料中分布很广(表 2-14),糠麸、干草、蛋白质饲料中都含有丰富的尼克酸,在禾本科籽实及乳品加工副产品中含量较少,而且呈结合状态,利用率较低。家畜消化道中微生物都能合成尼克酸;但以玉米作为日粮主要成分时(因色氨酸较少),应考虑补充。

(5)烟酸的需要特点。畜禽及鱼类对尼克酸的需要一般为每千克饲粮 10～50 mg。每日每千克体重摄入的尼克酸超过 350 mg 可能引起中毒。

表 2-14　饲料中烟酸的含量　　mg/kg

饲料	平均值	范围	饲料	平均值	范围
小麦	48	34～65	豆粕	21	18～24
大麦	53	29～75	棉仁饼	38	29～45
玉米	20	14～29	肉骨粉	50	17～65
麸皮	50	36～75	鱼粉	120	83～162
玉米麸	68	50～105			

6. 维生素 B_6

(1)维生素 B_6 的理化性质。维生素 B_6 包括吡哆醇、吡哆醛、吡哆胺 3 种化合物。三者均为吡啶衍生物。维生素 B_6 为无色结晶,易溶于水,在酸性溶液中稳定,而在碱性溶液中极易破坏,对光很敏感,易被破坏,在空气中颇为稳定。常见的商业制剂为吡哆醇盐酸盐。3 种衍生物的活性相同。

(2)维生素 B_6 的生理功能。动物体内吡哆醇可以转化为吡哆胺和吡哆醛,最后以活性较强的磷酸吡哆醛与磷酸吡哆胺的形式存在于组织中,并参与体内代谢。这两种化合物是动物体内许多酶系统的辅酶,参与多种代谢过程。如参与氨基酸代谢的脱羧基作用、氨基转移作用、色氨酸代谢、含硫氨基酸代谢、不饱和脂肪酸的代谢。此外,维生素 B_6 还是糖原代谢中磷酸化酶的辅酶,与无机盐的代谢也有关。

(3)维生素 B_6 的缺乏症。维生素 B_6 缺乏症在动物种类间有差别,通常是食欲不振,食物的消化率下降,增重慢。猪发生以耳朵、爪、鼻、尾等末梢部位出现皮炎为特征的"肢端病",以及皮下水肿、脱毛,后肢麻痹、外周神经发生进行性病变,导致运动失调,最后发生不规则间隔的惊厥,直至死亡。眼周围有褐色分泌物,流泪,视力减退,直至失明。由于血红蛋白合成减少,易发生贫血。心肌变性、神经系统病变见附图 31 至附图 34。禽类缺乏维生素 B_6 表现与哺乳动物基本相似,种蛋孵化率降低。成年反刍动物前胃中微生物能合成维生素 B_6,因而很少出现缺乏症,但前胃功能尚不完全的犊牛、羔羊也会像猪一样发生缺乏症。猴子缺乏维生素 B_6 时,则发生与人类相似的动脉硬化症、胃溃疡。

(4)维生素 B_6 的来源。各种禾本科籽实及其加工副产品都含有较多的维生素 B_6。动物性饲料及块根块茎类中含量很少。饲料中维生素 B_6 易被动物吸收,一般能满足需要。但在日粮能量与蛋白质水平高时,维生素 B_6 需要量随之增高,这对生长动物尤为重要。

(5)维生素 B_6 的需要特点。畜禽对维生素 B_6 的需要一般为每千克饲粮 1～3 mg,鱼类为 3～6 mg。犬和大鼠维生素 B_6 的中毒剂量是需要量的 1 000 倍以上。

7. 生物素

(1)生物素的理化特性。生物素是一种含硫的维生素,具有八种异构体,但具有生物活性的仅是 D-生物素一种。外观为白色针状结晶,可溶于水,耐酸、碱和热。饲料中常和赖氨酸结合。在动物细胞中以游离状态或和蛋白质结合,常温下比较稳定。

(2)生物素的生理功能。碳水化合物、蛋白质和脂肪代谢中的许多反应都需要生物素。它的主要功能是在脱羧-羧化反应和脱氨反应中起辅酶的作用,它与碳水化合物和蛋白质互变,以及碳水化合物与蛋白质向脂肪转化等有关。动物很少发生生物素的缺乏,只有家禽可能出现生物素不足。集约化饲养环境下猪的足裂症与生物素缺乏有关。

(3)生物素的缺乏症。雏鸡生长缓慢,羽毛干燥、变脆,易患皮炎或骨短粗症、喙及趾部皮炎。种禽的蛋孵化率降低,胚胎发育过程中出现骨畸形。胫骨粗短症是家禽缺乏生物素的典型症状。毛皮动物可能患湿疹、角化过度症(脱毛症)以及瘙痒病,影响皮毛质量。雄性动物可能出现"湿腹"的症状。猪表现为后腿痉挛,足裂缝、干燥、粗糙和以棕色渗出物为特征的皮炎(附图 35 至附图 39)。引起生物素缺乏症的原因有:饲喂生蛋清、无生物素的饲粮或加磺胺药,舍饲或食粪的机会减少,饲料加工或储藏中对生物素的破坏,妊娠母猪的限制采食,饲粮中不饱和脂肪酸增多。

(4)生物素的来源。广泛存在于蛋白质饲料,青绿饲料中也不少,块根块茎类饲料中含量很少。家禽对各种禾本科籽实中的生物素利用率不同,按其利用率由高到低顺序为:燕麦＞玉米和高粱＞小麦＞大麦。大麦中生物素仅被家禽利用 1/3 左右。

(5) 生物素的需要特点。畜禽对生物素的需要量一般在每千克风干料 50～300 μg,鱼类为 150～1 000 μg。在小于需要量 10 倍的剂量范围内,生物素对于猪和家禽都是安全的。

8. 叶酸

(1)叶酸理化特性。叶酸分子母体是由蝶啶、对氨基苯甲酸与谷氨酸组成。为鲜黄色固体物质,易溶于水,在水溶液中易被光破坏。人工合成的为黄色至橙黄色结晶粉末,易溶于稀酸、稀碱,不溶于乙醇、丙酮、乙醚及氯仿。对空气和热稳定,可被可见光和紫外光辐射分解。

(2)叶酸的生理功能。叶酸进入机体后为小肠上皮细胞分泌的 γ-L-谷氨酸羧肽酶水解,成为谷氨酸与游离叶酸,并在小肠上部被主动吸收。在辅酶Ⅱ(还原型)、维生素 C 与叶酸还原酶的协同作用下,叶酸变为四氢叶酸(FH_4)才具有生物活性。叶酸以辅酶形式作为各种碳水化合物或残基(如甲基等)的载体。叶酸参与嘌呤的合成,而嘌呤又是构成核酸物质,故叶酸对细胞的分裂增殖有促进作用。叶酸对于某些氨基酸如组氨酸、丝氨酸、蛋氨酸等在动物体内的代谢是不可缺少的。

(3)叶酸的缺乏症。生长家禽典型的叶酸缺乏症为贫血、生长缓慢、羽毛脱色、脊柱麻痹(附图 40)。猪表现为皮炎、脱毛以及消化、呼吸、泌尿器官的黏膜损害。在长期饲喂治疗剂量抗生素和磺胺类药物或长期患消化道慢性疾病,有可能出现叶酸缺乏症。磺胺类药物是叶酸的拮抗物。

(4)叶酸的来源。植物性饲料中除块根块茎类饲料之外,所有饲料均有较多的叶酸,但不能被动物很好利用,只能利用 20%～30%。

(5)叶酸的需要特点。畜禽对叶酸的需要量一般为每千克饲料 0.3～0.55 mg。近年的营养学研究中,对于繁殖母猪,需要量已从 0.3 mg 提高到了 1.3 mg。鳟和鲑对叶酸的需要量可达 5 mg。叶酸被认为是一种无毒性的维生素。

9. 维生素 B_{12}

(1)维生素 B_{12} 的理化特性。维生素 B_{12} 是一种含钴的化合物,又称钴维素。它有多种形式,如氰钴胺素、羟钴胺素、硝钴胺素、甲钴胺素、5-脱氧腺苷钴胺素等,统称为维生素 B_{12}。一般情况下维生素 B_{12} 是指氰钴胺素。

维生素 B_{12} 是维生素中唯一含有金属的物质。它是含有三价钴的多环化合物,其分子结构很复杂。维生素 B_{12} 为深红色晶体,可溶于水,但溶解度较差。它的结晶体或水溶液均很稳定,但在强酸、强碱溶液中极易破坏。日光、氧化剂、还原剂易使维生素 B_{12} 破坏。

(2)维生素 B_{12} 的生理功能。维生素 B_{12} 在动物体内吸收是有条件的,要有内在因子和钙、镁离子。内在因子是指胃及十二指肠前端黏膜细胞分泌的一种黏蛋白,其分子上具有 2 个接受点。维生素 B_{12} 首先与其中一个接受点结合,而后进入回肠,并进一步与钙、镁离子结合;另一个接受点则可与回肠黏膜上的微绒毛结合,使内在因子吸附于回肠黏膜表面。其后,肠道分泌的酶可使所结合的钙、镁离子分离,维生素 B_{12} 随后被吸收。内在因子除可促进维生素 B_{12} 吸收外,还可保护维生素 B_{12} 不受消化道微生物分解破坏。

维生素 B_{12} 在动物体内参与许多物质代谢过程,其中最重要的是与叶酸协同参与核酸和蛋白质的生物合成,维持造血机能的正常运转,同时还能提高植物性蛋白质的利用率,与血液形成有关。维生素 B_{12} 能促使叶酸转变为活性形式(四氢叶酸),提高叶酸的利用率。胆碱生成也与维生素 B_{12} 有关。维生素 B_{12} 能促进动物上皮,包括胃肠上皮的正常新生,加速红细胞的生成、发育与成熟,保护神经系统髓磷脂的正常功能等。

(3)维生素 B_{12} 的缺乏症。维生素 B_{12} 缺乏主要发生在缺钴地区,因为动物消化道内微生物没有条件合成维生素 B_{12}。幼年反刍动物在消化道合成的数量有限，仍需从饲料中供给。犊牛缺乏症表现为厌食、营养不良、生长停滞、肌肉软弱等。猪的维生素 B_{12} 缺乏症主要表现为生长缓慢、贫血、毛粗乱、皮炎及后肢运动失调、神经过敏、食欲下降等。母猪缺乏维生素 B_{12} 时，产仔数明显下降，且仔猪成活率低，泌乳力下降。雏鸡缺乏维生素 B_{12} 时，表现为羽毛不丰满、肾脏损害、血浆蛋白降低、血中非蛋白氮及葡萄糖含量升高；产蛋母鸡则表现为产蛋率低、种蛋孵化率下降，胚胎在最后一周死亡，患肌胃炎症，体况下降。

(4)维生素 B_{12} 的来源。一切植物性饲料中均无维生素 B_{12}。动物性饲料中或多或少含有，其中鱼粉、肝脏、肉粉含量最多，且易被动物吸收。瘤胃内容物和粪便亦含有相当多的维生素 B_{12}，故只有集约饲养的猪、鸡必须从饲料中获得，特别是饲喂全植物性饲料时，一定要以添加剂方式补给。

(5) 维生素 B_{12} 的需要特点。已知影响家禽维生素 B_{12} 需要量的因素有：动物年龄、吸收率及与其他维生素的关系。猪、禽对维生素 B_{12} 的需要量为每千克饲料 3～20 μg。维生素 B_{12} 的中毒剂量至少数百倍于需要量。

10. 维生素 C

(1)维生素 C 的理化特性。维生素 C 是白色或微黄色粉状结晶，晶体为正方形或长方形，微溶于丙酮和乙醇。蒸煮极易破坏维生素 C，在碱性条件下低浓度的金属离子可加速维生素 C 的破坏。结晶的维生素 C 在干燥的空气中比较稳定。

(2)维生素 C 的生理功能。维生素 C 因能防治坏血病而被称为抗坏血酸。参与很多生化反应，其功能与它可逆的氧化-还原特性有关，在许多生化反应中发挥重要作用。现已查明的维生素 C 主要参与胶原蛋白的生物合成。此外，还有以下几个方面的功能。

①在细胞内电子转移的反应中起重要的作用。

②参与某些氨基酸的氧化反应。

③促进肠道铁离子的吸收和在体内的转运。

④减轻体内转运金属离子的毒性作用。

⑤促进抗体的形成。

⑥致癌物质亚硝基胺的天然抑制剂。

⑦参与肾上腺皮质类固醇的合成。

(3)维生素 C 的缺乏症。维生素 C 缺乏的典型症状是动物的坏血病、齿龈肿胀、出血、溃疡、牙齿松动、骨软弱、抗病力、生产力下降。

(4)维生素 C 的来源。大多数的水果尤其各种柑橘类水果、番茄、青绿饲料、块根块茎类饲料、瓜类饲料中含量丰富。

(5)维生素 C 的需要特点。生产中不易发生维生素 C 缺乏问题，但是在高温、应激等条件下，畜禽体内合成维生素 C 能力下降，而消耗又多，则必须考虑人为补充维生素 C。当饲粮能量、蛋白质、维生素 E、硒和铁等不足时，动物对维生素的需要量也大大增加。动物对维生素 C 的需要一般没有规定，动物可耐受需要量的数百倍甚至上千倍。

知识巩固

一、选择题

1. 脂溶性维生素包括(　　)。

A. 维生素 A　　B. 维生素 D　　C. 维生素 E　　D. 维生素 C

2. 水溶性维生素包括(　　)。

A. 维生素 A　　B. B 族维生素　　C. 维生素 C　　D. 维生素 K

3. 胆碱的生理功能包括(　　)。

A. 组成细胞成分

B. 防止脂肪肝

C. 神经冲动的传导

D. 不稳定甲基的供体

答案

二、填空题

1. 维生素的来源主要有__________、__________和合成。

2. 脂溶性维生素以__________方式穿过细胞膜的脂相，主要经__________从粪中排出，易在体内蓄积，摄入过量的脂溶性维生素可引起中毒、代谢和生长障碍。

任务七 矿物质与动物营养

思维导图

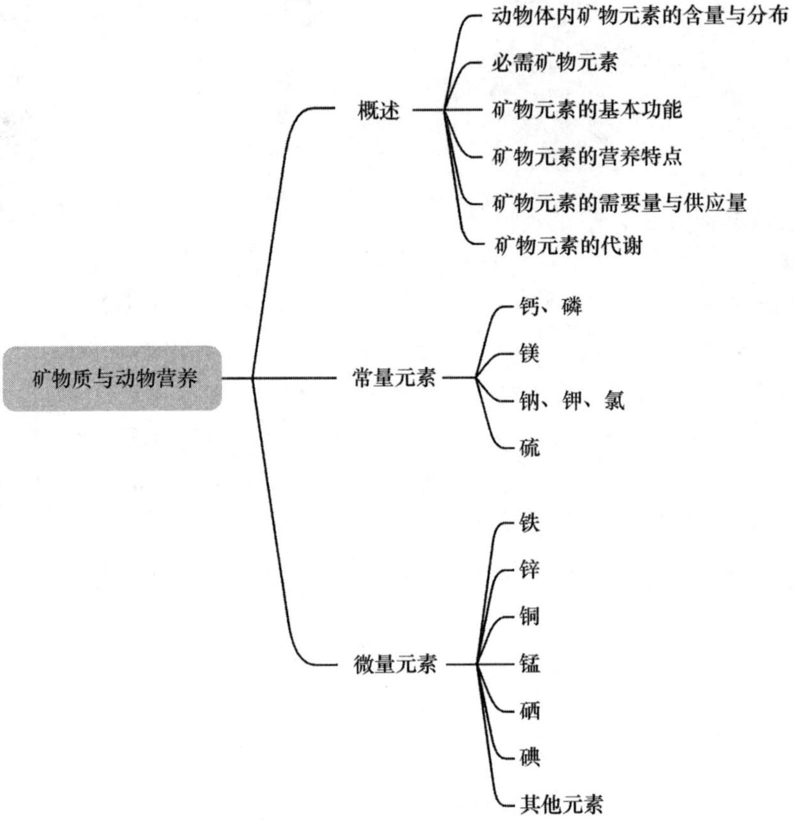

任务实施

矿物元素具有重要的生理作用，是组成骨骼和体内一些活性物质的成分，缺乏某种矿物元素，将造成动物生产性能下降，严重时出现缺乏症。现已发现动物体组织中含有 60 种以上的矿物元素，但确定有营养作用的是 26 种。各种动物需要的矿物元素有共同之处，也有一定的差异。认识和满足动物对矿物元素的需要，将有利于动物的正常生长和生产。本部分内容主要讲述动物所需要的矿物元素的分类、分布、营养生理功能、吸收代谢特点、缺乏和过量的危害等。

矿物质在动物生产中的作用

一、概述

1. 动物体内矿物元素的含量与分布

动物体内矿物元素含量约有 4%，其中 5/6 存在于骨骼和牙齿中，其余 1/6 分布于身体的其他部位。含量与分布特点如下。

①按无脂空体重基础表示，每种矿物元素在各种动物体内的含量比较近似，常量元素近似程度更大。

②体内矿物元素含量从胚胎期到发育成熟，不同阶段都比较稳定。

③不同组织器官中元素含量，依其功能不同而含量不同。钙、磷是骨骼的主要组成成分，因此，骨中钙、磷含量丰富。铁主要存在于红细胞中。动物肝中微量元素含量普遍比其他器官含量高。

2. 必需矿物元素

动物所需要的，在体内具有确切生理功能和代谢作用，日粮供给不足或缺乏时可引起生理功能和结构异常，并导致缺乏症的发生，补给相应的元素，缺乏症即可消失的元素都叫必需矿物元素。

动物体组织中的化学元素，有 26 种被证明是动物必需的，据含量分为两类。

(1)常量元素。在动物体内含量大于 70 mg/kg(活重)的元素，包括：碳、氢、氧、氮、钙、磷、钾、钠、氯、镁、硫共 11 种。

(2)微量元素。在动物体内含量小于 70 mg/kg(活重)的元素，包括：铁、铜、钴、锰、锌、碘、硒、钼、铬、钒、锡、氟、硅、镍、砷，共 15 种。

证明矿物元素的必需性是通过动物试验，用一种纯合日粮添加或去除某元素后，观察动物的反应。具备下列 6 个条件的被认为是必需元素。

①在动物体内各个组织中均存在。

②每个动物体内存在的浓度大致相同。

③若从体内撤去该元素，各类动物均产生生理上或结构上的异常症状，而且这种症状可以重复出现。

④再添加这种元素后即可消除撤去后发生的异常症状。

⑤与体内一定的生物化学变化和缺乏症状相关。

⑥有措施防止缺乏或治疗，防止缺乏或治疗后上述生物化学异常现象不再发生。

3. 矿物元素的基本功能

矿物质虽然不是动物体能量的来源，但它是动物体组织器官的组成成分，并在物质代谢中起着重要调节作用。

①构成体组织。大部分矿物元素存在于骨骼和牙齿中，钙、磷是骨和牙齿的主要成分，镁、氟、硅也参与骨、牙的构成。

②少部分钙、磷、镁及大部分钠、钾、氯以电解质形式存在于体液和软组织中，维持渗透压、酸碱平衡、膜通透性、神经和肌肉兴奋性等。

③某些微量元素参与酶和一些生物活性物质的构成。

4. 矿物元素的营养特点

矿物元素具有两面性，既有营养作用，又有毒害作用，取决于剂量。低于最低需要量时出现临床症状或亚临床症状；超过最大耐受量时出现中毒症状；最低需要量和最大耐受量之间称为生理衡稳区。

动物的矿物元素营养与环境之间存在密切关系：岩石、土壤、大气、水、植物、动物和人之间构成一个食物链，而气候、施肥与田间管理、环境污染等则间接地影响动物矿物质营养。因此，动物矿物质有关疾病及矿物质营养本身都带有明显的地区性，有些还有季节性，微量元素疾病大都属于地方病。

5. 矿物元素的需要量与供应量

(1)需要量。与动物种类、生理阶段、生产水平有关。

(2)供应量。常用植物饲料钙、钠、氯不足，磷、钾、镁过量。微量元素与地区性有关。动物性饲料通常能满足元素需要量。矿物性饲料只能供给某一种或少数几种元素需要量。

6. 矿物元素的代谢

矿物元素在体内以离子形式吸收，主要吸收部位是小肠和前段大肠，反刍动物瘤胃可吸收一部分。矿物元素排出方式随动物种类和饲料组成而异，反刍动物通过粪排出钙、磷，而单胃动物通过尿排出钙、磷。动物产品也是排出矿物元素主要途径。

钙与磷的营养作用及缺乏症

二、常量元素

(一)钙、磷

1. 含量与分布

钙(Ca)和磷(P)是体内含量最多的矿物元素，合计占体重的1%～2%。99%的钙和80%的磷存在于骨和牙齿中，其余存在于软组织和体液中。骨中含水45%，蛋白质20%，脂肪10%，灰分25%，灰分中钙占36%，磷占18%，镁占0.5%～1.0%，钙∶磷＝2∶1。

2. 营养生理作用

(1)钙在动物体内的营养生理作用。

①构成骨骼与牙齿，起支持保护的作用。

②钙参与神经肌肉的应激过程，能促进神经介质的释放，调节激素的分泌，维持神经冲动的传导、心脏的跳动。钙还有镇静作用，体内缺钙时，可引起神经的兴奋性增高，导致抽搐、食欲不振、烦躁、多汗、机体免疫力低下而易感染各种疾病。

③钙可激活相应的蛋白激酶，促进体内某些细胞内蛋白质的磷酸化过程。

④促进内、外分泌腺的分泌，神经介质的分泌，促进糖原合成、分解及电解质的转运。

⑤钙参与血液的凝固。钙可以作为凝血复合因子，促进凝血过程，还可以直接促进血小板的释放，促进血小板介导的凝血过程。

⑥钙对维持细胞膜的通透性及完整性是十分必要的。钙可降低毛细血管的通透性，防止液体渗出，控制炎症与水肿。

⑦钙参与免疫反应，加快吞噬细胞的吞噬过程，增加动物的免疫力。

⑧钙还具有自身营养调节功能。在外源钙供给不足时，沉积钙(特别是骨骼中)可大量分解，供代谢循环需要，此功能对产蛋、产奶、妊娠动物十分重要。

(2)磷在动物体内的营养生理作用。

①与钙一起参与构建骨骼与牙齿，保证骨骼和牙齿的结构完整性。

②参与体内能量代谢，是ATP和磷酸肌酸的组成成分，这两种物质是重要的供能和储能的物质，也是底物磷酸化的重要参与者。

③促进营养物质的吸收，以磷脂的方式促进脂类物质和脂溶性维生素的吸收。

④磷是遗传物质 DNA、RNA 和一些酶的结构成分，参与核酸代谢、蛋白质代谢。

⑤组成磷酸盐，是动物体内重要的缓冲物质，参与维持体内酸碱平衡。

3. 钙、磷缺乏症

猪、禽最易出现钙缺乏，草食动物易出现磷缺乏。常见症状是：食欲降低，生长缓慢，骨骼病变，幼龄动物为佝偻病，成年动物为骨软病或骨质疏松症（附图 41 至附图 46）。磷缺乏时，出现异嗜癖。钙、磷缺乏时，血液检查可见血清钙、磷水平低，碱性磷酸酶活性升高；骨骼灰分中钙、磷浓度降低。母畜缺钙易患产后瘫痪。

动画：钙、磷缺乏症

（1）佝偻病。佝偻病是幼龄动物较为常发的一种营养性骨病。本病多发于冬春季节舍饲的动物。一般以断奶期和生长发育快速的幼畜较易发生。发病初期，食欲减退，消化不良，异嗜，逐渐消瘦，生长缓慢。以后表现为关节肿胀、变形，长骨弯曲，呈“X”或“O”形腿，肋骨与肋软骨结合部呈串珠状肿。跛行或卧地不起，严重时可造成腰椎凹陷，压迫直肠，造成便秘。

（2）骨软症。成年动物长骨软骨钙化作用完成以后，由于饲料中钙、磷缺乏或两者比例不恰当，或维生素 D 缺乏而发生骨软症。体内骨质呈进行性脱钙，骨骼中的钙、磷重新动员入血液，骨骼疏松或呈现过多的未钙化的骨基质，临床上以消化机能紊乱、异嗜癖、跛行、骨质疏松症和骨变形为特征。临床上所见的牛的骨软症以缺磷为主，猪、鸡的骨软症以缺钙为主。

（3）产后瘫痪。产后瘫痪又称生产瘫痪，也称乳热病，是成年母牛分娩后突然发生的急性低血钙为主要特征的一种营养代谢障碍病。此病多发生于高产奶牛分娩后的 48 h 以内。根据临床症状可分为爬卧期及昏睡期。爬卧期病牛呈爬卧姿势，头颈向一侧弯扭；昏睡期病牛四肢平伸躺下，不能坐卧，头颈弯曲抵于胸腹壁，昏迷，瞳孔散大，体温降低，食欲废绝，如不及时诊治很快就会停止呼吸而死亡。

4. 钙、磷过量的表现

①反刍动物中，过量钙抑制瘤胃微生物作用而导致消化率降低。

②单胃动物中，过量钙降低脂肪消化率。

③过量钙干扰其他元素的作用和代谢。高钙日粮中过量钙可诱发仔猪的缺锌症；过量磷可能干扰钙的代谢和利用，引起甲状旁腺机能亢进，使骨骼中的钙、磷大量释出而进入血液，致使骨质疏松，易发生骨折和跛行。

5. 钙、磷的来源

植物饲料含钙少，而磷多，但磷有一半左右为植酸磷，饲料总磷利用率一般较低，猪为 20%～60%，鸡 30%，反刍动物可较好利用植酸磷。

钙、磷的补充料：骨粉（钙 31%，磷 14%），磷酸氢钙（钙 23.2%，磷 18.6%），磷酸钙，碳酸钙，石粉等。

（二）镁

1. 含量与分布

体内含镁（Mg）0.05%，60%～70%在骨中，其余 30%～40%存在于软组织中。

镁的营养作用

2. 营养生理作用

构成骨与牙齿；参与酶系统的组成与作用；参与核酸和蛋白质代谢；调节神经、肌肉兴奋性；维持心肌正常功能和结构。

3. 缺乏与过量的表现

反刍动物需镁量高于单胃动物，放牧时易出现缺乏症，叫“牧草痉挛”，表现为生长受阻，过度兴奋，痉挛，肌肉抽搐，呼吸衰弱，心跳快，严重时可致死亡。

镁过量时，动物出现昏睡，运动失调，腹泻，采食量和生产力下降。

4. 镁的来源

常用饲料含镁丰富，不易缺乏，糠麸、饼粕和青饲料含镁丰富，块根和谷实含镁多。缺镁时，用硫酸镁、氯化镁、碳酸镁补饲。国外研究表明，补镁有利于防止过敏反应和集约化饲养时咬尾巴的现象。

钠、钾、氯的营养作用及缺乏症

（三）钠、钾、氯

1. 含量与分布

通常，动物无脂空体重含钠（Na）0.15%，钾（K）0.30%，氯（Cl）0.1%～0.15%。钾主要存在于细胞内，是细胞内主要阳离子，钠、氯主要存在于体液中。

2. 营养作用

钾是动物体细胞内液的主要阳离子。钾与钠、氯及重碳酸盐离子一起，对调节体液渗透压和保持细胞容量起着重要作用。钾还是维持神经和肌肉兴奋性不可缺少的因素。此外，它还参与机体的碳水化合物代谢。

钠主要存在于动物体的软组织和体液中，是血浆和其他细胞外液的主要阳离子。钠在保持体液的酸碱平衡和渗透压方面起着重要作用。此外，钠和其他离子协同参与维持肌肉神经的正常兴奋性。

氯主要存在于动物体细胞内外液中，与钠、钾共同维持体液的酸碱平衡和渗透压调节，氯还以盐酸（HCl）及盐酸盐的形式作为胃液的构成成分。此外，氯还可与唾液中 α-淀粉酶形成复合物，从而可增进淀粉酶的活性。

钠、钾、氯为体内主要电解质，共同维持体液酸碱平衡和渗透压平衡，与其他离子协同维持肌肉神经兴奋性，钠参与瘤胃的酸碱缓冲作用，钾参与碳水化合物代谢，氯参与胃酸形成。

3. 缺乏与过量的表现

（1）缺乏的表现。动物易缺钠，动物不易缺钾。动物缺 NaCl 时出现异嗜癖（附图 47、附图 48），啄羽，长期缺乏时会出现肌肉（心肌）病变。

（2）过量的表现。食盐过多，饮水量少，会引起动物中毒。猪、鸡对食盐过量较为敏感，容易发生食盐中毒，表现为腹泻、口渴，产生类似脑膜炎的神经症状。钾过量时，干扰镁吸收和代谢，出现低镁性痉挛。钠、钾、氯缺乏与过量的表现如表 2-15 所示。

表 2-15　钠、钾、氯缺乏与食盐过量的表现

<table>
<tr><th colspan="2">病因</th><th>特殊症状</th><th>共同表现</th></tr>
<tr><td>钾缺乏</td><td>生产条件罕见;奶牛大量饲喂酒糟、甜菜渣、玉米青贮</td><td>肌无力、异食癖,奶牛产奶量下降</td><td rowspan="3">食欲差,生长慢或减重,饲料利用率低,生产性能下降;血浆中含量降低,粪尿中含量降低</td></tr>
<tr><td>钠缺乏</td><td>饲料钠含量长期不足</td><td>肌肉颤抖、四肢运动失调、心律不齐,猪咬尾,鸡啄癖,奶牛产奶量下降</td></tr>
<tr><td>氯缺乏</td><td>生产条件罕见</td><td>鸡出现神经症状;哺乳动物肾功能受损</td></tr>
<tr><td>食盐过量</td><td>饲粮中含食盐过多,饮水供应不足</td><td colspan="2">动物过渴,肌无力,腹泻,神经兴奋和水肿</td></tr>
</table>

4. 钠、钾、氯的来源

各种饲料中钠、氯缺乏时应以食盐补充,饲料饼粕含钾多,玉米酒糟、甜菜渣含钾少。

硫的营养作用

(四)硫

1. 含量与分布

动物体内的硫(S)大部分以有机硫形式存在,如含硫氨基酸、维生素 B_1、生物素等,毛中含硫量高达 4%。

2. 营养生理功能

硫以含硫氨基酸形式参与被毛、羽毛、蹄爪等角蛋白合成;硫是硫胺素、生物素和胰岛素的成分,参与碳水化合物代谢;硫作为黏多糖的成分参与胶原蛋白的代谢。

3. 缺乏与过量的表现

(1)缺乏的表现。硫的缺乏通常在动物缺乏蛋白质时才会发生,若含硫氨基酸供给不足,动物会出现生长发育停止、消瘦,毛、蹄、爪生长不良。反刍动物饲料中硫补充不足时,纤维利用率下降,采食量下降,非蛋白氮利用率下降。禽类缺硫时发生啄食癖,影响羽毛质量。

(2)过量的表现。食硫过量很少发生,无机硫添加剂用量大于 0.5%时可能导致厌食、体重下降、便秘、腹泻等症状。

4. 硫的来源

蛋白质饲料含硫多,鱼粉、肉粉、血粉含硫达 0.35%~0.85%,饼粕 0.25%~0.40%,禾谷类及糠麸 0.15%~0.25%;块根块茎作物缺硫,不足时可用硫酸盐或硫化物补充。

三、微量元素

(一)铁

各种动物体内含铁(Fe)30~70 mg/kg,其中 60%~70%存在于血红蛋白中,3%在肌球蛋白中,26%为贮备,不足 1%为铁转运化合物。铁的主要吸收部位在十二指肠,从肠腔进入黏膜细胞,与运铁蛋白和铁蛋白结合,在浆膜表面再与转铁蛋白结合,转移到血浆。

铁对动物的营养生理作用

1. 营养生理作用

(1)参与载体组成,转运和贮存营养素。铁是合成血红蛋白和肌红蛋白的原料。血红蛋白作为氧和二氧化碳的载体,能保证其正常运输。

(2)参与物质代谢调节。Fe^{2+}或Fe^{3+}是酶的活化因子,三羧酸循环(TCA)中有一半以上的酶和因子含铁或与铁有关。

(3)生理防卫机能。铁与免疫机制有关,游离铁可被微生物利用。

2. 缺乏与过量的表现

(1)缺乏的表现。铁的典型缺乏症为贫血,表现为食欲不良,虚弱,皮肤和黏膜苍白,皮毛粗糙(附图 49),生长慢。血液检查,血红蛋白低于正常。易发于幼仔猪,因为初生猪铁贮为30 mg/kg;正常生长每天需铁 7~8 mg,而每天从母乳中仅得到约 1 mg 的铁,故仔猪生后应及时补铁。青草、干草及糠麸、动物性饲料(奶除外)均含铁,但利用率差,仔猪常在 3 日龄左右补铁,可用 $FeCl_2$、$FeSO_4$、葡聚糖铁。肌内注射 150~200 mg 葡聚糖铁,可满足 3 周的需要,但缺维生素 E 时补铁可引起部分死亡,仔猪血红蛋白含量与贫血病的关系如表 2-16 所示。

表 2-16　仔猪血红蛋白含量与贫血病的关系

血红蛋白含量/(g/100 mL)	健康状况
>10	正常
9	正常与贫血分界线
8	边缘贫血,需补充
≤7	贫血,生长减慢
≤6	严重贫血,生长发育受损
≤4	严重贫血,有死亡的危险

(2)过量的表现。一次性过量补铁(>400 mg/头)可引起仔猪死亡。反刍动物对过量铁更敏感。饲料铁达 400 mg/kg 时,肥育牛增重降低。

铁耐受量:猪 3 000 mg/kg,牛和禽 1 000 mg/kg,绵羊 500 mg/kg。

(二)锌

锌对动物的营养生理作用

动物体内平均含锌(Zn)30 mg/kg,其中 50%~60%在骨中,其余广泛分布于身体各部位。主要吸收部位在小肠(单胃动物),反刍动物真胃也可吸收。吸收率 15%~30%,动物性饲料中锌的吸收率大于植物性饲料。给仔猪喂酪蛋白时,只需含 6~18 mg/kg 锌,动物就能正常生长;喂玉米-豆饼时,至少需 30 mg/kg 锌。组氨酸、半胱氨酸、EDTA 等可与锌形成易溶性螯合物,促进锌吸收,血粉、肝脏提取物富含上述氨基酸,添加这些饲料可促进动物体对锌的吸收。钙、磷、维生素 D 过量时影响锌的吸收。锌与血浆清蛋白结合,运至各器官中,肝是锌的主要代谢场所。锌主要从粪中排出,少量从尿排出。锌的来源广泛,幼嫩植物、酵母、动物性饲料含量丰富,其他饲料的含量一般均超过实际需要量,含锌化合物有 $ZnSO_4$、$ZnCO_3$、ZnO 等。

1. 营养生理作用

①参与体内酶组成。体内有 200 多种酶含锌,这些酶主要参与蛋白质代谢和细胞分裂。

②维持上皮组织和被毛健康。

③作为胰岛素的成分，参与碳水化合物的代谢。

④维持生物膜正常结构与功能。

⑤与免疫功能有关。

2. 缺乏与过量的表现

（1）缺乏的表现。典型缺乏症是皮肤不完全角化症，以 2～3 月龄仔猪发病率最高，表现为皮肤出现红斑，上覆皮屑，皮肤皱褶多而粗糙，结痂，伤口难愈合；同时生长不良，骨骼发育异常，种畜繁殖成绩下降（附图 50、附图 51）；免疫器官（淋巴结、脾脏和胸腺）重量明显减轻，免疫力显著降低。

（2）过量的表现。各种动物对高锌都有较强的耐受力，但因动物种类不同，日粮中与锌拮抗的物质含量不同，耐受力也不同。反刍动物更敏感，过量锌干扰铁、铜吸收，出现贫血和生长不良，动物厌食。

（三）铜

铜对动物的营养生理作用

动物体内平均含铜（Cu）2～3 mg/kg，主要存在于肝、大脑、肾、心、被毛，肝是主要的贮铜器官，肝铜含量比血铜含量作为铜状况指标更可靠。主要吸收部位是小肠，吸收方式为易化扩散，铜吸收率只有 5%～10%。植酸、纤维、高蛋白等可降低铜吸收，抗坏血酸不利于铜吸收。钙、锌、钼、硫等与铜的吸收发生拮抗，如铜-锌拮抗是因为二者在小肠壁吸收时共用一种载体，不能与载体结合的元素在小肠壁与硫固蛋白结合，形成金属硫固蛋白，它不能进入血液，随细胞脱落或分泌到肠道而排出体外。无机铜比与有机物结合的铜有效性高，硫化铜的有效性低于碳酸铜，硫酸盐、抗生素（主要是四环素类）促进铜吸收。牧草、谷实糠麸和饼粕饲料含铜较高，玉米和秸秆含铜低，但与土壤铜、钼状况有关，缺铜地区可施硫酸铜肥，或直接给家畜补饲硫酸铜。

1. 营养生理作用

①铜作为酶的组成部分参与体内代谢。铜作为亚铁氧化酶的组成成分，参与铁的转运，促进铁形成血红蛋白（Hb）；作为单胺氧化酶的组成成分，参与胶原蛋白的形成；作为细胞色素氧化酶的成分，维持神经健康；作为酪氨酸酶的成分，参与被毛色素的形成。

②铜维持铁的正常代谢，有利于 Hb 合成和红细胞成熟。

③铜参与骨形成。

④铜与繁殖有关，对维持动物的妊娠过程、繁殖率及种蛋的孵化率均有影响。

2. 缺乏与过量的表现

（1）缺乏的表现。

①影响动物正常的造血功能，出现贫血症状，补铁不能消除。

②长骨外层很薄，骨骼异常，骨畸形，易骨折。

③神经症状，共济失调，初生动物易瘫痪。

④毛发中含硫氨基酸代谢遭破坏，毛发生长缓慢，参与色素形成的含铜酶合成受阻，使被毛脱色（附图 52）。

⑤反刍动物腹泻、肠黏膜萎缩。

⑥繁殖成绩差。

(2)过量的表现。猪对铜中毒耐受力等于牛,羊最差,中毒症状是由于肝铜积聚,铜不得不从肝释放入血,从而导致溶血。

锰对动物的营养生理作用

(四)锰

体内锰(Mn)含量比其他元素低,总量在 0.2～0.3 mg/kg,主要集中在肝、骨骼、肾、胰腺及脑垂体。主要吸收部位在小肠,特别是十二指肠,锰吸收率低,为 5%～10%。过量钙、磷、铁降低锰的吸收,此外,日粮锰浓度、来源、动物生理状况均影响吸收。吸收的锰以游离形式或与蛋白质结合后转运到肝,肝锰与血锰保持动态平衡,动物动用体贮锰的能力很低。锰主要从粪中排出。

1. 营养生理作用

①锰参与硫酸软骨素的合成,保证骨骼的发育。

②锰是丙酮酸羧化酶的成分,参与胆固醇合成。

③锰参与蛋白质代谢。

④锰是过氧化物歧化酶的成分,保护细胞膜完整性。

2. 缺乏与过量的表现

(1)缺乏的表现。锰缺乏主要影响骨骼发育和繁殖功能。禽典型缺乏症是滑腱症,给 1 日龄鸡喂缺锰日粮则在第 2 周出现滑腱症,产蛋鸡缺锰导致鸡胚软骨营养障碍,类似滑腱症,蛋壳强度下降。猪缺锰的表现是腿部骨骼异常(附图 53 至附图 55)。

(2)过量的表现。锰过量导致生长受阻,贫血和胃肠道损害。禽耐受力最高,猪最差。中毒剂量因动物敏感性存在差异,禽 2 000 mg/kg,猪 400 mg/kg,反刍动物 1 000 mg/kg。植物饲料特别是牧草、糠麸含锰丰富,动物饲料含锰少。一般不需补充,可给幼年动物补充硫酸锰。

硒对动物的营养生理作用

(五)硒

动物体内含硒(Se)0.05～0.2 mg/kg,主要集中在肝、肾及肌肉中,体内硒一般与蛋白质结合存在。主要吸收部位在十二指肠,吸收率高于其他微量元素,但无机硒的利用率为 25%,通常低于有机硒 60%～90%的利用率。吸收后的硒先形成硒化物,再转变成有机硒参加代谢。主要排泄途径是粪、尿,反刍动物经粪排出的硒比单胃动物多。

动画:硒和维生素 E 的营养作用比较

1. 营养生理作用

硒在 1957 年前一直被认为是有毒元素,1957 年 Schwarz 证明硒是必需微量元素。

①作为谷胱甘肽过氧化物酶(GSH-Px)的组成成分,保护细胞膜结构和功能的完整性。每分子 GSH-Px 含 4 原子硒,该酶可将过氧化氢和脂质过氧化物还原成无破坏性的羟基化合物,保护细胞膜。

②为胰腺结构和功能完整所必需,缺硒时,胰腺萎缩,胰脂酶产生量下降,从而影响脂质和维生素 E 的吸收。

③保证脂肪消化酶活性,促进乳糜微粒形成,有促进脂类及脂溶性维生素的消化吸收的作用。

2. 缺乏与过量的表现

①缺乏的表现。猪、鼠缺硒主要表现为肝坏死，也可出现白肌病、桑葚心；鸡表现为渗出性素质和胰腺纤维化；牛、羊主要表现为白肌病或营养性肌肉萎缩；硒缺乏明显影响繁殖性能，产仔(蛋)量下降，不育、胎衣不下(附图 56 至附图 62)。此外，硒缺乏情况具有明显的地区性。

②过量的表现。硒过量易中毒，5～10 mg/kg 的摄入量可导致中毒，典型中毒症为碱病和瞎撞病。硒中毒量约为需要量的 20 倍，土壤含硒 0.5 mg/kg 时植物含硒量可能高于 4 mg/kg，可能导致草食动物中毒。缓解措施：土壤中加硫酸盐，降低植物对硒的吸收量；饲料加入某些物质(如硫酸盐、过量蛋白质)降低硒吸收率，增加排出量。饲料含硒量取决于土壤 pH，碱性土壤生长的饲料含硒高，家畜采食后易中毒，酸性土壤地区的家畜易患缺乏症，缺硒时用 Na_2SeO_3 补充。

(六)碘

动物体内平均含碘(I)0.2～0.3 mg/kg，其中 80%存在于甲状腺中，甲状腺素是唯一含无机元素的激素。反刍动物主要在瘤胃吸收碘，单胃动物主要在小肠吸收碘，以 I^- 形式吸收率最高，I^- 易被甲状腺摄取，形成三碘甲状腺原氨酶(T_3)、四碘甲状腺原氨酶(T_4)；甲状腺素进入组织后 80%被脱碘酶分解，释放出的碘被再利用。碘主要经尿排泄，肠道碘可被重吸收，蛋、奶等产品也可排出部分碘。

1. 营养生理作用

碘主要参与甲状腺素的形成，T_3的活力是 T_4的 4 倍，但血中 T_3浓度比 T_4低得多。甲状腺素参与体内代谢和维持体内热平衡，对繁殖、生长发育、红细胞生成和血糖等起调控作用。碘较易进入乳和蛋中，乳蛋含碘量受日粮含碘量的影响很大。植物体含碘量具明显的地区性，沿海地区植物中含碘量高于内陆地区。各种饲料均不易缺碘，但对妊娠和泌乳动物来说可能不足。缺碘用碘化食盐(含碘 0.007%)补饲，或 KI、KIO_3。

2. 缺乏与过量的表现

(1)缺乏的表现。缺碘时出现甲状腺肿大(附图 63)，生长受阻，患侏儒症；繁殖力下降，初生幼畜无毛，皮厚，颈粗；种畜发情无规律，甚至不育。

(2)过量的表现。碘过量时，反刍动物耐受力比单胃动物差，猪出现血红蛋白下降，鸡产蛋率下降，奶牛产奶量降低。

(七)其他元素

钴(Co)、氟(F)、钼(Mo)、铬(Cr)、锡(Sn)、砷(As)、钒(V)、硅(Si)、镍(Ni)等元素已被证实在动物营养中的必需性，这些元素为动物体所必需，但实际生产中无须考虑供给问题，相反应多注意毒性问题。

知识巩固

一、选择题

1. 必需元素应具备的条件是(　　)。

A. 在动物体内各个组织中均存在

B. 每个动物体内存在的浓度大致相同

C. 若从体内撤去该元素，各类动物均产生生理上或结构上的异常症状，而且这种症状可以重复出现

D. 再添加这种元素后即可消除撤去后发生的异常症状

E. 与体内一定的生物化学变化和缺乏症状相关

F. 有措施防止缺乏或治疗，防止缺乏或治疗后上述生物化学异常现象不再发生

答案

2. 矿物元素的基本功能有(　　)。

A. 构成体组织

B. 维持渗透压、酸碱平衡、膜通透性，神经肌肉兴奋性

C. 参与酶和一些生物活性物质的构成

D. 作为机体主要功能物质

3. 磷在动物体内的营养生理作用有(　　)。

A. 与钙一起参与构成骨骼与牙齿，保证骨骼和牙齿的结构完整性。

B. 参与体内能量代谢，是ATP和磷酸肌酸的组成成分，这两种物质是重要的供能和储能的物质，也是底物磷酸化的重要参与者。

C. 促进营养物质的吸收，磷以磷脂的方式促进脂类物质和脂溶性维生素的吸收。

D. 磷是遗传物质DNA、RNA和一些酶的结构成分，参与核酸代谢、蛋白质代谢。

E. 组成磷酸盐，是动物体内重要的缓冲物质，参与维持体内酸碱平衡。

二、填空题

1. 动物体内矿物元素含量约有4%，其中5/6存在于__________和__________中，其余1/6分布于身体的各个部位。

2. 钙、磷缺乏引起的典型症状包括：__________、__________、骨质疏松症和产后瘫痪。

项目小结

本项目是动物营养学的基础知识，主要内容有：六大营养物质组成结构和生理功能，在动物体内消化、吸收和利用的特点；能量在动物体内的代谢。动物生产过程中需要比例适当的水、碳水化合物、蛋白质、脂肪、维生素、矿物质等各种营养素，任何一种营养素过多或不足都会影响动物健康。在生产中要灵活应用营养知识来处理实际问题，从而使动物生产发挥出最大的潜力。

思考与拓展

1. 养猪业中饮水缺乏的问题由来已久，严重缺水时会引起食盐中毒，在生产中如何解决这个问题？

2. 在家畜饲养中如何科学合理地饲喂粗纤维？简述日粮纤维与肠道微生物的关系。

3. 如何提高单胃动物对饲料蛋白质的利用效率？

4. 综合分析贫血症、上皮细胞过度角质化发生的原因，并结合生产实际提出解决的方法。

5. 从能量转化效率角度出发，以什么物质(养分)作为动物机体能量来源最为经济有效？

项目三

理解动物营养需要与饲养标准

知识目标

1. 了解营养需要与饲养标准的概念。
2. 熟悉饲养标准的表达体系和应用原则。
3. 掌握动物不同阶段的营养需要。

技能目标

1. 能在生产中正确应用饲养标准。
2. 能应用营养需要指导生产。

项目导读

动物营养学家研究各种动物在不同生理阶段、不同生产目的、不同生产水平及不同环境条件下对各种营养物质的需要特点，科学制定动物的营养需要和饲养标准。饲养标准的科学性和先进性，是为动物生长和生产提供良好体内外环境的重要条件。利用饲养标准指导动物饲养，不但合理满足了动物的营养需要，而且显著节约饲料，减少浪费。

任务一　理解动物营养需要

思维导图

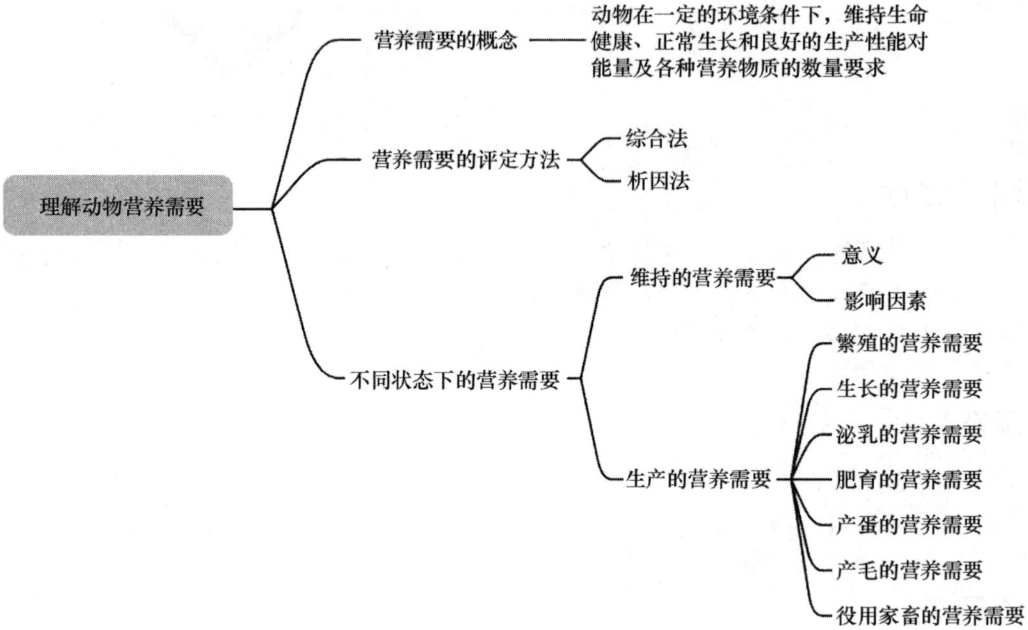

任务实施

畜禽因种类、品种、年龄、性别、生长发育阶段、生理状态及生产目的不同，对营养物质的需要亦不相同。畜禽从饲料摄取的营养物质，一部分用来维持正常体温、血液循环、组织更新等必要的生命活动，另一部分则用于妊娠、泌乳、生长、产肉、产毛、劳役和产蛋等生产活动。

理解动物营养需要

一、营养需要的概念

营养需要是指动物在一定的环境条件下，维持生命健康、正常生长和良好的生产性能对能量及各种营养物质的数量要求。营养需要一般是指群体营养需要的平均值。不同的研究者可能给出动物的不同营养需要量的数值。

有时营养需要特指权威部门批准并以文件形式发布出来的动物营养需要和饲养标准。比如，中华人民共和国农业部在 2004 年发布了第二版《猪的饲养标准》，美国 NRC（National Research Council，美国家研究委员会）在 2012 年发布了第十一版《猪营养需要》。

二、营养需要的评定方法

(一)综合法

1. 饲养试验法

将试验动物分为数组,在一定时期内按一定的营养梯度,喂给一定量已知营养含量的饲料,观察其生理变化,如体重的增减、体尺的变化、泌乳量的高低等指标。例如:有一批猪平均每天喂2 kg饲料,既不增重,也不减重;而另一组同样的猪,每天喂3 kg相同的饲料,可获得平均日增重0.8 kg。则2 kg饲料中所含的能量和蛋白质为该动物维持所需要的能量和蛋白质数量,其余1 kg所含的能量和蛋白质可视为增加0.8 kg体重所需要的养分。若已知每千克饲料含若干千焦热量(消化能、代谢能或净能),就可推断出维持和一定生产水平的能量需要。饲养试验法简单,需要的条件也不高,比较容易进行,但此法较粗糙,没有揭示动物机体内代谢过程的本质,因此,必须要有大量的统计材料才能说明问题。

2. 平衡试验法

根据动物对各种营养物质或能量的摄入量与排出量之差计算而得。

3. 比较屠宰试验法

从一批试验动物中抽取具有代表性的样本,按一定要求进行屠宰并分析其化学成分,作为基样。其余动物按一定营养水平定量饲养一阶段,然后用同样的方法再进行屠宰测定,两次先后对比,得出在已知营养喂量条件下的体内增长量,也就是该增长量所需的营养量,既增长所需。此法比较简单,且有相当的准确性,但投资比较大。

(二)析因法

动物的代谢活动包括许多方面,其营养需要也是多方面的总和,可概括为:

$$总营养需要=维持营养需要+生产营养需要$$

$$R=aW^{0.75}+cX+dY+eZ$$

式中:R为某一营养物质的总需要量;W为自然体重(kg),$W^{0.75}$为代谢体重;a为常数,即每千克代谢体重该营养物质的需要量;X、Y、Z为不同产品(如胚胎、体组织沉积、奶、蛋、毛)里该营养物质的含量;c、d、e为利用系数。

一般来说,析因法取得的营养需要量略低于综合法。在实际应用中,常由于某些干扰,各项参数不易掌握。

下面运用析因法估计产蛋鸡对蛋白质和氨基酸的需要量。根据析因法,产蛋鸡中蛋白质和氨基酸的需要量由维持、产蛋、体组织沉积几部分组成。

1. 蛋白质需要量的计算

(1)维持的蛋白质需要。可根据成年产蛋家禽内源氮(包括正常的羽毛损失)的日排泄量估算,即:

$$维持蛋白质需要[g/(只\cdot d)]=6.25KW^{0.75}/K_j$$

式中:K 为单位代谢体重内源氮排泄量(g/kg);$W^{0.75}$ 为代谢体重;K_j 为饲料粗蛋白质转化为体蛋白质的效率。

成年鸡每日内源氮的损失约为每千克代谢体重 0.201 g。在产蛋前期(21～41 周龄),鸡的体重以 1.5 kg 计,每天总的内源氮的排泄量约为 $0.201\ g \times 1.5^{0.75} = 0.273\ g$。所以机体每天维持生命活动消耗的蛋白质为 0.273 g×6.25=1.71 g。产蛋鸡将饲料蛋白质转化为体内蛋白质的效率约为 0.55,所以在此期间,维持的蛋白质需要为 3.1 g/d。在产蛋后期(42 周龄后)维持的蛋白质需要为 3.4 g/d。

(2)产蛋的蛋白质需要。可根据蛋中的蛋白质含量和产蛋率确定,即:

$$产蛋的蛋白质需要[g/(只\cdot d)] = W_e \cdot C_i \cdot K_m / K_n$$

式中:W_e 为每枚蛋的重量(g);C_i 为蛋中蛋白质含量(%);K_m 为产蛋率;K_n 为饲料蛋白质在蛋中的沉积效率。

一枚 56 g 的鸡蛋含蛋白质 6.5 g,饲粮蛋白质沉积为蛋中蛋白质的效率以 0.5 计,则产一枚蛋的蛋白质需要为 6.5 g/0.5=13.0 g。以产蛋率 70%计,每天产蛋的蛋白质需要量为 13.0 g×70%=9.1 g/(只·d)。

(3)体组织沉积的蛋白质需要。依据体组织中每天的蛋白质沉积量确定,即:

$$体组织蛋白质沉积需要[g/(只\cdot d)] = G \cdot C / K_p$$

式中:G 为日增重[g/(只·d)];C 为体组织中蛋白质含量(%);K_p 为体组织蛋白质沉积效率。

在 21 周龄时,蛋鸡的体重约为 1.35 kg,到 36 周龄时,体重达到 1.8 kg,在这 105 d 中,体重增加为 0.45 kg,平均日增重为 4.3 g。如果增重中含蛋白质 18%,则日沉积蛋白质约为 0.77 g,体增重沉积蛋白质的效率以 0.5 计,所以体增重的蛋白质日消耗量为 1.54 g。

(4)蛋白质的总需要。

$$蛋白质的总需要 = 维持需要 + 产蛋需要 + 体组织沉积的需要$$

2. 氨基酸需要量的计算

家禽对蛋白质的需要,实际上是对各种必需氨基酸的需要。产蛋家禽的必需氨基酸有蛋氨酸、赖氨酸、色氨酸、精氨酸、组氨酸、异亮氨酸、亮氨酸、苯丙氨酸、缬氨酸和苏氨酸,前三个一般为家禽饲料中的限制性氨基酸。

产蛋鸡的氨基酸需要量仍以维持、产蛋、体组织沉积为基础进行确定。产蛋氨基酸需要根据蛋中氨基酸的含量和饲粮中氨基酸转化为蛋中氨基酸的效率计算。饲料氨基酸用于产蛋的效率一般为 0.55～0.88,受年龄、产蛋量、饲粮组成及饲粮中必需氨基酸的含量等因素的影响。实际生产中常用 0.85 为系数。如全蛋中赖氨酸的含量为 7.9 g/kg,那么每产 1 kg 蛋,饲粮中赖氨酸的需要量为 7.9 g÷0.85=9.5 g。蛋氨酸、赖氨酸需要量的计算示例如表 3-1 所示。

表 3-1　产蛋鸡蛋氨酸、赖氨酸需要量　　　　mg/(只·d)

	蛋氨酸	赖氨酸
维持需要	31	128
组织沉积	14	58
羽毛沉积	2	6
蛋中沉积	229	483
合计	276	675
饲粮需要(产蛋率 100%)	360	800
利用率/%	76	84

三、动物不同状态下的营养需要

(一)维持的营养需要

动物不同阶段的营养需要

维持营养需要是指动物不从事任何生产(包括生长、妊娠、泌乳、产蛋等),只是维持正常的生命活动,包括维持体温、呼吸、血液循环,内分泌系统正常机能的实现,支持体态,体组织的更新,毛发、蹄角与表皮的消长,以及用于必需的自由活动等情况下,动物对各种营养物质的最低需要量。

1. 维持营养需要的意义

实际上维持状态下的畜禽,其体组织依然处于不断的动态平衡中,生产中也很难使家畜的维持营养需要处于绝对平衡的状态。因此,只能把休闲的空怀成年役畜、干奶空怀成年母畜、非配种季节的成年公畜、停产的母鸡等看成相近的维持状态。

实践中可把维持需要视为全部非生产性活动所消耗的养分总和。这在经济上没有收效,是一项重要支出。尽管如此,畜禽的不同生产活动都是在维持的基础上进行,而且二者是互相影响和制约的。用于维持消耗的营养物质的比例越大,畜禽产品产量及饲料转化率也就越低。因此,我们研究畜禽维持需要的主要目的在于尽可能减少维持营养需要量的份额,增大生产需要量的比例,最有效地利用饲料能量和各种营养物质,以提高生产的经济效益。例如在畜禽生产潜力允许范围内,增加饲料投入,可相对降低维持需要,从而增加生产效益。当然,缩短肉用畜禽的饲养时间,减少不必要的自由活动,加强饲养管理和注意保温等措施,也是减少维持营养需要、提高经济效益的有效方法。

2. 影响维持营养需要的因素

(1)年龄和性别。幼龄畜禽代谢旺盛,以单位体重计,基础代谢消耗比成年和老年畜禽多,故幼龄畜禽的维持需要相对高于成年和老年。性别也影响代谢消耗,公畜比母畜代谢消耗高,如公牛高于母牛 10%～20%。

(2)体重和体型。一般说来体重愈大,其维持需要量也愈多。但就单位体重而言,体重小的畜禽维持需要较体重大的为高。这是因为体重小者,单位体重所具有的体表面积大,散热多,故维持需要量也多。

(3)种类、品种和生产水平。按单位体重需要计算,鸡最高,猪较高,马次之,牛和羊最低。

高产乳牛比低产乳牛的代谢强度高10%～32%，乳用家畜在泌乳期比干乳期高30%～60%；乳用牛比肉用牛的基础代谢高15%。一般而言，代谢强度高的畜禽，按绝对量计，其维持需要也多；但相对而言，维持需要所占的比例就越小。例如，1头500 kg体重的乳牛，日产20 kg标准乳时，其维持消耗占总营养消耗的37%；而日产标准乳达40 kg时，仅占23%。

（4）环境温度。畜禽都是恒温动物，只有当产热量与散热量相等时，才能保持体温恒定。而散热量受环境温度、湿度、风速的影响很大。当气温低、风速大时，散热量显著增加。动物为了维持体温的恒定，必须加速体内氧化分解过程，提高代谢强度，以增加产热量。在这种情况下，维持的能量需要就可能成倍增加。动物由于气温低而开始提高代谢率时的环境温度，称为临界温度，也称为临界温度下限。而当气温过高时，动物的散热受阻，由于体内蓄热而致体温升高，使呼吸与循环加速，代谢率也要提高。这种因高温而提高代谢率的环境温度称为过高温度，也称为临界温度上限。不同畜禽的“临界温度”上限与下限都不同。在临界温度上限与临界温度下限之间的环境温度称为“等热区”。在等热区内动物基础代谢率最低，维持需要的能量最少。所以，无论严冬或酷暑都会增加动物的维持需要量。如猪体重在23～57 kg阶段，其适宜温度为17～20 ℃，在55～100 kg阶段则为15～17 ℃。因此，实际饲养中，应注意调节舍温，以减少畜体无谓的基础代谢消耗。

（5）活动量。自由活动量越大，用于维持的能量就越多。所以，适当限制活动，可减少维持营养需要的消耗。

（6）被毛厚薄。畜禽的被毛状态对维持能量需要的影响颇为明显。如绵羊在剪毛前，其临界温度下限为0 ℃左右，而剪毛后即迅速升高，可达30 ℃左右。故要避免在寒冷季节为绵羊剪毛。

（7）饲养管理制度。非群饲的家畜受低温影响较大，在寒冷季节，加大饲养密度可互相挤聚以保持体温，减少体表热能散发，从而节省能量消耗。生产中，冬季肥猪大圈群饲对保温是有益的。厚而干燥的垫草和保温性能良好的地面也可以减少能量消耗。

（二）生产的营养需要

生产需要同维持需要一起，构成了畜禽总的营养需要。应充分认识到，生产与维持是一个复杂的整体过程中相互联系制约的两大方面。确定生产需要的主要依据是产品中养分的含量及饲料养分转换为产品养分的利用率。

1. 繁殖的营养需要

根据种公畜和繁殖母畜的生理特点及对营养需要的规律，分别给以适宜的营养水平，是繁殖出量多质优幼畜的基础条件。

（1）种公畜的营养需要。正确饲养的种公畜应保持良好的种用体况及较强的配种能力，即精力充沛，性欲旺盛，能生产量多质优的精液。

①能量的需要。能量供应不足，可导致未成年公畜睾丸和附属性器官发育异常，性成熟期推迟，更为严重的使成年家畜性欲降低，精子生成受阻，射精量少，精子活力差。因此，生产中在种公畜配种前30～40 d就必须加强饲养。但能量供应过多，又易引起种公畜过于肥胖而降低配种能力，甚至丧失配种能力。在过度配种的情况下，即使给予丰富的营养，也不能阻止性机能的减退和精液品质的下降。一般种公畜合理能量供给是在维持需要的基础上增加20%

左右。

②蛋白质的需要。蛋白质的数量与质量均可影响各种公畜性器官发育和精液品质，从某种程度上讲，蛋白质对种公畜繁殖性能影响的程度比能量还大。合理的蛋白质供应，是在维持需要基础上增加 60%～100%，尤其是赖氨酸对改进精液品质十分重要，日粮中加入 5%左右的动物性饲料，可明显改善种公畜精液品质。

③矿物质的需要。影响种公畜精液品质的矿物质元素有钙、磷、钠、氯、锌、锰、碘、钴、铜等，特别应注意锌的供给。试验证明，长期缺锌的公山羊，睾丸发育不良，精子生成完全停止；猪日粮中缺乏钙和磷，会引起睾丸病理变化，精子发育不良。日粮中含有 0.75%的钙，即可满足繁殖需要。钙与磷的比例应在(1.5～2)∶1。同时，为了性机能的发挥，还要特别注意锌的补充。每千克饲粮中含 44 mg 锌，通常用 200 mg 硫酸锌来补充。锰不足可引起睾丸生殖腺上皮细胞退化，为保证公猪繁殖需要，每千克日粮含锰量不少于 20 mg，一般用硫酸锰来补充。

④维生素的需要。维生素 A、维生素 E 与种公畜的性成熟和配种能力有密切关系。缺乏维生素 A，使未成年公畜性成熟延迟，成年公畜性欲下降，精液品质不佳。长期缺乏维生素 E，可使公鸡睾丸退化，永久性丧失繁殖能力。繁殖力高的公牛，精液中含维生素 C 的含量高于繁殖力低的公牛。对繁殖力低或不育的公牛皮下注射维生素 C，可以改善精液品质，使精液由稀变稠，精子活力增强，存活时间也长。猪、牛、羊等哺乳动物缺乏维生素时导致繁殖力下降。

(2)繁殖母畜的营养需要。母畜的繁殖性能包括发情、排卵、受精与妊娠等方面。母畜日粮中营养水平直接影响繁殖力。种母畜繁殖过程可分为配种前和妊娠后两个阶段。

①配种前母畜的营养需要特点。科学合理的营养供给水平能保证母畜体质健壮、发情正常及受胎率高。反刍家畜的初情期在很大程度上与营养有关。在正常营养水平条件下，牛、羊体重分别达到成年体重的 45%和 60%时开始发情。而高营养水平可使生长期的牛初情期出现较早，但受胎率低，不育淘汰率较高，并使经产母猪出现体况过肥，情期推迟，受胎率下降；即使受胎，也出现产仔少和难产等现象。相反，若能量和蛋白质水平过低(仅为饲养标准的 50%～60%)，可使初情期推迟，受胎率降低。因此，营养水平过高或过低均可影响母畜的初情期和受胎率，甚至导致不孕。一般配种前母畜的营养水平不必过高，在体况较好的情况下，可按维持需要的营养供给，对体况较差的经产母猪采用“短期优饲”可增加排卵数。短期优饲是指在配种前 10～15 d 提高日粮能量水平，一般高于维持需要 60%～100%，到配种时再撤去其增加部分。对于后备母猪应适当限制营养，使其体况保持适中，既不过肥也不过瘦。对于发情仍不正常的母畜，应注意维生素 A、维生素 E 等的补充，也可饲喂优质青饲料如苜蓿等。

②妊娠母畜营养需要的特点。母畜随妊娠期进展，体重增加，代谢增强。妊娠母畜在妊娠期平均增重 10%～20%，包括子宫内容物(胎衣、胎水和胎儿)的增重和母体本身的增重。母畜在妊娠期的增重高于饲喂同等日粮的空怀母畜，这是因为妊娠母畜对营养物质的利用率高。

妊娠母畜营养需要高于空怀母畜。妊娠前期为胎儿各种器官分化形成时期，增重速度较慢，故日粮营养应保证质量。而妊娠后期的胎儿生长速度快，日粮营养应既全价又充足。日粮达到适宜的营养水平，才能保证母畜正常的繁殖机能，若在妊娠期间供给过多能量，会导致母畜过肥，产仔数少，产弱胎，难产，泌乳力降低，特别是高能量水平对繁殖是有害的；低能量水平虽然对初情期有所延缓，但对现期和长期的繁殖性能反而有利。所以对初产母猪的能量水平应加以适当限制。能量水平对经产母猪影响较小。若母猪妊娠期能量水平过低，则仔猪初生重显著下降，仔猪死亡率增高，母猪太瘦。试验证明，母牛日粮中严重缺乏蛋白质，会造成母牛不孕和影响胎儿的生长发育，并使母牛发情不正常；若母牛日粮中蛋白质含量过高，则产犊率降低。我国实行的猪饲养标准规定为：妊娠前期可消化蛋白质供给量是在维持基础上增加10%，后期在前期的基础上增加一倍。蛋白质品质对于妊娠母猪也很重要，日粮中赖氨酸与色氨酸的含量水平可影响蛋白质的沉积。矿物质中钙、磷、锰、碘、硒、锌和维生素 A、维生素 D、维生素 E 是维持母畜正常繁殖机能所必需的养分，在严重缺乏时，会影响母畜的正常繁殖和胎儿的发育，需要注意供给。

2. 生长的营养需要

生长期是指从出生到性成熟为止的生理阶段，包括哺乳和育成两个阶段。在这段时间内，家畜的物质代谢十分旺盛，同化作用大于异化作用。根据家畜生长发育规律，提供适宜的营养水平，是促进幼畜生长、培养出体型发育和成年后生产性能均良好的后备家畜的重要条件之一。

生长家畜代谢旺盛，对能量、蛋白质、矿物质和维生素的需要必须得到满足。还应注意，不同生长阶段，它们对各类养分的需要有所侧重。根据体重增长规律，由于生长家畜能量代谢水平随年龄增长逐渐降低，并且单位增重中脂肪沉积渐多，故在培育后备种畜及肥育家畜中，为避免后期过肥，应对某些种用畜禽应实行必要的限饲。随着年龄的增长，日粮中蛋白质的利用率也有降低的趋势，生长家畜单位体重所需要的蛋白质也随年龄增长而减少。畜禽在生长期间，由于骨骼生长最快，对钙、磷的需要也最迫切，其他如铁、铜、锰、钴、锌和硒等矿物元素的需要量也较多。这期间，饲养不合理极易引起营养缺乏症和生长发育不良等。给生长家畜必须充分供应各种维生素，特别应注意维生素 A、维生素 D 及 B 族维生素的供应。初生幼畜必须及时喂给初乳，以增强抗病力；提早补料，促进消化机能发育，满足营养需要。

3. 泌乳的营养需要

测定泌乳需要的主要依据是泌乳量、乳的成分和营养物质形成乳中成分的效率。我国乳牛饲养标准中，将泌乳期的营养需要分为维持需要和生产（泌乳、体重变化）需要。

（1）能量需要。

①维持的能量需要。我国饲养标准规定：泌乳期母牛的维持需要（净能，kJ）按 $356W^{0.75}$ 计。

②泌乳的能量需要。泌乳的能量需要主要取决于泌乳量和乳脂率，可以直接用测热器测定，也可按乳中营养成分或乳脂率来间接推算。

（2）蛋白质需要。维持的可消化粗蛋白质需要为 $3.0W^{0.75}$（g）或粗蛋白质需要为 $4.6W^{0.75}$（g）时，生产每千克标准乳需供给粗蛋白质 85 g 或可消化粗蛋白质 55 g。

（3）矿物质需要。每 100 kg 体重的钙、磷维持需要量分别为 6 g、4.5 g；每千克标准乳需供给钙、磷分别为 4.5 g、3 g。食盐需要量为：维持需要，每 100 kg 体重需供给 3 g；每产 1 kg 标准乳需供给 1.2 g。另外，注意维生素 A、维生素 D 的供给及 B 族维生素的需要。

（4）奶牛能量单位（NND）。在日粮配合时，为了便于能量需要的计算和泌乳力的比较，一般将不同乳脂率的乳折算成含乳脂 4%的乳（标准乳）。折算公式如下：

$$4\%乳脂率的乳量 = 0.4M + 15F$$

式中:M 为未折算的乳量(kg);F 为乳中含脂量(kg)。

如 1 kg 含脂 3.6%的乳按上式折算,等于 0.94 kg 含脂 4%的乳。根据实测,每千克标准乳的净能含量在 3 054.32~3 138 kJ。我国乳牛饲养标准将 1 kg 标准乳所含能量(3 138 kJ 产奶净能)作为一个奶牛能量单位,缩写成 NND(汉语拼音首字母)。它可以用来标示各种乳牛饲料的产乳价值。如:1 kg 干物质含量为 89%的优质玉米,产奶净能为 9 012 kJ,则为 9 012 kJ/3 138 kJ=2.87 NND,其概念为 1 kg 这种玉米的能量相当于生产 2.87 kg 奶的能量。

4. 肥育的营养需要

肥育指畜禽断奶(出壳)后,不同于种用畜禽的饲养,而是使体蛋白有时包括体脂肪等充分沉积,此方式称为幼龄肥育。而对淘汰的种用、乳用及役用等成年畜禽的肥育,则主要是沉积脂肪。因此,肥育家畜包括生长肥育猪、肉牛、肉羊、肉兔、肉仔鸡、肉鸭、肉鹅及淘汰的成年家畜。

畜禽肥育期体蛋白与体脂肪沉积的比例随年龄和肥育方式而变化,但总趋势是随年龄的增长,蛋白质、水分和矿物质所占比例逐渐减少,而脂肪的比例相应增加,在肥育后期,单位增重中脂肪可占 70%~90%。

5. 产蛋的营养需要

产蛋是禽类特有的机能。产蛋禽的生产水平相当高。鸡年产蛋量高达 220 枚以上,一只蛋鸡一年所产蛋中的干物质总量约为其自身体重的 4 倍以上。产蛋的营养需要既关系到养禽业的投入与产出的效益,又关系到家禽种群的繁衍。产蛋的营养需要可根据蛋中养分的含量、产蛋量和饲料养分的转化为蛋中养分的利用率来计算。

产蛋家禽的营养总需要=维持需要+产蛋需要+增重需要+羽毛生长需要

6. 产毛的营养需要

营养通过影响皮肤和毛囊的发育而限制毛的产量和品质。饲喂充足营养水平的日粮,可增加绵羊的皮肤面积和毛纤维的细度以及提高产毛量。所以,生长期必须供给充足的营养。

7. 役用家畜的营养需要

役用家畜有马、驴、骡、黄牛、水牛、牦牛、骆驼等。役用家畜在劳役时所需要的营养物质远远超过维持需要,较重劳役所需要的能量是维持需要的 2 倍左右,而短时间的剧烈劳役,其代谢率比维持升高 10 余倍。为了保证役畜健康和提高工作效率,除合理使役和管理外,还需要掌握其营养需要的特点。役畜工作消耗的能量较多,能量需要也比其他动物高,但工作役畜对蛋白质要求不高,过多的蛋白质反而加重役畜的负担。矿物质的合理供应,可以保证役畜的健康及工作性能。钙、磷在役畜的神经兴奋、肌肉收缩过程中起着主要作用。由于出汗排出较多的钠,所以,役畜工作时要注意补充食盐和供给充足的饮水。

知识巩固

一、填空题

1. 测定动物营养需要的方法大致可分为__________法和__________法两大类。

2. 影响维持营养需要的因素主要有：年龄和性别、体重和体型、__________和生产水平、__________、__________、被毛厚薄、饲养管理制度等。

3. 动物日粮的营养物质只有在满足了__________后，多摄入部分才能用于生产。

4. 维持状态下的净蛋白质需要量主要是根据__________和__________推算的。

二、问答题

1. 什么是营养需要？

2. 什么是维持营养需要？维持营养需要有何意义？

答案

任务二　理解动物的饲养标准

思维导图

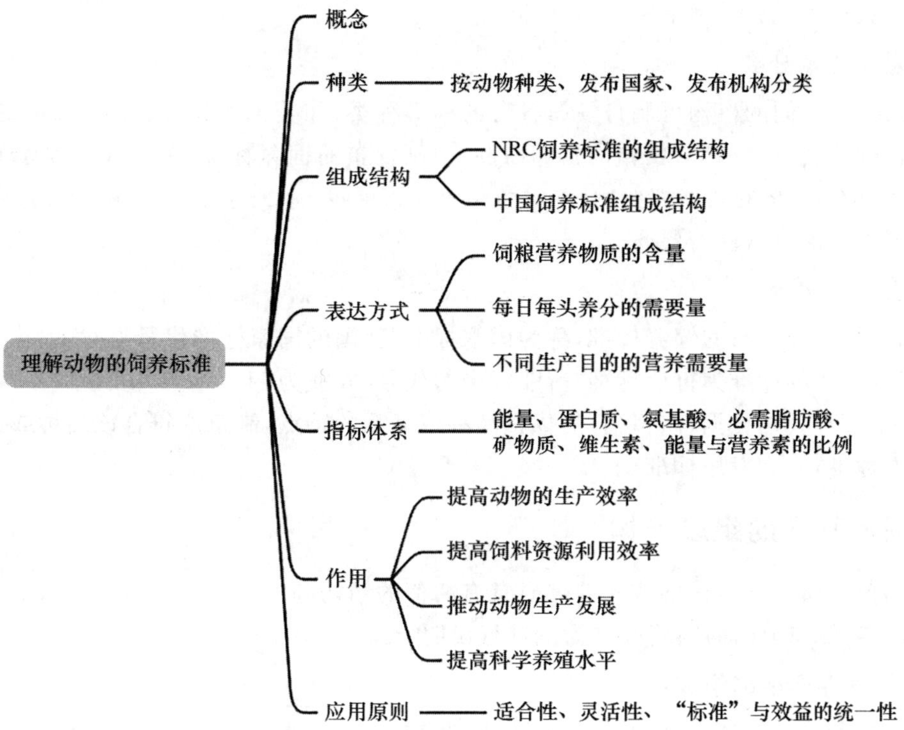

任务实施

理解动物的饲养标准

在实际应用中，饲养标准是设计饲料配方、制作配合饲料和饲料营养性添加剂及规定采食量等的依据，而营养需要又是制订饲养标准的依据。测定动物的营养需要，根据动物的营养需要，制订相应的饲养标准，进行科学饲养，满足动物生长、繁殖、泌乳等的营养需要，最大限度降低饲料成本。

一、饲养标准的概念

饲养标准是指根据动物的不同种类、性别、年龄、体重、生理状态及生产性能，以生产实践中积累的经验，结合能量与物质代谢试验和饲养试验的结果，科学地规定每头动物每天应给予的能量和各种养分的数量。一个完整的饲养标准应包括两个主要部分，即动物营养需要量表和常用饲料营养价值表。

饲养标准是具有权威性的数据，只有权威部门发布的营养需要才具有与饲养标准同等的内涵和意义。

二、饲养标准的种类

1. 按动物种类分类

不同种类和品种的动物有各自的饲养标准或营养需要，如美国NRC的动物营养需要中包括猪、家禽、肉牛、奶牛、犬、猫、绵羊、山羊、实验动物、鱼、兔、马等的营养需要；我国的饲养标准包括猪、鸡、肉牛、奶牛、肉羊饲养标准等。

2. 按发布国家分类

不同国家及不同的机构可制订发布各自的标准种类，如美国NRC发布的营养需要、美国动物饲料管理协会(AAFCO)发布的营养需要、中国发布的饲养标准、英国农业科学研究委员会(ARC/AFRC)发布的营养需要、日本发布的营养需要等。大多数发达国家的权威部门都发布本国的饲养标准或营养需要。

3. 按发布机构分类

(1)国家规定和颁布的饲养标准，称为国家标准，我国的国家标准代号为GB。

(2)行业发布的标准为行业标准，行业标准的代号，农业为NY，水产为SC。

(3)大型育种公司根据各自培育的优良品种或品系的特点，制定的符合该品种或品系营养需要的饲养标准，称为专用标准。

三、饲养标准的组成结构

不同国家发布的饲养标准或营养需要具有相似的结构和内容，但也存在差异，下面以美国NRC的营养需要和中国的饲养标准为例进行说明。

1. NRC饲养标准的组成结构

美国标准的制定起源于20世纪40年代，由NRC组织制定。NRC的标准包括奶牛、肉牛、马、绵羊、猪、家禽、兔、犬、猫、实验动物、毛皮动物、鱼类等饲养标准。NRC定期或不定期地对标准进行修订，如奶牛、猪、家禽等已修订了10次。NRC发布的动物营养需要一般包括序、营养研究的进展、营养需要量表、饲料营养价值、典型配方和参考文献等部分。

序阐述了当次修订的主要变化、增加的新内容、修订工作的时间跨度及最终的完成时间等；营养研究的进展部分主要总结了到标准修订时间为止的有关研究资料，按不同的专题进行详细的总结和阐述，是制定营养需要量的依据；营养需要量表以表格的形式给出每个营养指标的具体数值；饲料营养价值用表格的形式列出饲料原料的能量、营养成分含量及生物学效价的数据；典型配方列出根据营养需要定额而配制出来的具有代表性的配方，它是进行饲料配合时的参考，启发和指导使用者如何进行饲料配制；参考数据列出了制定标准所依据的数据来源，以便读者查阅和参考。

2. 中国饲养标准的组成结构

中国从1976年开始饲养标准的起草工作。1986年发布了第一版正式的猪、鸡、奶牛饲养标准。2004年，中华人民共和国农业部发布了新修订的猪、鸡、奶牛、肉牛、肉羊的饲养标准，属于农业行业标准，替代了旧版标准。

以鸡的饲养标准为例，标准包括封皮部分，有标准的名称、编号、发布日期、发布的机构等内容。前言部分包括起草的单位、个人及对旧标准的替代情况说明。

标准的正文部分包括：

①范围，阐述了本标准适用的范围。

②规范性引用文件，与本标准有关的相关标准的引用说明。

③对本标准所涉及的术语和定义的解释。

④鸡的营养需要，以表格的形式给出各种鸡的营养需要定额；同时给出不同体重情况下的采食量的数据。

⑤鸡常用饲料及营养价值表，给出鸡常用饲料营养成分数据。

⑥常用矿物质饲料中矿物质的含量。

⑦维生素化合物的维生素含量。

⑧鸡常用矿物元素的耐受量。

在行业标准的基础上，我国于 2020 年发布了一项国家标准《猪营养需要量》（GB/T 39235—2020）。

四、饲养标准的表达方式

饲养标准中对营养物质的需要量以下列三种方式表述最为普遍。

1. 饲粮营养物质的含量

这种表达方式是猪和家禽等单胃动物饲养标准的一个非常重要的表达方式，以百分数和每千克饲粮养分含量表示，一般以饲粮风干基础（一般给出干物质的含量）或干物质基础表示。不同的指标用不同的单位表示：能量用 MJ/kg 或 kcal/kg 表示；粗蛋白质、氨基酸、常量矿物质、必需脂肪酸用百分数（%）表示；微量元素用 mg/kg 表示；维生素 A、维生素 D、维生素 E 用 IU/kg 表示；B 族维生素用 mg/kg 表示；在猪的需要量中，维生素 B_{12} 用 μg/kg 表示，胆碱用 g/kg 表示；与需要量有关的体重、日增重及采食量用 kg 或 g 表示。

2. 每日每头养分的需要量

饲养标准的另外一种表示方法是按每日每头养分的需要量表示。反刍动物饲养标准的表达方式以每日每头养分的需要量为主，猪和家禽等饲养标准也给出每日每头动物的养分需要量：能量用 MJ/d 或 kcal/d 表示；粗蛋白质、氨基酸、常量矿物质、必需脂肪酸用 g/d 表示；微量元素用 mg/d 表示；维生素 A、维生素 D、维生素 E 用 IU/ d 表示；B 族维生素用 mg/d 表示；在猪的需要量中，维生素 B_{12} 用 μg/d、胆碱用 g/d 表示；采食量或干物质的进食量用 kg/d 或 g/d 表示。

3. 不同生产目的下的营养物质需要量

根据动物的生产目的将动物总的营养需要分为维持需要和生产需要。维持的营养需要与代谢体重有关，根据代谢体重计算出维持需要。生产的营养需要分为增重需要、产奶需要、繁殖需要、产蛋需要和产毛需要等。

在饲养标准中经常给出以上各部分需要量的回归公式，利用这些公式计算出各部分的需要量，然后累加就能得到动物总的营养需要。

五、饲养标准的指标体系

1. 能量

不同的动物能量定额采用不同的能量指标，但即使是同一种动物，不同的国家采用的能量指标也有差别。一般来说，家禽采用代谢能，猪采用消化能和代谢能，奶牛采用产奶净能，肉牛采用增重净能，肉羊采用消化能和代谢能，犬、猫采用代谢能。

2. 蛋白质

动物的蛋白质需要量采用粗蛋白质和可消化粗蛋白质表示：猪、鸡用粗蛋白质；反刍动物用粗蛋白质、可消化粗蛋白质；肉牛用粗蛋白质、小肠可消化粗蛋白质表示，奶牛用可消化粗蛋白质和小肠可消化蛋白质表示。最新版的营养需要量表中还列出了能量蛋白质比或蛋白质能量比、赖氨酸能量比的数据。

3. 氨基酸

饲养标准一般列出对各种必需氨基酸的需要量。有些标准列出了理想蛋白模式，以及对可消化氨基酸的需要量。

4. 必需脂肪酸

饲养标准列出了对必需脂肪酸中亚油酸的需要量。

5. 矿物质

饲养标准列出了动物所需要的矿物元素的需要量，包括常量矿物质（钙、总磷、非植酸磷、钠、钾、氯、镁、硫）和微量元素（铁、铜、锌、锰、碘、硒、钴）的需要量。

6. 维生素

饲养标准包括脂溶性维生素（维生素 A、维生素 D、维生素 E、维生素 K）和水溶性维生素（B 族维生素及维生素 C）的需要量。

7. 能量与营养素的比例

单胃动物的营养需要量列出了蛋白质及赖氨酸与能量的比例。

六、饲养标准的作用

1. 提高动物生产效率

饲养实践证明，在饲养标准指导下饲养动物，与传统用经验饲养的动物相比，生产效率和动物产品产量都有提高。在现代化的动物生产中，生长肥育猪的饲养周期已缩短到 160～180 d。产蛋鸡的产蛋能力已基本接近遗传生理极限。

2. 提高饲料资源利用效率

利用饲养标准指导饲养动物，不但合理满足了动物的营养需要，而且显著节约饲料，减少浪费。用传统饲养方法养两头肥育猪耗用的能量饲料，仅加少量饼（粕）制成配合饲料后即可饲养三头肥育猪而不需要额外增加能量饲料，大大提高了饲料资源的利用效率。

3. 推动动物生产发展

饲养标准指导动物生产的高度灵活性，使动物饲养者在复杂多变的动物生产环境中，始终能把握动物生产的主动权，同时通过适度控制动物生产性能，合理利用饲料，达到保证生产效益的目的。在一些经济和科学技术比较发达的国家和地区，动物饲养量减少，动物产品产量反而增加，明显体现了充分利用饲养标准指导和发展动物生产的作用。

4. 提高科学养殖水平

饲养标准除了指导饲养者向动物合理供给营养，也具有帮助饲养者组织饲料供给，合理规划发展规模，提高科学饲养水平的作用。

七、应用饲养标准的基本原则

饲养标准是发展动物生产、制订生产计划、组织饲料供给、设计饲粮配方、生产平衡饲粮、对动物实行标准化饲养管理的技术指南和科学依据。但是，照搬饲养标准中的数据，把饲养标准看成是解决有关问题的现成答案，忽视饲养标准的条件性和局限性，则难以达到预期目的。因此，应用饲养标准时应注意以下基本原则。

1. 选用饲养标准的适合性

饲养标准都是有条件的标准，是具体的标准。必须认真分析饲养标准与应用对象的适合程度，重点把握标准所要求的条件与应用对象实际条件的差异，尽可能选择最适合应用对象的饲养标准。

选用任何一个饲养标准，首先应考虑饲养标准所针对的动物品种与应用对象是否一致或比较近似，若品种之间差异太大则难使饲养标准适合应用对象，例如NRC猪的营养需要很难适用于我国地方猪种。除了动物遗传特性以外，绝大多数情况下均可以通过合理设定保险系数，使饲养标准规定的营养定额适合应用对象的实际情况。

2. 应用饲养标准的灵活性

要使饲养标准规定的营养定额变得可行，必须根据具体情况对营养定额进行适当调整。选用按“营养需要量”制定的标准，一般都要增加营养定额。选用按“营养供给量”制定的标准，营养定额增加的幅度一般比较小，甚至不增加。选用按“营养推荐量”制定的标准，营养定额可适当增加。

3. 标准与效益的统一性

应用饲养标准规定的营养定额，不能只强调满足动物对营养物质的客观要求，而不考虑饲料生产成本。必须贯彻营养、效益（包括经济、社会和生态等效益）相统一的原则。

饲养标准中规定的营养定额实际上显示了动物的营养平衡模式，按此模式向动物供给营养，可使动物有效利用饲料中的营养物质。在饲料或动物产品市场价格变化的情况下，可以通过改变饲粮的营养浓度，不改变平衡，而达到既不浪费饲料中的营养物质又调节动物产品的量和质的目的，从而体现饲养标准与效益统一性原则。

例如在生产实践中，维生素的添加量最为灵活。一般营养性添加剂是根据饲养标准来确定的。饲养标准所列的维生素需要量是最低需要量，是养殖动物处于中立温度区、健康良好条件下从饲料中获得的量。但在生产中，环境条件、饲料加工工艺、饲料储存时间、饲料组成、生产水平及饲养对象健康情况变化较大，所以根据生产经验，其饲料中的维生素添加量一般比饲养标准中建议的需要量高。

生产维生素产品的公司所提出的推荐量均大于科学工作者或品种公司的推荐量，一般应参考科学工作者或品种公司的推荐量。按维生素生产厂家推荐的量添加维生素，可能对动物健康有一定好处，但在经济效益上不一定最佳。根据大量的试验结果和生产饲喂效果，每千克饲料中最低维生素含量建议考虑以下因素。

①一般植物性饲料中不含维生素A和维生素D，即使采用包囊技术进行保护，饲料添加剂中的维生素A和维生素D也容易失活，所以维生素A和维生素D的推荐量比需要量应高几倍到十几倍。维生素K、维生素E推荐量比饲养标准应高3～5倍。

②维生素B_2与泛酸的添加量应比饲养标准高1.5～2倍。

③常用饲料中维生素B_1、维生素B_6含量丰富，为了降低成本，其用量可比饲养标准需要量低一些。动物性饲料和豆饼饲料中含有较多胆碱，所以其添加量应比饲养标准需要量低；同时氯化胆碱呈碱性，与其他维生素添加剂一起配合时，影响其他维生素的效价，一般单独添加。

④生物素在饲料中含量丰富，可以比需要量降低一些；生物素价钱高，许多商用维生素添加剂中不加生物素。

⑤其他维生素叶酸、维生素B_{12}、泛酸可按需要量添加，饲料中含量作为一个安全量看待。

知识巩固

一、名词解释

饲养标准。

二、填空题

1. 一个饲养标准包括两部分，一是__________；二是__________。
2. 饲养标准的指标体系包括：__________、__________、__________、__________、矿物质指标、维生素指标、能量与营养素的比例。

答案

三、问答题

1. 饲养标准选用的原则是什么？生产中如何正确运用饲养标准进行生产指导？
2. 饲养标准的作用是什么？

项目小结

本项目主要介绍动物营养需要、饲养标准的概念和组成，饲料营养价值评定的研究方法，不同种类动物不同阶段的营养需要和饲养标准及其特点。饲养标准具有很强的科学性，不仅是保证动物适宜、快速生长和高产的技术基础，而且确保动物平衡摄入营养物质。由于动物的品种、饲养条件、生产性能、饲养环境等因素的不同，动物实际的营养需要量也有差异。在应用标准时，应通过生产实践，因地制宜，必要时对标准进行适当调整。

思考与拓展

1. 饲养标准组成结构包括哪几个方面？
2. 维持需要的影响因素有哪些？在生产中有何指导意义？

项目四
识别与利用饲料原料

知识目标

1. 了解饲料的分类方法。
2. 掌握各类饲料的营养特点及其饲用价值。

技能目标

1. 能对各种饲料原料进行正确分类。
2. 能对饲料原料进行鉴别。

项目导读

原料质量是企业产品质量的源头，生产统计分析表明，饲料产品营养成分及质量差异40％～70％来自原料质量的差异。饲料生产者必须掌握和了解原料的质量性能和质量标准，才能生产出符合标准的优质饲料。

任务一　饲料原料分类

思维导图

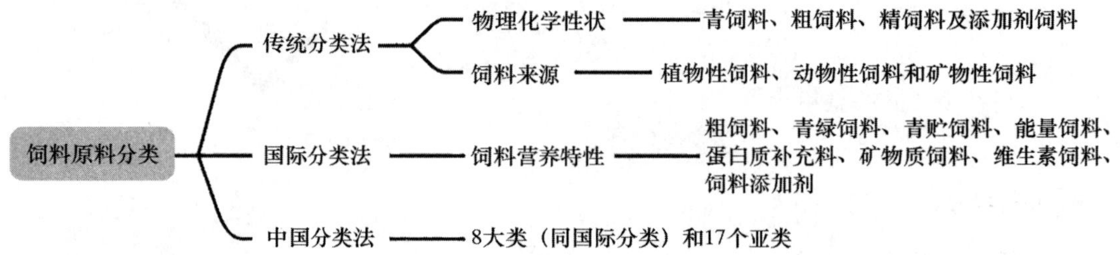

饲料原料分类

任务实施

随着现代饲料学的发展及新型饲料的不断开发，饲料的种类越来越丰富。为了了解各种饲料的特点、养分组成及营养价值，更科学合理地利用饲料，有必要将饲料进行分类。

1. 传统分类法

根据饲料的物理化学性状可分为青饲料、粗饲料、精饲料及添加剂饲料；按饲料来源可分为植物性饲料、动物性饲料和矿物性饲料。

2. 国际分类法

目前国际上多采用美国学者哈里斯（L. E. Harris，1963）提出的饲料命名及分类体系，根据饲料的营养特性，将饲料分为 8 大类：粗饲料、青绿饲料、青贮饲料、能量饲料、蛋白质补充料、矿物质饲料、维生素饲料、饲料添加剂。

3. 中国分类法

1987 年，中国农业科学院畜牧研究所张子仪研究员主持中国饲料分类编码工作，结合我国传统饲料分类与国际饲料分类的原则，将饲料分成 8 大类（同国际分类）和 17 个亚类，并提出了中国饲料编码系统，编码模式为：×－××－××××。首位号为 IFN（International Feeds Number）分类号，第 2、第 3 位为 CFN（Feeds Number of China）亚类号，第 4～7 位为具体饲料号。

1989 年 12 月中国饲料数据库情报网中心正式成立，该中心每年组织修订 1 次《中国饲料成分及营养价值表》，并通过行业官方杂志发布，成为我国饲料工业领域中最早建设的基础数据库，对我国饲料工业的发展起了推动作用。

知识巩固

一、选择题

1. 国际饲料分类法是以饲料的(　　)进行分类的。

A. 饲喂对象　　B. 传统习惯　　C. 饲料来源　　D. 营养特性

二、填空题

1. 中国饲料分类法是将__________与__________相结合而建立的。

2. 中国饲料分类法将饲料分为__________大类，__________亚类。

答案

任务二　识别和利用青绿饲料

思维导图

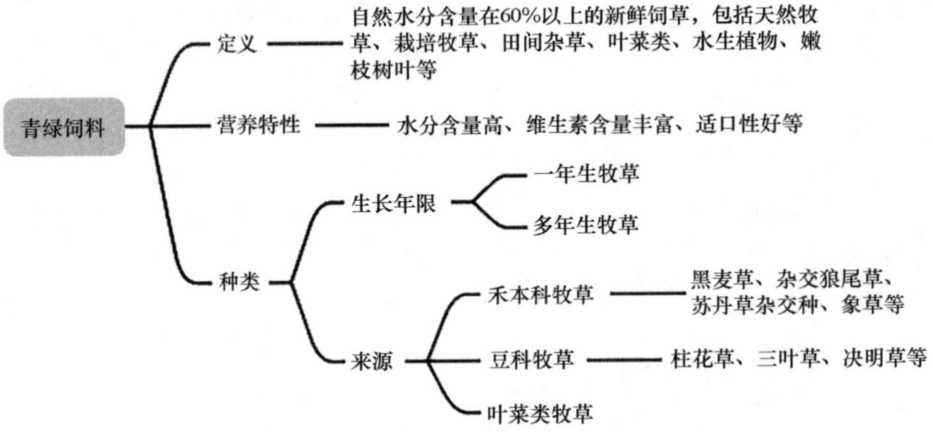

任务实施

识别和利用青绿饲料

青绿饲料是指自然水分含量在60%以上的新鲜饲草，包括天然牧草、栽培牧草、田间杂草、叶菜类、水生植物、嫩枝树叶等。青绿饲料具有水分含量高、维生素含量丰富、适口性好等特点。栽培牧草的种类很多，根据其生长年限可分为一年生牧草、多年生牧草。根据其来源可分为禾本科牧草、豆科牧草及叶菜类牧草。

禾本科牧草是单子叶植物，一般根系发达，叶片多，干物质中粗蛋白质含量在4%～12%。豆科牧草属双子叶植物，根部有根瘤，可以固定空气中的氮素，茎、叶蛋白质含量比较高，干物质中粗蛋白质含量约20%。叶菜类牧草包括菊科、苋科等，一般叶大而宽，根系粗大，植株体蓬大，它是一种青绿多汁的牧草，干物质中粗蛋白质含量高达30%。

福建省栽培的禾本科牧草品种主要有：黑麦草（一年生多花黑麦草、多年生黑麦草）、杂交狼尾草、苏丹草杂交种、象草等。豆科牧草品种主要有：柱花草、三叶草（白三叶、红三叶）、决明草（羽叶决明、圆叶决明）等。

1. 黑麦草

（1）特高德多花黑麦草。特高德多花黑麦草为一年生丛生型禾草，1997年引进福建省，先后在不同地区冬闲田试种、推广，每公顷年鲜草产量可达75 t，为福建省冬春季节的高产优质牧草品种，可饲喂各种草食畜禽和草食性鱼类。

（2）卓越多年生黑麦草。卓越多年生黑麦草为多年生疏丛型禾草，1995年引进福建省，可在福建省中亚热带海拔800 m以上的大部分山区种植，每公顷年干草产量约13 t。该牧草建植迅速、再生能力强、持久性好；当年生长快、产草量高；综合抗病能力强、高抗锈病、抗倒伏；叶量丰富、草质柔嫩、适口性好，各种草食畜禽和草食性鱼类均喜食。

2. 杂交狼尾草

杂交狼尾草是美洲狼尾草和象草的杂交种，株高 3.5 m 左右，叶呈长条形，长 60～80 cm，宽 2.5 cm 左右；根深密集、须根发达，综合抗病能力强、抗倒伏、抗旱、耐湿耐酸，但不耐寒。生长期 180～200 d，从 6 月中旬直至初霜前均可供草，7、8 月份生长最旺，在福建和两广地区可长年供草，每公顷年产鲜草量可高达 300 t。杂交狼尾草蛋白质含量较高，是一种高产优质、适合饲喂牛、羊、兔、鹅等多种草食畜禽及草食鱼类的牧草品种。

3. 象草

(1)摩特矮象草。摩特矮象草是禾本科狼尾草属多年生草本植物，1996 年引进福建省，适合在福建省海拔 1 000 m 以下、年极端低温 −5 ℃以上的地区种植，每公顷年鲜草产量约 120 t，可饲喂各种草食畜禽和草食性鱼类。

(2)闽引象草。闽引象草 1999 年引进福建省，经过在福建省各个不同气候、土壤类型区域进行田间试验及畜禽饲喂试验，结果表明该品种在福建省各地具有良好的适应性，产量高，营养生长期长，品质与适口性均比华南象草好。

4. 柱花草

柱花草为豆科多年生直立草本植物，1999 年引进福建省，适合在福建省南亚热带低山丘陵地区种植。株高 100～180 cm，冠幅 100～150 cm，多分枝。喜湿润热带气候，耐酸性瘦土，抗炭疽病能力强。生长旺盛，产量高，种植当年可刈割 1～2 次，次年可刈割 3～4 次，每公顷年鲜草产量达 30～42 t，可用作青贮或调制干草。

知识巩固

一、选择题

1. 按国际饲料分类法，青绿饲料天然水分含量要求在(　　)。

A. 20% 以上　　B. 40% 以上　　C. 60% 以上　　D. 80% 以上

2. 有“牧草之王”之称的是(　　)，其在初花期刈割的干物质中粗蛋白质为(　　)。

A. 紫花苜蓿，20%～22%　　B. 高粱，40%～45%

C. 豆粕，20%～22%　　D. 玉米，7%～9%

3. 青绿饲料的饲用价值表述错误的是(　　)。

A. 含水分高，能量低　　B. 来源丰富，成本低

C. 具有特殊的营养意义　　D. 含水分高，能量高

答案

二、填空题

1. 在实际生产中，通常把青绿饲料制成__________和__________，以利于保存。

2. 干草的营养价值取决于制作它们的原料植物的种类、__________和__________。

识别和利用粗饲料

识别和利用青贮饲料

任务三　识别和利用能量饲料

思维导图

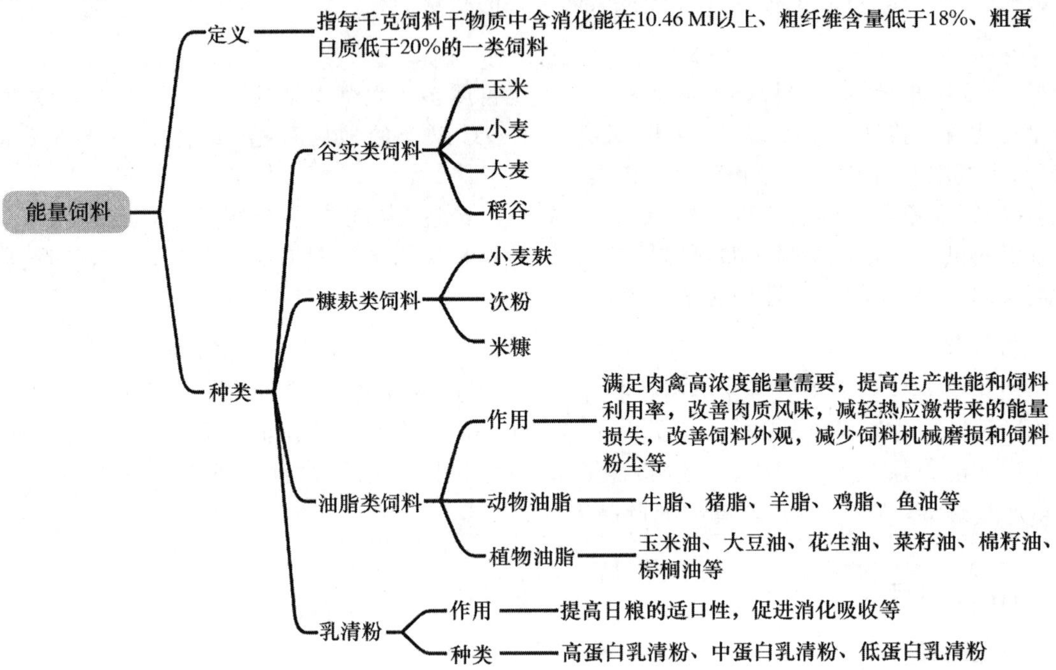

任务实施

能量饲料指每千克饲料干物质中含消化能在 10.46 MJ 以上、粗纤维含量低于 18%、粗蛋白质低于 20%的一类饲料，包括谷实类、糠麸类、淀粉质块根块茎类、糟渣类、动植物油脂以及乳清粉等。能量饲料在动物日粮中所占比例最大，一般为 50%～80%，对动物主要起着供应能量的作用。

谷实类能量饲料

一、谷实类饲料

谷实类饲料是指禾本科植物的籽实(成熟的种子)，主要包括：玉米、小麦、大麦、稻谷、高粱等。谷实类籽实一般由种皮、糊粉层、胚乳及胚等四部分构成，种皮和糊粉层是籽实的外皮(壳)，含粗纤维 9%～14%，为保护组织；胚乳主要含淀粉，为营养贮藏组织；胚(胚芽)含有大量的蛋白质和脂肪，为生长组织。

谷实类饲料淀粉含量高，无氮浸出物一般在 70%以上，是最主要的能量饲料。粗纤维含量低，多在 5%以内，仅带颖壳的大麦、燕麦和稻谷可达 10%左右；粗蛋白质含量在 8%～12%，但赖氨酸、蛋氨酸、色氨酸等含量较低；含钙低、含磷高，但磷多以植酸磷形式存在，对单胃动物的利用率差；谷实中维生素 E、维生素 B_1 含量丰富，但维生素 C、维生素 D 贫乏。

1. 玉米

我国东北、西北、华北等地区盛产玉米，国内大部分玉米用于饲料，少部分用于生产淀粉和酒精。玉米按籽粒特点可分为硬粒型、马齿型、爆裂型、蜡质型、甜质型等5个类型，其中以马齿型和硬粒型最为普遍。

玉米含能量高，是畜禽饲料主要的能量来源，一般添加比例为30%～70%。粗蛋白质含量7.2%～9.3%，蛋白质约50%存在于玉米胚乳中。玉米粗纤维含量低，无氮浸出物主要为淀粉，粗脂肪含量3%～4%，其中亚油酸含量达到2%，是所有谷实类饲料中含亚油酸最高的。此外，黄玉米中含有丰富的叶黄素，对肉鸡、蛋黄等着色有利。

玉米在收割、晒干、贮存及运输过程中，容易受到霉菌的污染而携带霉菌毒素（黄曲霉毒素、褐曲霉毒素、玉米赤霉烯酮等），在使用时应特别注意。

玉米的品质鉴定：感官指标有色泽及气味、容重、不完善粒含量、霉变粒含量、杂质含量；理化指标有水分、粗蛋白质、玉米脂肪酸值及霉菌毒素含量（黄曲霉毒素、玉米赤霉烯酮及呕吐毒素含量等）。

玉米质量标准见表4-1。

表4-1　饲料用玉米质量标准（GB/T 17890—2008《饲料用玉米》）

等级	容重/(g/L)	不完善粒/%
一级	≥710	≤5.0
二级	≥685	≤6.5
三级	≥660	≤8.0

2. 小麦

小麦是我国人民的主食，作为饲料用的小麦多数是国家储备的陈化小麦。小麦按栽培季节可分为春播夏收的春小麦和秋播第二年初夏收获的冬小麦，按谷粒质地可分为硬小麦和软小麦，按谷物外观颜色可分为茶褐色的红小麦和淡黄色的白小麦。常见的小麦有：普通小麦、软质小麦、硬质小麦。

小麦中粗脂肪含量低（约1.8%），其代谢能比玉米低，但高于大麦和燕麦。蛋白质含量达12.0%以上，含有丰富的B族维生素。小麦中所含的非淀粉多糖是戊聚糖（木聚糖），会引起食糜黏度增加，影响它的吸收利用。

小麦对猪的适口性较好。小麦淀粉较软，最适合用作杂食性鱼及草食性鱼的淀粉质原料，并有改善颗粒饲料硬度的功能。

麦类作物易受到麦角菌的污染而携带麦角毒素，在使用时应特别注意。

小麦质量标准见表4-2。

表 4-2 饲料原料小麦质量标准(NY/T 117—2021《饲料原料 小麦》)

质量指标	一级	二级	三级
容重/(g/L)	≥770	≥730	≥710
杂质/%	≤1.0	≤2.0	
无机杂质/%	≤0.5		
粗蛋白质/%	≥11.0		
水分/%	≤13.0		

3. 大麦

大麦按品种可分为皮大麦(含壳 25%)和裸大麦(含壳 15%)两种。大麦因有颖壳,其粗纤维含量较高(5%~7%),无氮浸出物含量低,因而能量较玉米低。蛋白质含量为 12%~13%,大麦中含有丰富的 B 族维生素。

大麦中含有一些酚类"涩味物",这些酚类化合物可与蛋白质结合形成不溶性复合物,降低动物对蛋白质的消化。麦类籽实中含较高的非淀粉多糖(NSP),大麦中主要是β-葡聚糖,非淀粉多糖增加了消化道内食糜的黏度,影响动物对营养物质的吸收。

大麦质量标准见表 4-3。

表 4-3 饲料原料皮大麦质量标准(NY/T 118—2021《饲料原料 皮大麦》)

质量指标	一级	二级
千粒重/g	≥40.0	≥30.0
粗灰分/%	≤2.5	≤3.0
粗蛋白质/%	≥8.0	
粗纤维/%	≤6.0	
水分/%	≤13.0	

4. 稻谷

我国盛产稻谷,从南到北都有种植水稻,但主要集中在长江以南地区,产量约占世界总产量的 1/3。稻谷主要分为单季稻和双季稻,稻谷种子外壳粗硬,粗纤维含量约为 8%,代谢能含量低于玉米,蛋白质含量为 8%左右。

稻谷外壳主要为不易被动物消化吸收的木质素,影响了稻谷在配合饲料中的应用。稻谷去壳后的颖果称为糙米,糙米进一步去米糠成为大米,糙米的营养价值比稻谷高,其消化率和能值与玉米相似。在传统养殖条件下,整粒稻谷常直接用来饲喂家禽(鸡、鸭等)。

一般每 100 kg 稻谷经机械加工后产出稻壳 20~25 kg、糙米 70~80 kg、碎米 2~3 kg。

稻谷质量标准见表 4-4。

表 4-4　饲料用稻谷质量标准（《NY/T 116—2023 饲料原料　稻谷》）

质量指标	指标		
	一级	二级	三级
粗蛋白质/%	≥7.0	≥6.0	≥5.0
粗纤维/%	≤9.0	≤11.0	≤12.0
粗灰分/%	≤5.0	≤6.0	≤7.0
水分/%	≤14.0		
杂质/%	≤1.0		
脂肪酸值,KOH/(mg/100 g)	≤37.0		

注：水分、杂质以原样为基础计算，脂肪酸值以干物质为基础计算，其他指标均以88%干物质为基础计算。

二、糠麸类饲料

糠麸、油脂及乳清粉

供人类食用的谷物经加工后，可饲喂畜禽的加工副产品称为糠麸类饲料，主要包括小麦麸(麸皮)、次粉、米糠(米糠粕)等。

糠麸类饲料含可利用能量低，代谢能含量约为其谷实类饲料的50%；粗蛋白质、粗纤维、粗脂肪、氨基酸含量等均高于原粮，粗蛋白质含量在15%左右；含钙低、含磷很高，磷多为植酸磷形式，难于被单胃动物消化利用；B族维生素(尤其硫胺素、烟酸、胆碱、吡哆醇)、维生素E等含量丰富；物理结构疏松，含有适量硫酸盐类，具有轻泻作用。

1. 小麦麸(麸皮)

小麦麸又名麸皮，是小麦加工成面粉的副产品。小麦籽实中胚乳占85%、种皮和糊粉层占13%、麦胚占2%，麸皮主要由种皮、糊粉层以及少量胚和胚乳组成。

小麦麸属于粗蛋白质与粗纤维含量较高的中低档能量饲料，粗蛋白质为13%～15%，粗纤维为8.5%～12%，粗脂肪含量低。赖氨酸含量较高，但蛋氨酸含量低，B族维生素含量丰富。

在小麦加工过程中多采用喷水工艺让小麦种皮膨胀、软化，因而，小麦麸水分含量高，容易发热、结块。

小麦麸质量标准见表4-5。

表 4-5　饲料用小麦麸质量标准（NY/T 119－2021《饲料原料　小麦麸》）　%

质量指标	一级	二级
粗蛋白质	≥17.0	≥15.0
水分	≤13.0	
粗纤维	≤12.0	
粗灰分	≤6.0	

2. 次粉

次粉又称黑面、黄粉、三等粉等，与小麦麸同为小麦加工成面粉的副产品。小麦籽实通过磨辊的碾压和筛绢的分离，大部分的胚乳形成面粉(精粉)，种皮层形成麸皮，次粉主要由大部分糊粉层、内外胚乳层和部分胚芽、少量胚乳和种皮组成。

次粉中蛋白质含量与麸皮差异不大，但粗纤维含量显著下降，约为3.5%，无氮浸出物含量显著上升，因而，次粉代谢能值要比麸皮高出许多。次粉常被作为饲料中碳水化合物能量的重要来源，并具改善饲料颗粒硬度的功能，添加比例在5%～30%。

不同加工工艺、不同制粉程度、不同出麸率等均可影响次粉的营养价值。

次粉质量标准见表4-6。

表4-6 饲料用次粉质量标准（NY/T 211—2023《饲料原料 小麦次粉》）

项目	指标		
	一级	二级	三级
粗纤维/%	≤3.5	≤5.5	≤7.0
粗灰分/%	≤2.5	≤3.0	≤4.0
粗蛋白质/%	≥13.0		
淀粉/(g/kg)	≥200		
水分/%	≤13.5		

注：各项理化指标含量除水分以原样为基础计算外，其他均以88%干物质为基础计算。

3. 米糠

米糠是糙米精制成白米的副产品，主要由果皮、种皮及少量外胚乳和糊粉层组成。糙米不同精制程度直接影响米糠的组成及营养价值。

米糠粗脂肪含量高达10%～17%，有效能值较高。粗蛋白质含量约为13%，赖氨酸含量高，脂肪酸多为不饱和脂肪酸，粗纤维含量较多，钙低磷高、钙磷比例极不平衡。含B族维生素和维生素E丰富。

米糠中含有胰蛋白酶抑制因子、非淀粉多糖、植酸及生长抑制因子等多种抗营养因子。

由于米糠含粗脂肪高，易氧化酸败，不便运输贮存，通常对其进行脱脂，制成米糠饼（经机榨）或米糠粕（经浸提）。

米糠、米糠饼及米糠粕质量标准见表4-7至表4-9。

表4-7 饲料用米糠质量标准（NY/T 122—1989《饲料用米糠》） %

质量指标	一级	二级	三级
粗蛋白质	≥13.0	≥12.0	≥11.0
粗纤维	<6.0	<7.0	<8.0
粗灰分	<8.0	<9.0	<10.0

表4-8 饲料用米糠饼质量标准（NY/T 123－2019《饲料原料 米糠饼》） %

质量指标	一级	二级	三级
粗蛋白质	≥14.0	≥13.0	≥12.0
粗纤维	≤8.0	≤10.0	≤12.0
粗灰分	≤9.0	≤10.0	≤12.0
粗脂肪	≤10.0		
水分	≤12.0		

表 4-9　饲料用米糠粕质量标准（NY/T 124—2019《饲料原料　米糠粕》）　%

质量指标	一级	二级	三级
粗蛋白质	≥16.0	≥15.0	≥13.0
粗纤维	≤8.0	≤10.0	≤11.0
粗灰分	≤9.0	≤10.0	≤11.5
水分	≤12.5		

三、油脂类饲料

油脂类饲料含能量很高，每千克消化能值在 33.47～37.65 MJ，易被动物消化利用。油脂中饱和脂肪酸与非饱和脂肪酸的比值以及亚油酸的含量是判定油脂类饲料质量优劣的重要指标，一般而言，动物性油脂含饱和脂肪酸高，植物性油脂含不饱和脂肪酸高。油脂容易氧化、酸败，其氧化后产生的过氧化物会阻碍动物生长，甚至引起死亡，因而，饲料用油脂必须添加抗氧化剂[二丁基羟基甲苯(BHT)或丁羟基茴香醚(BHA)]。

肉禽日粮中通常要添加油脂，以满足肉禽高浓度能量需要，提高生产性能和饲料利用率。此外，油脂还具有改善肉质风味、减轻热应激带来的能量损失、改善饲料外观、减少饲料机械磨损和饲料粉尘等作用。

常用动物油脂包括牛脂、猪脂、羊脂、鸡脂、鱼油等，常用植物油脂包括玉米油、大豆油、花生油、菜籽油、棉籽油、棕榈油等。

四、乳清粉

乳清粉是以哺乳动物的鲜奶(多数为牛奶)为原料，除去乳脂和酪蛋白后的液态物经浓缩、喷雾干燥而制成的粉状产品。乳清粉含有牛奶中大部分水溶性成分，包括乳蛋白、乳糖、水溶性维生素及矿物质，其中乳糖含量高达 60%～80%，是幼畜的最佳能量来源。

乳清粉是一种白色或乳白色粉末，具有典型的乳香味。乳清粉具有吸湿性，容易结块。常见乳清粉包括高蛋白乳清粉(含粗蛋白质 12%)、中蛋白乳清粉(含粗蛋白质 6%～9%)及低蛋白乳清粉(渗析乳清粉，含粗蛋白质 3%)。

乳清粉主要用于早期断奶仔猪日粮或人工乳中，以提高日粮的适口性，促进消化吸收。乳清粉一般为进口产品，价格不菲，建议用量 3%～10%。

饲料级乳清粉质量标准见表 4-10。

表 4-10　饲料级乳清粉质量标准（NY/T 1563—2007《饲料级　乳清粉》）　%

营养成分	标准要求
乳糖	≥61.0
粗蛋白质	≥2.0
粗脂肪	≤1.5
水分	≤5.0
灰分	≤8.0

知识巩固

一、选择题

1. 玉米若含水量过高易霉变，饲喂动物易产生（　　）中毒。

A. 亚硝酸盐　　B. 氢氰酸

C. 农药　　D. 黄曲霉毒素

答案

2. 能量饲料最大的优点是（　　）。

A. 无氮浸出物高　　B. 粗蛋白质高

C. 粗纤维高　　D. 矿物质高

3. 相比较而言，同等重量的下列能量饲料中能量最高的是（　　）。

A. 玉米　　B. 稻谷

C. 小麦　　D. 麸皮

二、简答题

简述糠麸类饲料的营养价值。

任务四　识别和利用蛋白质饲料

思维导图

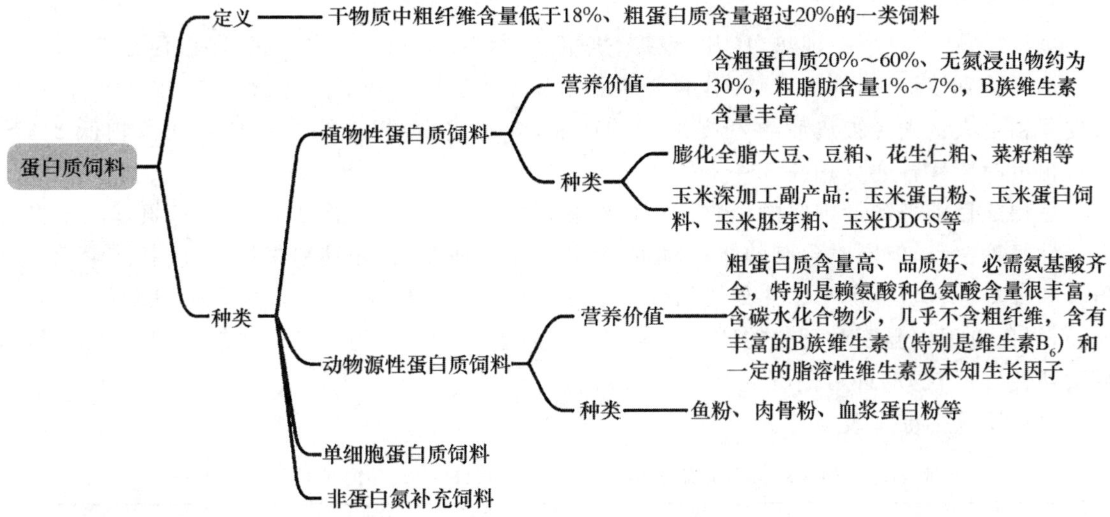

任务实施

蛋白质饲料是指干物质中粗纤维含量低于18%、粗蛋白质含量超过20%的一类饲料。根据其来源和属性特点，可分为植物性蛋白质饲料、动物（源）性蛋白质饲料、单细胞蛋白质饲料及非蛋白氮补充饲料等。

识别和利用蛋白质饲料

一、植物性蛋白质饲料

常见植物性蛋白质饲料包括豆科籽实类（膨化大豆、膨化菜籽）、油饼粕类（豆粕、花生粕（饼）、菜籽粕、棉籽粕、玉米深加工副产品（玉米蛋白粉、玉米蛋白饲料、玉米胚芽粕、玉米 DDGS）。

植物性蛋白质饲料

油饼粕类蛋白质饲料是油料籽实经压榨或浸提油后的副产品。油料籽实通过冷榨或螺旋压榨法提取油后的残渣，形状成圆形饼状或薄片状，俗称饼。通过用有机溶剂直接浸提或先压榨再浸提油后的残渣，成瓦棱状的小块，俗称粕。

植物性蛋白质饲料含粗蛋白质20%～60%，无氮浸出物约为30%，粗脂肪含量1%～7%，B族维生素含量丰富。不同压榨或浸提工艺，对油饼粕的营养价值有重要影响。

1. 膨化全脂大豆

膨化全脂大豆是将整粒大豆加湿、加压、加温处理，并挤出膜孔或突然喷出压力容器后，经自然或机械冷却后的产品。常见干法挤压膨化（含水低于25%的膨化）和湿法挤压膨化（含水大于40%的膨化）。经膨化后的大豆，发生了一系列物理化学变化，淀粉被剪切和糊化、蛋白质被剪切和变性、微生物及抗营养因子被破坏，脂肪从细胞中排出成为游离脂肪。

不同区域、不同品种大豆均可影响膨化全脂大豆的品质，膨化全脂大豆含粗脂肪 16%～20%、含粗蛋白质 35%左右，是畜禽优质的脂肪和蛋白质饲料，主要用于仔猪饲料、哺乳母猪饲料及幼龄肉禽饲料中，用量为 3%～18%。

膨化全脂大豆的营养价值见附录 2。

2. 豆粕

豆粕是黄豆经碎粒、加热、压片、浸提、烘焙及干燥冷却后的产物。豆粕呈不规则碎片状，颜色从浅黄到淡褐色，有豆香味，分为普通豆粕和去皮豆粕。普通豆粕含种皮，粗纤维含量高；去皮豆粕是大豆先经去皮后再浸提加工的产品，含种皮少，粗纤维含量比普通豆粕低 3%～5%，粗蛋白质比普通豆粕高 3%～5%。

豆粕是目前畜禽最重要的植物性蛋白饲料，约占 60%，具有蛋白质含量高、氨基酸丰富且平衡性好等特点，但同时含有胰蛋白酶抑制因子、植物血凝素、非淀粉多糖（半乳甘露聚糖）、皂角苷和脲酶等抗营养因子。热处理可使大豆中的胰蛋白酶抑制因子、脲酶及大豆凝集素钝化，因而，浸提过程中温度对豆粕的质量影响很大。脲酶活性常作为判断豆粕热处理程度的指标，脲酶活性（pH 法）的许可范围为 0.05～0.2。

豆粕质量标准见表 4-11。

表 4-11 饲料用大豆粕质量标准（GB/T 19541—2017《饲料原料 豆粕》）

质量指标	等级			
	特级品	一级品	二级品	三级品
粗蛋白质/%	≥48.0	≥46.0	≥43.0	≥41.0
粗纤维/%	≤5.0	≤7.0	≤7.0	≤7.0
赖氨酸/%	≥2.50		≥2.30	
水分/%	≤12.5			
粗灰分/%	≤7.0			
脲酶活性/(U/g)	≤0.30			
氢氧化钾蛋白质溶解度/%	≥73.0			

3. 花生仁粕

花生仁粕是以脱壳后的花生仁为原料、经浸提取油后的副产品。我国盛产花生，从南到北均可种植，种植面积及总产量均居世界首位。

花生仁粕粗蛋白质含量 43%～47%，不带壳的花生仁粕粗纤维含量在 4%～6%，属中能量高蛋白质饲料。花生仁粕赖氨酸、蛋氨酸较低，为大豆粕的 50%左右，但精氨酸含量高达 5.2%，是所有植物饲料中含量最高者。

花生仁粕（特别是花生仁饼）具有香味，适口性好，可用在所有动物饲料中。花生易受到黄曲霉菌的污染，花生仁粕中残留的黄曲霉毒素 B_1，引起动物中毒、死亡。

花生粕质量标准见表 4-12。

表 4-12　饲料用花生粕质量标准（NY/T 133—1989《饲料用花生粕》）　%

质量指标	一级	二级	三级
粗蛋白质	≥51.0	≥42.0	≥37.0
粗纤维	<7.0	<9.0	<11.0
粗灰分	<6.0	<7.0	<8.0

4. 菜籽粕

菜籽粕是油菜籽经浸提或经预压后再浸提取油后的副产品。

油菜是我国主要油料作物之一，分布广泛，具有悠久的栽培历史。我国栽培的油菜品种多为高芥酸和高硫葡萄糖苷品种，加拿大是世界上第一个育成“双低”（低芥酸和低硫葡萄糖苷）菜籽品种的国家，目前“双低”菜籽种植面积不断扩大。

菜籽粕粗蛋白质含量 35%～39%，粗纤维含量 10%～13%，属低能量蛋白质饲料。菜籽粕的硫氨基酸含量高、赖氨酸含量低，富含铁、锰、锌、硒等。

菜籽粕含有的硫葡萄糖苷，其本身没有毒性，但在硫葡萄糖苷酶或芥子酶的催化作用下，水解产生异硫氰酸酯、噁唑烷硫酮、硫氰酸酯、氰类等有毒物质。异硫氰酸酯具有辛辣味，影响菜籽粕的适口性，并对黏膜有强烈的刺激作用，还能抑制甲状腺滤泡浓集碘的能力，导致动物甲状腺肿大。芥子碱具有苦味，影响菜籽粕的适口性，芥子碱与腥味蛋的产生有关。

菜籽粕因含有硫葡萄糖苷、芥子碱、单宁、植酸等抗营养因子，限制了其在饲料中的使用。

菜籽粕质量标准见表 4-13。

表 4-13　饲料用菜籽粕技术质量标准（GB/T 23736—2009《饲料用菜籽粕》）　%

质量指标	等级			
	一级	二级	三级	四级
粗蛋白质	≥41.0	≥39.0	≥37.0	≥35.0
粗纤维	≤10.0	≤12.0	≤12.0	≤14.0
赖氨酸	≥1.7		≥1.3	
粗灰分	≤8.0		≤9.0	
粗脂肪	≤3.0			
水分	≤12.0			

注：各项质量指标的含量除水分以原样为基础计算外，其他均以 88%干物质为基础计算。

5. 棉籽粕

棉籽粕是以棉籽为原料，经脱壳、去绒、再浸提取油后的副产品。

棉花品种可分为有腺体棉和无腺体棉两大类。有腺体棉的棉仁中含有大量棕红色的色素腺体，其中含有棉酚等有毒物质。无腺体棉的棉仁内不含色素腺体，几乎不含棉酚，又称无酚棉。我国目前栽培的棉花品种主要是有腺体棉。

棉籽粕粗蛋白质含量达 40%～43%，粗纤维含量为 10%～13%，属低能量高蛋白质饲料。棉籽粕含硫氨基酸及精氨酸含量高、赖氨酸含量低。棉籽的脱壳、去绒程度直接影响棉籽粕的营养价值。

棉籽粕中含有游离棉酚，被动物采食后，大部分游离棉酚可以排出，但小部分被吸收蓄积在肝、肾等组织，可引起累积性中毒。棉籽粕残油中含有1%～2%的环丙烯类脂肪酸，它可以加重棉酚引起的蛋黄变褐、变硬，并使蛋白呈粉红色。

棉籽粕因含有游离棉酚、环丙烯类脂肪酸、单宁、植酸等抗营养因子，限制了其在饲料中的使用。

棉籽粕质量标准见表4-14。

表4-14 饲料用棉籽粕质量标准（GB/T 21264—2007《饲料用棉籽粕》） %

质量指标	一级	二级	三级	四级	五级
粗蛋白质	≥50.0	≥47.0	≥44.0	≥41.0	≥38.0
粗纤维	≤9.0	≤12.0	≤14.0	≤14.0	≤16.0
粗灰分	≤8.0		≤9.0		
粗脂肪	≤2.0				
水分	≤12.0				

6. 玉米深加工副产品

在我国约70%玉米作为饲料，20%直接或间接食用，10%作为工业原料。玉米的工业用途主要有两种：一种是提取玉米淀粉，供制糖、制药用；另一种是直接发酵制取酒精。玉米深加工工艺见图4-1。

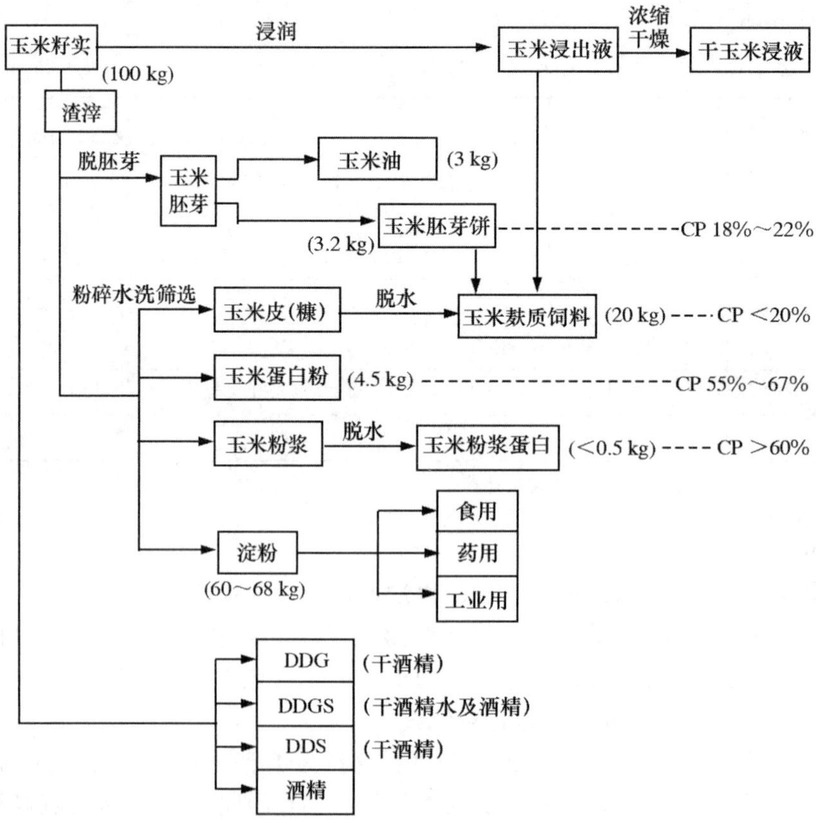

图4-1 玉米深加工工艺

玉米胚芽粕(饼)、玉米蛋白饲料、玉米蛋白粉等是玉米提炼淀粉的加工副产品，一般每100 kg 玉米可产 3.2 kg 玉米胚芽粕(饼)、20 kg 玉米蛋白饲料、4.5 kg 玉米蛋白粉和 60～68 kg 的淀粉。DDGS 是玉米发酵制取酒精的加工副产品，每 100 kg 玉米发酵可生产 36 L 酒精、32 kg DDGS。

(1)玉米蛋白粉。玉米蛋白粉又叫玉米面筋粉，是玉米除去种皮、胚芽及淀粉后剩下的产品。外观呈金黄色，蛋白质含量越高，色泽越鲜艳；随着贮存时间变长，颜色渐黑，有玉米发酵的特殊气味。

玉米蛋白粉含粗蛋白质 40%～60%，每千克代谢能为 12.5～13.3 MJ，属于高能量高蛋白质饲料。玉米蛋白粉含蛋氨酸很高，与同粗蛋白质含量的鱼粉相当，但赖氨酸和色氨酸含量严重不足。此外，玉米蛋白粉中含有丰富的类胡萝卜素(叶黄素、玉米黄素等)，对蛋黄及肉鸡皮肤着色效果显著。玉米蛋白粉常用在肉鸡或蛋鸡饲料中，添加比例为 3%～5%。

玉米蛋白粉质量标准见表 4-15。

表 4-15　饲料用玉米蛋白粉质量标准(NY/T 685—2003《饲料用玉米蛋白粉》)　　%

质量指标	等级		
	一级	二级	三级
水分	≤12.0	≤12.0	≤12.0
粗蛋白质(干基)	≥60.0	≥55.0	≥50.0
粗脂肪(干基)	≤5.0	≤8.0	≤10.0
粗纤维(干基)	≤3.0	≤4.0	≤5.0
粗灰分(干基)	≤2.0	≤3.0	≤4.0

注：一级饲料用玉米蛋白粉为优等质量标准，二级饲料用玉米蛋白粉为中等质量标准，低于三级者为等外品。

(2)玉米蛋白饲料。玉米蛋白饲料又称玉米麸质饲料，主要由玉米湿法预处理的浸出液、取油后的玉米胚芽饼(粕)以及取淀粉后的玉米种皮等组成。其营养成分因玉米浸出液、玉米种皮、玉米胚芽饼(粕)的组成比例及质量而变化，粗蛋白质含量 18%～20%，粗纤维含量 7%～11%，粗脂肪含量 3%～8%，属中低能量蛋白饲料，氨基酸含量及其利用率均明显低于玉米蛋白粉。

因玉米浸出液是用稀酸与防腐剂浸渍玉米粒后的浸渍液浓缩物，含亚硝酸等酸性物质，在配合饲料中应控制在 10%以内。

(3)玉米胚芽粕。玉米胚芽粕是以玉米胚芽为原料、经浸提取油后的副产品，又称玉米脐子粕。

玉米胚芽粕含粗蛋白质 18%～20%，粗脂肪 1%～2%，粗纤维 11%～12%，氨基酸组成及水平与玉米蛋白饲料相近。

玉米胚芽粕适口性良好，但易氧化不耐储存。此外，玉米胚芽粕中霉菌毒素含量为原料玉米的 1～3 倍。

(4)玉米 DDGS。玉米 DDGS(酒糟及可溶物)是玉米经过酵母发酵、蒸馏除去酒精，然后对剩余的残液进行至少 75%浓缩并干燥得到的产物。在发酵过程中玉米淀粉被转化为酒精和 CO_2，所以其残留物的营养素含量会增加 2～3 倍。

玉米 DDGS 的主要特点是低淀粉、高蛋白、高脂肪。粗蛋白质含量 25%～30%，粗脂肪含量2%～12%，粗纤维含量在7%左右，DDGS中赖氨酸含量低，磷含量高且利用率较高。DDGS颜色浅意味着加工过程对其中的赖氨酸破坏较小。

DDGS在浓缩玉米的营养成分的同时，也能浓缩玉米中的霉菌毒素，在使用时应特别注意霉菌毒素的潜在危害，同时，DDGS含有较高的脂肪，容易氧化酸败。

玉米DDGS质量标准见表4-16。

表4-16 玉米DDGS质量标准 [GB/T 25866—2010《玉米干全酒糟(玉米DDGS)》] %

质量指标	高脂型DDGS		低脂型DDGS	
	一级	二级	一级	二级
水分	≤12			
粗蛋白质	≥28	≥24	≥30	≥26
粗脂肪	≥7		≥2	
磷	≥0.60			
粗纤维	≤12			
粗灰分	≤7			

二、动物源性蛋白质饲料

动物源性蛋白质饲料

动物源性蛋白质饲料是指以动物或动物副产物(下脚料)为原料，经工业化加工、制作的单一饲料，主要包括鱼粉、乌贼粉、肉粉、肉骨粉、动物油渣、血粉、血球蛋白粉、血浆蛋白粉、肠黏膜蛋白粉、羽毛粉等。该类蛋白质饲料存在与人类交叉污染的病原隐患。

动物性蛋白质饲料粗蛋白质含量高、品质好、必需氨基酸齐全，特别是赖氨酸和色氨酸含量很丰富，含碳水化合物少，几乎不含粗纤维，含有丰富的B族维生素(特别是维生素B_6)和一定的脂溶性维生素及未知生长因子。

1. 鱼粉

鱼粉按来源可分为进口鱼粉和国产鱼粉，按是否脱脂可分为全脂鱼粉、脱脂鱼粉及半脱脂鱼粉。进口鱼粉主要从秘鲁、智利等国进口，国产鱼粉主要产自福建、浙江、山东等省。

国产鱼粉多以小杂鱼或鱼制品加工下脚料为原料，经干法或湿法生产制成，其主要工艺包括去杂、蒸煮、压榨、烘干、冷却、过筛及粉碎等。不同加工原料、工艺等对鱼粉的质量有直接影响。

鱼粉含粗蛋白质50%～65%，粗脂肪4%～10%，食盐1%～5%，氨基酸组成平衡，含量丰富，消化率达90%以上。鱼粉中矿物质(钙、磷、铁、铜、硒、锌等)、维生素(维生素A、维生素D和B族维生素)等含量丰富，容易被动物消化吸收。此外，富含n-3多不饱和脂肪酸、氨基酸小肽及未知生长因子，因此，鱼粉是动物优质的蛋白质饲料。

鱼粉价格昂贵，掺假现象严重。鱼粉中掺假物包括尿素、植物饼粕、皮革粉、羽毛粉、肉粉、三聚氰胺等，在使用过程中，一定要进行理化检验和掺假鉴别。另外，鱼粉的新鲜度是很重要的指标，不新鲜鱼粉中含有大量的氧化酸败物质、组胺、沙门氏菌等，易引起动物下痢、幼龄家禽肌胃糜烂等。

鱼粉质量标准见表4-17。

表 4-17　鱼粉的质量标准（GB/T 19164—2021《饲料原料　鱼粉》）

质量指标	等级			
	特级品	一级品	二级品	三级品
粗蛋白质/%	≥66.0	≥62.0	≥58.0	≥50.0
赖氨酸/%	≥5.0	≥4.5	≥4.0	≥3.0
17 种氨基酸总量占粗蛋白质/%	≤8.0			—
DHA 与 EPA 占鱼粉总脂肪酸比例之和/%	≥18.0			
水分/%	≤10.0			
粗灰分/%	≤18.0	≤20.0	≤24.0	≤30.0
砂分(盐酸不溶性灰分)/%	≤1.5			≤3.0
盐分(以 NaCl 计)/%	≤5.0			
挥发性盐基氮(VBN)/(mg/100 g)	≤100	≤130	≤160	≤200
组胺/(mg/kg)	≤300	≤500	≤1 000	≤1 500
丙二醛(以鱼粉所含粗脂肪为基础计)/(mg/kg)	≤10.0	≤20.0	≤30.0	

2. 肉骨粉

肉骨粉是以动物屠宰后或肉品加工厂的下脚料为原料，经蒸煮、压榨、烘干及粉碎等工艺制成的产品。肉骨粉中蛋白质主要由角质蛋白(角、蹄、毛等)、结缔组织蛋白及肌肉组织蛋白构成，其中角质蛋白消化吸收率差。

肉骨粉粗蛋白质含量 40%～50%，含粗脂肪 5%～8%，含赖氨酸及色氨酸不足，含脯氨酸和甘氨酸较多，含钙、磷丰富且消化吸收率好。

肉骨粉的营养价值取决于原料的种类与品质、加工工艺等。使用腐败下脚料加工的肉骨粉，不仅品质差，而且有使动物中毒或感染病菌(尤其是沙门氏菌)的危险。进口肉骨粉主要产自澳大利亚、新西兰等国。

肉骨粉质量标准见表 4-18。

表 4-18　饲料用肉骨粉质量标准（GB/T 20193—2006《饲料用骨粉及肉骨粉》）

等级	质量指标					
	粗蛋白质/%	赖氨酸/%	胃蛋白酶消化率/%	酸价/(mg/g)	挥发性盐基氮/(mg/100 g)	粗灰分/%
1	≥50	≥2.4	≥88	≤5	≤130	≤33
2	≥45	≥2.0	≥89	≤7	≤150	≤38
3	≥40	≥1.6	≥84	≤9	≤170	≤43

3. 血浆蛋白粉

血浆蛋白粉是加有抗凝剂(柠檬酸钠)的猪血经高速离心分离出红细胞后，再经喷雾干燥而制成的粉状产品。血浆蛋白粉具有血制品固有气味，外观颜色从浅灰红至灰黄，粉末均匀一致。

血浆蛋白粉含粗蛋白质70%左右，氨基酸含量丰富（蛋氨酸含量偏低），并含有一定浓度的免疫球蛋白(IgG)。

血浆蛋白粉价格昂贵，主要用于早期断奶仔猪日粮中，用量2%～5%。血浆蛋白粉不仅是仔猪优质的蛋白质饲料，而且适口性很好，可以促进早期断奶仔猪采食，减轻仔猪断奶综合征。

血浆蛋白粉质量标准见表4-19。

表4-19 血浆蛋白粉质量标准（GB/T 33914—2017《饲料原料 喷雾干燥猪血浆蛋白粉》）

质量指标	标准要求
粗蛋白质/%	≥70.0
粗灰分/%	≤14.0
水分/%	≤8.0
免疫球蛋白G(IgG，以占样品粗蛋白质分数计)/%	≥15.0
水可溶物/%	≥88
挥发性盐基氮(VBN)/(mg/100 g)	≤35
粒度[筛上物，60目筛(孔径0.3 mm)]/%	≤0.1

知识巩固

一、填空题

1. 蛋白质饲料是指绝干物质中粗纤维含量在________%以下，粗蛋白质含量大于等于________%的饲料。
2. 蛋白质饲料包括________性蛋白质饲料、________性蛋白质饲料、________蛋白质饲料及________饲料。
3. 生大豆饼粕含有抗营养物质，如________、________、皂素、凝集素等，影响其营养价值，通常以________活性大小衡量豆粕的加热程度。

二、单选题

1. 下列不属于蛋白质饲料的有(　　)。

A. 鱼粉　　B. 玉米

C. 藻类　　D. 大叶枸

2. 鱼粉的营养特点是(　　)。

A. 蛋白质含量高，品质好　　B. 富含B族维生素

C. 钙磷比例适宜　　D. 以上都是

3. (　　)极易感染黄曲霉，产生黄曲霉毒素，引起动物中毒。

A. 生大豆　　B. 菜籽饼粕

C. 棉籽饼粕　　D. 花生饼粕

答案

任务五 识别和利用矿物质饲料

思维导图

矿物质饲料
- 定义——指可以补充动物所需常量矿物元素的可饲天然矿产化合物及化工合成的无机盐类
- 种类——石粉、贝壳粉、磷酸氢钙、磷酸二氢钙、磷酸一二钙、食盐等

任务实施

矿物质饲料是指可以补充动物所需常量矿物元素的可饲天然矿产化合物及化工合成的无机盐类。一般植物性饲料富含钾，缺乏钠、氯，钙及非植酸磷含量不足，通常需要额外补加钙、磷、钠、氯等元素。

识别和利用矿物质饲料

一、石粉

石粉又称石灰石粉，是由天然石灰石经机械粉碎成一定粒度的矿物饲料。石粉外观呈淡灰色至白色，无臭无味，无吸潮性，相对密度为1.05～1.13，一般粉碎细度为100～200目。

石粉主要成分为碳酸钙，含钙28%～38%，含少量铜、锰、钾、钠等微量元素，是饲料中最经济的钙源补充剂和理想的稀释剂。

天然石灰石常伴生重金属元素（砷、铅、镉等），在使用时应监测重金素含量，同时，镁元素含量应不大于0.2%，否则容易引起动物粪便变稀或腹泻。

二、贝壳粉

贝壳粉是各种贝类外壳（牡蛎壳、蚌壳、蛤蜊壳等）经干燥、粉碎等加工制成的产品，外观呈淡灰色至白色，无吸潮性，以牡蛎壳加工成的贝壳粉质量最佳。

贝壳粉主要成分为碳酸钙，含钙量28%～35%。在蛋鸡及种鸡饲料中使用贝壳粉补充钙元素，可以改善蛋壳质量。

贝类外壳通常晾晒于沙土场地，常伴有沙石、泥土、麻绳等杂质。贝类外壳中未除尽的肉质容易发霉腐烂、携带病菌，并使贝壳粉呈异臭味。

三、磷酸氢钙

磷酸氢钙又称磷酸二钙，化学分子式为$CaHPO_4 \cdot 2H_2O$，分子量为172.10，为白色或略带微黄色粉末或颗粒，无臭无味，微溶于水，不溶于乙醇，在稀盐酸或稀硝酸、醋酸中易溶。利用率良好，是动物优质的钙、磷补充剂。

磷酸氢钙按生产工艺不同可分为Ⅰ型、Ⅱ型、Ⅲ型3种型号，饲料中常用Ⅰ型磷酸氢钙。

四、磷酸二氢钙

磷酸二氢钙又称酸性磷酸钙、磷酸一钙，化学分子式为 $Ca(H_2PO_4)_2 \cdot H_2O$，分子量为252.06，为白色或略带微黄色粉末或颗粒，易溶于水，溶于稀盐酸、稀硝酸和稀乙酸，不吸潮(但产品中含有磷酸时能潮解)。

磷酸二氢钙的钙、磷利用率比磷酸氢钙高，主要用作水产动物及幼龄家畜的钙、磷补充剂。

五、磷酸一二钙

磷酸一二钙为磷酸二氢钙与磷酸氢钙的混合物，呈松散的白色粉状结晶体或颗粒，用于补充幼龄动物对磷和钙的需求。

不同磷酸钙类矿物饲料的质量标准见表 4-20。

表 4-20 不同磷酸钙类矿物饲料的质量标准 %

质量指标	磷酸氢钙 (GB 22549－2017)			磷酸二氢钙 (GB 22548－2017)	磷酸一二钙 (HG/T 3776－2005)
	Ⅰ型	Ⅱ型	Ⅲ型		
总磷(P)	≥16.5	≥19.0	≥21.0	≥22.0	≥21.0
枸溶性磷(P)	≥14.0	≥16.0	≥18.0	—	—
水溶性磷(P)	—	≥8.0	≥10.0	≥20.0	≥8.4
钙(Ca)	≥20.0	≥15.0	≥14.0	≥13.0	≥15.0～20.0

六、食盐

食盐主要化学成分为氯化钠(化学分子式 NaCl，分子量 58.44)，纯净的氯化钠为无色透明的立方晶体，由于杂质的存在，一般情况下的氯化钠为白色立方晶体或细小的晶体粉末，溶于水或甘油，难溶于乙醇，不溶于盐酸，水溶液呈中性，味咸，在相对湿度 75%以上时开始潮解。

氯化钠大量存在于海水和天然盐湖(井)中，通过浓缩结晶海水或天然盐湖水或盐井水来制取氯化钠，这样制得的食盐含有较多的杂质，称为粗制盐，粗盐经溶解、沉淀、过滤、蒸发，可制得精盐。精制食盐含氯化钠 99%以上，粗制盐含氯化钠为 95%左右。由海水浓缩结晶而成的食盐俗称海盐，由天然盐湖水浓缩结晶而成的食盐俗称井矿盐，我国井矿盐的储量丰富。

食盐在畜禽配合饲料中一般添加量为 0.2%～0.5%，食盐不足可引起动物食欲下降、采食量降低及异嗜癖，食盐过量且饮水不足，可引起食盐中毒。使用含有盐分的原料(如鱼粉、肉骨粉、血浆蛋白粉、乳清粉等)应特别注意。

知识巩固

一、单选题

1. 下列矿物质元素中，(　　)属于常量矿物质元素。

A. 铁　　B. 镁

C. 铜　　D. 锰

2. 微量矿物质元素是指占动物机体的比例在(　　)以下的矿物质元素。

A. 0.005%　　　　B. 0.01%

C. 0.015%　　　　D. 0.02%

二、判断题

1. 饲粮中添加一定量的无机硫能促进雏鸡的生长。(　　)

2. 日粮中添加过量的微量元素可能有副作用。(　　)

答案

任务六 识别和利用营养性添加剂

思维导图

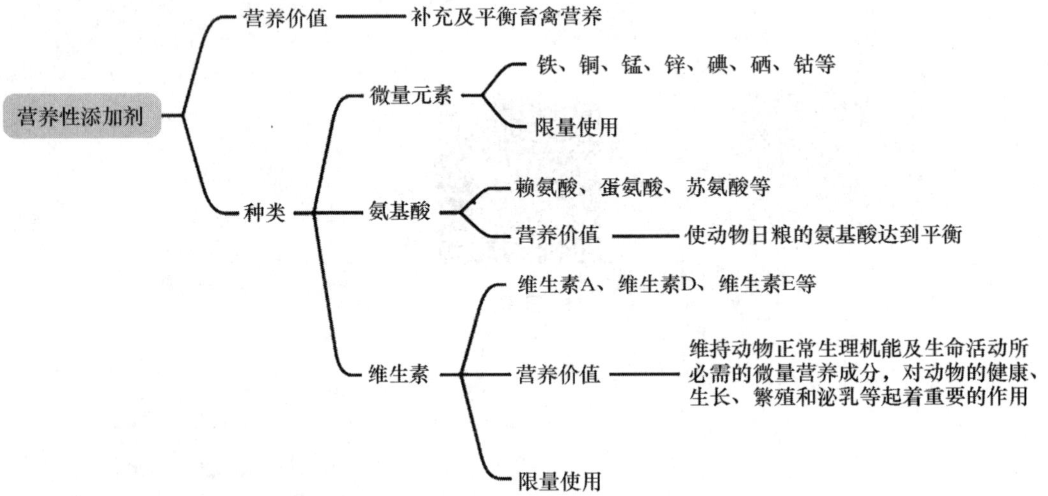

识别和利用营养性添加剂

任务实施

饲料添加剂在配合饲料中具有很重要的作用，通常添加量不到饲粮的1%，但发挥的作用很大。一般将饲料添加剂分为营养性添加剂及非营养性添加剂两大类，其中，营养性添加剂包括微量元素、氨基酸和维生素添加剂，能够补充及平衡畜禽营养。

一、微量元素

作为饲料添加剂的微量元素主要包括铁、铜、锰、锌、碘、硒、钴等，通常以氧化物或硫酸盐形式添加。微量元素氧化物吸收率低，不易吸湿返潮、容易加工处理。微量元素硫酸盐吸收率较高，生物利用率高，铁、铜、锰、锌等微量元素硫酸盐含有一定数量（1～7个）的游离水和结晶水，通常以一水硫酸盐添加。

1. 铁

青绿饲料、动物性饲料中血粉和鱼粉等铁含量丰富，奶制品及块根类饲料含铁较少，通常配合饲料基础配方中铁含量可以满足动物的需要量。

铁最常见以硫酸亚铁形式添加，其生物利用率高，价格低廉。硫酸亚铁有3种形式，即七水硫酸亚铁（$FeSO_4 \cdot 7H_2O$）、一水硫酸亚铁（$FeSO_4 \cdot H_2O$）和无水硫酸亚铁（$FeSO_4$），铁元素含量分别为20.1%、32.9%和36.8%。

一水硫酸亚铁是饲料中添加铁元素最主要的形式，分子量为169.9，含1个结晶水，为白色至淡黄色结晶性粉末，无臭，可溶于水，不溶于乙醇。加工性能良好，与其他成分具有较好的配伍性。

2. 铜

多数饲料中均含有一定量的铜，谷实类饲料（除玉米外）及其加工副产品含有丰富的铜，幼嫩植物性饲料含铜量较低。

铜最常见以硫酸铜形式添加，主要有 3 种形式，即五水硫酸铜（$CuSO_4 \cdot 5H_2O$）、一水硫酸铜（$CuSO_4 \cdot H_2O$）、无水硫酸铜（$CuSO_4$），铜元素含量分别为 25.5%、35.8%、39.8%。

五水硫酸铜分子量为 249.7，为蓝色无味的结晶或浅蓝色结晶性粉末，易吸湿、结块，对饲料中的其他组分（特别是维生素）有破坏作用。

一水硫酸铜由五水硫酸铜加热至 110 ℃脱去 4 分子结晶水制得，是饲料中添加铜元素最主要的形式，分子量为 177.7，为灰白色或微绿白色结晶粉末，不易结块，流动性较好，不含游离酸，对饲料中其他成分不会造成影响。

碱式氯化铜又名氯化三羟二铜，分子式为 $Cu_2(OH)_3Cl$，分子量为 213.57，含铜元素 58%，为墨绿色结晶或结晶性粉末，不溶于水和有机溶剂，溶于酸和氨水。产品流动性好，吸潮性低，在空气中化学性质稳定，氧化还原能力弱，可以显著降低铜离子对饲料中维生素、油脂的破坏作用。

3. 锰

粗饲料及青绿饲料中含锰丰富，谷实类饲料及块根块茎饲料中含锰量较低，动物性饲料中含锰甚微。

锰最常见以硫酸锰形式添加，主要有 3 种形式，即一水硫酸锰（$MnSO_4 \cdot H_2O$）、四水硫酸锰（$MnSO_4 \cdot 4H_2O$）和七水硫酸锰（$MnSO_4 \cdot 7H_2O$），锰元素含量分别为 32.5%、24.6% 和 19.8%。

一水硫酸锰是饲料中添加锰元素最主要的形式，分子量为 169.01，为淡红色结晶，易溶于水，不溶于乙醇，有中等吸湿性，长期储存容易结块。

4. 锌

糠麸类饲料、饼粕类饲料、谷实类饲料的胚及动物性饲料含锌丰富，青绿饲料含锌量多，块根块茎类饲料含锌量少。常用作饲料添加剂的锌化合物有：硫酸锌、氧化锌、碱式氯化锌。

锌最常见以硫酸锌形式添加，主要有 2 种形式，即七水硫酸锌（$ZnSO_4 \cdot 7H_2O$）和一水硫酸锌（$ZnSO_4 \cdot H_2O$），锌元素含量分别为 22.7%和 36.4%。

一水硫酸锌是饲料中添加锌元素最主要的形式，分子量为 179.5，由七水硫酸锌加热、脱水制得，为白色、无味粉末，溶于水，微溶于乙醇，不溶于丙酮，在空气中易潮解。

氧化锌俗称“锌白”，是锌的一种氧化物，分子式为 ZnO，分子量为 81.39，为白色至浅黄色粉末，味苦，难溶于水，可溶于酸和强碱。自然界的红锌矿中存在氧化锌，但纯度不高，工业生产中使用的氧化锌通常以燃烧锌或焙烧闪锌矿的方式取得。氧化锌形式的锌在饲料中仅以 2 250 mg/kg 的上限量用于仔猪断奶后前 2 周，起防止仔猪腹泻作用。

碱式氯化锌分子式为 $Zn_5Cl_2(OH)_8 \cdot H_2O$，分子量为 551.89，锌含量 50%，呈白色粉末，溶于酸，不溶于水、氨水和碱，不易吸潮结块，流动性好。与氧化锌、硫酸锌相比，具有较好的适口性。

5. 碘

植物性饲料是碘的主要来源，一般沿海地区植物碘含量高于内陆地区植物，海藻类饲料含碘丰富，是动物碘的良好来源。常用作饲料添加剂的碘化合物有碘化钾、碘酸钙。

碘化钾(KI)分子量为 166，碘含量为 76.4%，为无色或白色结晶或结晶粉末，无臭，有浓苦咸味，易溶于水、乙醇及甘油。碘化钾生物利用率高，但稳定性差，在空气中暴露或在阳光下会游离出碘单质，变成褐黄色，在潮湿空气中出现少量潮解。

碘最常见以碘酸钙形式添加，主要有 3 种形式，即六水碘酸钙 $Ca(IO_3)_2 \cdot 6H_2O$、一水碘酸钙 $Ca(IO_3)_2 \cdot H_2O$ 和无水碘酸钙 $Ca(IO_3)_2$，碘元素含量分别为 25.2%、62.2%和 65.1%。

一水碘酸钙或无水碘酸钙是饲料中添加碘元素最主要的形式，由六水碘酸钙分别在 100～160 ℃、160～540 ℃时加热、脱水制得；为白色结晶或结晶性粉末，无臭、无味或略带有碘味，产品很稳定，微溶于水，不溶于乙醇。

6. 硒

土壤 pH 直接影响植物中硒的含量，在碱性土壤中生长的植物含硒量高，而长在酸性土壤中的植物含硒量低，在相同条件下，豆科牧草的含硒量高于禾本科牧草。我国黑龙江、吉林、内蒙古、青海、陕西、四川和西藏等地为缺硒地区。

常用作饲料添加剂的硒化合物主要有亚硒酸钠(Na_2SeO_3)和硒酸钠($Na_2SeO_4 \cdot 10H_2O$)，其分子量分别为 172.9 和 369.1，硒元素含量分别为 45.7%和 21.4%。

亚硒酸钠为无色结晶粉末，易溶于水，不溶于乙醇。亚硒酸钠毒性大，在贮存、运输及生产使用过程中需严格管理、规范操作，操作人员应配备相应的防护设备(面罩、手套等)，防止吸入人体。

7. 钴

动物性饲料中含钴丰富，每千克干物质中含钴可达 0.8～1.6 mg，一般豆科牧草含钴量高于禾本科牧草。常用作饲料添加剂的钴化合物有硫酸钴和氯化钴。

硫酸钴有 3 种形式，即无水硫酸钴($CoSO_4$)、一水硫酸钴($CoSO_4 \cdot H_2O$)和七水硫酸钴($CoSO_4 \cdot 7H_2O$)，其分子量分别为 155.0、173.0 和 281.1，钴元素含量分别为 38.0%、34.1%和 21.0%。一水硫酸钴为淡红色粉末，无臭，可缓慢溶于水，较难溶于乙醇。

氯化钴也有 3 种形式，即无水氯化钴($CoCl_2$)、一水氯化钴($CoCl_2 \cdot H_2O$)和六水氯化钴($CoCl_2 \cdot 6H_2O$)，其分子量分别为 129.9、147.9 和 237.9，钴元素含量分别为 45.4%、39.9%和 24.8%。氯化钴随着结晶水的增加，由淡蓝色、浅紫色至红色或红紫色结晶，溶于水、乙醇、丙酮和乙醚。

8. 微量元素的限量使用

农业部公告第 2625 号(2017 年)《饲料添加剂安全使用规范》规定了主要的微量元素在配合饲料或全混合日粮中的最高限量，并作为强制性指标，摘要内容见表 4-21。

表 4-21　微量元素在配合饲料或全混合日粮中的最高限量

微量元素	在配合饲料或全混合日粮中的最高限量(以元素计)/(mg/kg)	其他要求
铁	仔猪(断奶前)250 mg/(头·d);家禽 750;牛 750;羊 500;宠物 1 250;其他动物 750	
铜	仔猪(≤25 kg)125;开始反刍之前的犊牛 15,其他牛 30;绵羊 15;山羊 35;甲壳类动物 50;其他动物 25	
锌	仔猪(≤25 kg)110,母猪 100,其他猪 80;犊牛代乳料 180;水产动物 150;宠物 200;其他动物 120	在仔猪断奶后前两周特定阶段,允许使用氧化锌或碱式氯化锌至 1600 mg/kg(以配合饲料中 Zn 元素计)
锰	鱼类 100;其他动物 150	
碘	蛋鸡 5;奶牛 5;水产动物 20;其他动物 10	
硒	0.5	使用时应先制成预混剂,且标签上应标示最大硒含量和有机硒含量,无机硒含量不得超过总硒的 2.0%
钴	2	
铬	0.2	饲料中铬的最高限量是指有机形态铬的添加限量

二、氨基酸

氨基酸是构成动物蛋白质的基本单位,也是动物机体内许多重要生物因子(如激素、酶、某些维生素、嘌呤、嘧啶、卟啉等)的前体。动物蛋白质的营养实质是氨基酸的营养,动物对氨基酸平衡的蛋白质消化吸收率高,在饲料工业中,通常通过补加人工氨基酸,以使动物日粮的氨基酸达到平衡。目前,饲料中添加最多的氨基酸包括赖氨酸、蛋氨酸、苏氨酸等。

用于饲料添加剂的 L-赖氨酸主要有 L-赖氨酸盐酸盐、L-赖氨酸硫酸盐两种。

蛋氨酸为含硫氨基酸,分为 D 型和 L 型两种,两种蛋氨酸生物学活性相同。用于饲料添加剂的蛋氨酸及其类似物包括 DL-蛋氨酸、羟基蛋氨酸及其钙盐、*N*-羟甲基蛋氨酸。

谷类饲料中赖氨酸含量低,饼粕类饲料、动物性饲料中(特别是鱼粉)蛋氨酸含量较高。

三、维生素

维生素是维持动物正常生理机能及生命活动所必需的微量营养成分,对动物的健康、生长、繁殖和泌乳等起着重要的作用,每一种维生素都起着其他物质所不能替代的特殊作用。

1. 维生素的特性

维生素的理化特性及对环境因子的敏感性见表 4-22 表表 4-23。

表 4-22 饲料级维生素原料的一般性状

维生素	粒度/mm	容重/(g·cm)	静止角/°	水分/%	pH
维生素 A 500(微囊)	97%的颗粒直径<0.6	0.6	27	≤5	5.7
维生素 D_3 500(微囊)	97%的颗粒直径<0.6	0.7	29	≤5	6.4
维生素 E(50%)	96%的颗粒直径<0.2	0.45～0.6	30	≤5	6.8
维生素 K_3	99%的颗粒直径<0.6	0.6	43	≤5	7.0
维生素 B_1	98%的颗粒直径<0.2	0.3	72	≤5	3.0
维生素 B_2(96%)	96%的颗粒直径<0.2	0.2	63	≤3	5.5
维生素 B_6	95%的颗粒直径<0.1	0.3～0.4	—	≤0.2	3.0
生物素(2%)	95%的颗粒直径<0.1	0.5	43	≤7	—
叶酸	97%的颗粒直径<0.5	0.2	—	≤8.5	5
泛酸钙	97%的颗粒直径<0.5	0.6	44	≤2	9～10
烟酸	90%的颗粒直径<0.3	0.5～0.7	34	≤0.5	3.4

表 4-23 饲料级维生素原料对环境因子的敏感性

维生素	温度	氧	水	光	酸	碱
维生素 A(微胶囊)	MS	S	S	MS	S	R
维生素 D_3(微胶囊)	MS	S	S	MS	S	R
维生素 E(醋酸酯)	R	R	R	R	MS	S
维生素 K_3	MS	R	VS	S	MS	S
维生素 B_1(盐酸盐)	S	S	S	R	R	S
维生素 B_1(硝酸盐)	MS	MS	R	R	R	S
维生素 B_2	R	R	R	MS	R	S
维生素 B_6	R	R	R	S	R	S
维生素 B_{12}	MS	MS	R	S	MS	MS
泛酸钙	MS	R	S	R	S	R
叶酸	MS	MS	R	MS	S	MS
生物素	S	R	R	R	MS	R
烟酸	R	R	R	R	R	R
烟酰胺	R	R	S	R	MS	MS
维生素 C	S	VS	R	MS	R	S

注：R＝不敏感；MS＝轻度敏感；S＝敏感；VS＝非常敏感。

2. 维生素的限量使用

农业部公告第 2625 号(2017 年)《饲料添加剂安全使用规范》规定了维生素 A、维生素 D、维生素 K 等在配合饲料或全混合日粮中的最高限量，并作为强制性指标，摘要内容见表 4-24。

表 4-24　维生素 A、维生素 D、维生素 K 等在配合饲料或全混合日粮中的最高限量

维生素	在每千克配合饲料或全混合日粮中的最高限量(以维生素计)	其他要求
维生素 A	①仔猪 16 000 IU/kg;育肥猪 6 500 IU/kg;怀孕母猪 12 000 IU/kg;泌乳母猪 7 000 IU/kg ②犊牛 25 000 IU/kg;育肥和泌乳牛 10 000 IU/kg;干奶牛 20 000 IU/kg ③14 日龄以前的蛋鸡和肉鸡 20 000 IU/kg;14 日龄以后的蛋鸡和肉鸡 10 000 IU/kg;28 日龄以前的肉用火鸡 20 000 IU/kg;28 日龄后的火鸡 10 000 IU/kg	
维生素 D	①猪 5 000 IU/kg (仔猪代乳料 10 000 IU/kg) ②家禽 5 000 IU/kg ③牛、羊、马 4 000 IU/kg (犊牛代乳料 10 000 IU/kg) ④鱼类 3 000 IU/kg ⑤其他动物 2 000 IU/kg	饲料中维生素 D_3 不能与维生素 D_2 同时使用
维生素 K	猪 10 mg/kg; 鸡 5 mg/kg(以甲萘醌计)	

知识巩固

一、单选题

1. 下列不属于营养添加剂的物质是(　　)。

A. 维生素 A　　B. 硫酸铜

C. 土霉素　　D. 赖氨酸

2. 下列不属于饲料添加剂必须满足的基本条件的是(　　)。

A. 安全、有效、稳定　　B. 发挥营养作用

C. 适口性好　　D. 对环境无不良影响

答案

二、填空题

1. 营养性的饲料添加剂主要有__________添加剂、__________添加剂、__________添加剂等。

2. 目前用作蛋氨酸添加剂的产品主要有__________、DL-蛋氨酸羟基类似物及其钙盐(MHA-Ca)和 *N*-羟甲基蛋氨酸。饲料中添加的赖氨酸为 L-赖氨酸,作为商品的饲用级赖氨酸通常是纯度为 98.5%以上的__________,相当于含赖氨酸(有效成分)78.8%以上。

任务七　识别和利用非营养性添加剂

思维导图

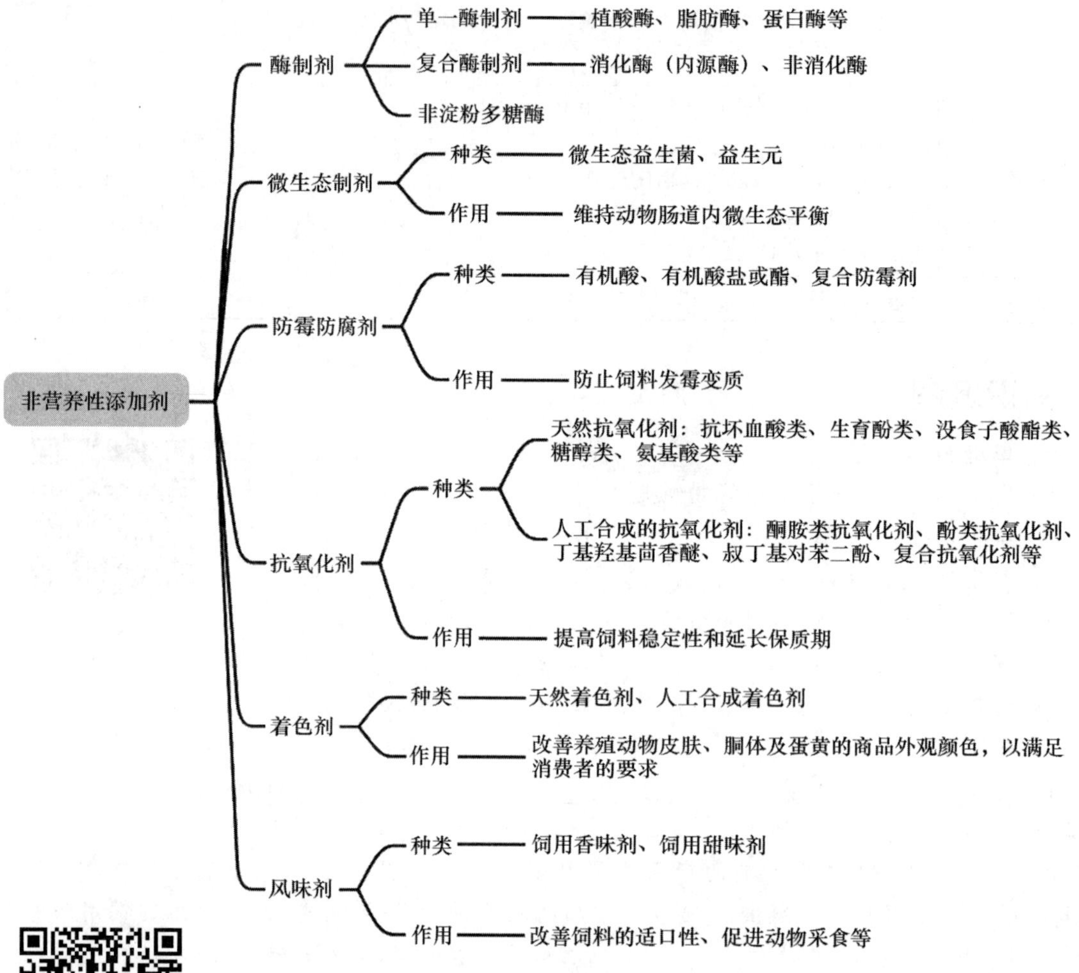

识别和利用非营养性添加剂

任务实施

非营养性添加剂主要包括酶制剂、微生态制剂、防霉防腐剂、抗氧化剂、着色剂及风味剂等，它是以某种特殊目的添加到饲料中的微量物质，并不提供营养。

一、酶制剂

酶是活细胞产生的一类具有特殊催化能力的蛋白质，对底物具有专一性、针对性等特点。饲用酶制剂主要是通过提取微生物（如米曲霉、黑曲霉、枯草杆菌和酵母杆菌等）的酶产物而制成，可分为单一酶制剂（如植酸酶）和复合酶制剂（含有多种功效酶）两大类。

1. 植酸酶

植酸酶(phytase)是催化植酸及其盐类水解为肌醇与磷酸(盐)的一类酶的总称,属磷酸单酯水解酶。

植酸酶作用效果与动物日粮中植酸磷的含量相关,植酸磷含量在 0.2%以上时,使用植酸酶才有效,植酸(盐)含量越高,植酸酶效果越显著。植酸酶对光、热较敏感,在饲料生产加工过程中,粉碎、制粒以及其他添加剂均可使酶的活性受损甚至变性。

商品植酸酶规格通常为每克含 5 000 U 植酸酶。蛋鸡每 1 000 kg 饲料添加 60 g,肉猪、肉禽每 1 000 kg 饲料添加 100 g,可降低日粮非植酸磷水平 0.1%,减少磷酸氢钙用量 6.25 kg。

反刍动物由于瘤胃微生物能合成植酸酶,在饲料中一般不需要添加植酸酶。

2. 复合酶制剂

复合酶制剂是由 2 种或几种单一酶制剂复配混合而成,或由一种或几种微生物同时发酵制成。复合酶制剂可以同时降解饲料中多种底物,可提高饲料的利用率。

饲用复合酶制剂可分为消化酶和非消化酶两类。

消化酶又称为内源酶,动物自身能够合成这类酶并分泌到消化道中,当内源酶分泌量不足或活性不高时,需要通过饲料添加强化,如淀粉酶、蛋白酶、脂肪酶等。

非消化酶是动物体内不能合成与分泌,但饲料中又有其相应底物存在(多为抗营养因子)而需要添加的酶种,如木聚糖酶、果胶酶、甘露聚糖酶、β-葡聚糖酶、纤维素酶等。

3. 非淀粉多糖酶

非淀粉多糖(NSP)是植物组织中除淀粉以外所有碳水化合物的总称,是植物细胞壁的主要成分,包括纤维素、半纤维素(非纤维素多糖)和果胶多糖,非纤维素多糖又包括木聚糖、β-葡聚糖、甘露聚糖、半乳聚糖等。非淀粉多糖分为水溶性非淀粉多糖(SNSP)(如阿拉伯木聚糖、β-葡聚糖、甘露聚糖、果胶等)和非水溶性非淀粉多糖(ISNSP)(如纤维素、木质素等),水溶性 NSP 可使动物肠道内食糜黏度增加,降低胃肠道运动对食糜的混合效率,影响了消化酶与底物的充分接触,从而降低动物对饲料营养物质的消化和吸收,SNSP 是降低饲料中脂肪、淀粉和蛋白质营养价值的主要抗营养因子。

不同谷物中 NSP 种类及含量有明显区别,玉米中的 NSP 主要是纤维素,大麦和燕麦中的 NSP 主要是纤维素和 β-葡聚糖,黑麦和小麦中 NSP 主要是阿拉伯木聚糖。

(1)β-葡聚糖酶。β-葡聚糖酶是一种葡萄糖内切酶,能使 β-葡聚糖分解为 3～5 个葡萄糖单位的低聚糖,主要由芽孢杆菌、真菌、曲霉、木霉菌等发酵产生。不同来源菌产生的 β-葡聚糖酶对 β-葡聚糖中 β- 1,4 键和 β- 1,3 键的切断专一性不同。

(2)纤维素酶。纤维素酶(又名纤维素酶复合物)是降解纤维素 β-1,4-葡萄糖苷键生成葡萄糖的一类酶的总称,只有同时具备内切酶和外切酶性能的纤维素酶才能显著降解天然纤维素。植物细胞壁经纤维素酶破坏后,纤维素降解为可被畜禽消化吸收的葡萄糖,同时包裹在其中的蛋白质、脂肪、淀粉等营养物质得以释放,从而提高了饲料中蛋白质、脂肪、淀粉等物质的消化利用率。目前用来生产纤维素酶的微生物主要为木霉、黑曲霉等。

(3)半纤维素酶。半纤维素酶是分解半纤维素(包括各种聚戊糖与聚己糖)的一类酶的总称,主要包括半乳聚糖酶、阿拉伯聚糖酶、木(戊)聚糖酶和甘露聚糖酶。其主要作用是降解动物消化道内的水溶性非淀粉多糖,降低肠道食糜黏度,促进营养物质的消化吸收。半纤维素酶主要由各种曲霉、根霉、木霉发酵产生。

(4)果胶酶。果胶酶是分解果胶质的水解酶。果胶质是高等植物细胞壁的一种结构多糖，天然的果胶质在原果胶酶作用下，被转化成水可溶性的果胶。果胶酶通过水解包裹在植物表皮的果胶，降低肠道内容物的黏度，促进营养物质的消化吸收。果胶酶主要由曲霉菌发酵产生。

二、微生态制剂

饲用微生态制剂是指利用动物体内正常微生物及其代谢产物或促进微生物生长的物质制成的制剂，可以促进动物肠道内有益微生物菌群的繁殖、抑制致病菌的生长，维持动物肠道内微生态平衡。微生态制剂是一种无毒、无残留的饲料添加剂，是饲用抗生素的理想替代产品之一。

广义的微生态制剂包括微生态益生菌和益生元。饲用微生态制剂主要包括：乳酸菌类(乳酸杆菌、双歧杆菌)、杆菌类(枯草芽孢杆菌、纳豆芽孢杆菌、地衣芽孢杆菌、蜡样芽孢杆菌、放线菌群)、酵母菌、产酶益生素等。

目前，饲用微生态制剂在饲料中的使用还存在以下诸多问题：

①产品质量没有统一的行业标准，难以辨别不同厂家产品质量的差异。

②易受外界因素影响，如制粒、高温、胃酸、胆汁酸等均能使其失活，经过包被处理后的微生态制剂难以在靶组织定点释放等。

③饲用效果难以用客观指标进行评价，效果不如抗生素显著、直观。

④有的微生态制剂菌种在动物消化道中无法定植，只是一个“过路菌”，必须源源不断地添加，增加了使用成本。

⑤不同菌种的微生态制剂因不同动物品种效果有异，反刍动物比较适宜真菌微生物(酵母类、曲霉菌)，单胃动物适合乳酸菌、芽孢杆菌。

三、防霉防腐剂

防霉防腐剂又名防霉剂、防腐剂，是一类具有抑制霉菌繁殖、防止饲料发霉变质的有机化合物。饲料原料在生长、收割、晒干、运输、贮存以及饲料加工等诸多环节都易受到霉菌(曲霉菌属、青霉菌属、镰刀菌属)的污染而引起霉变。霉菌毒素是霉菌在生长繁殖过程中产生的有毒的次生代谢产物，可导致动物急性或慢性中毒或死亡，霉菌毒素一旦存在于饲料中，很难将其去除。最常见的霉菌毒素包括黄曲霉毒素、褐曲霉毒素、玉米赤霉烯酮、T-2 毒素、呕吐霉素等，其中以黄曲霉毒素 B_1 毒性最强。

饲料防霉剂主要包括以下 3 类：有机酸(丙酸、山梨酸、苯甲酸、乙酸、富马酸等)、有机酸盐或酯(如丙酸钙、山梨酸钠、苯甲酸钠、富马酸二甲酯等)、复合防霉剂。

本节重点介绍丙酸及其盐类。

丙酸类防霉剂包括丙酸、丙酸钠、丙酸钙、丙酸铵等，是目前公认最常见、最广泛、防霉效果较好的饲料防霉剂。丙酸及丙酸盐类均属酸性防腐剂，毒性低，有较广的抑菌性，能抑制微生物(酵母菌、细菌和霉菌等)繁殖，尤其对腐败变质微生物有显著抑制作用。

1. 丙酸

丙酸又名乙基甲酸、甲基乙酸，分子式 $C_3H_6O_2$，分子量 74.08。丙酸为无色液体，pH 为

2～2.5，易溶于水、乙醇、乙醚、三氯甲烷或酸性溶液，为腐蚀性有机酸。丙酸通过其游离羧基破坏微生物细胞或细胞内的酶，使酶蛋白失去活性，从而影响微生物的正常代谢，防止微生物产生毒素。

饲料用丙酸分液态和粉状2种。液态为透明液体，含丙酸99%以上，具有特殊刺鼻味，主要用于青贮饲料防腐，一般添加0.5%的丙酸，可保持6个月不霉变。粉状产品是液态丙酸经添加吸附材料后制得，含丙酸50%或60%，略有香气味，动物喜食。配合饲料中一般添加0.25%～0.45%的粉状丙酸。

2. 丙酸盐

丙酸盐包括丙酸钠、丙酸钙和丙酸铵等，对人畜安全、无毒，没有丙酸的强烈臭气、皮肤刺激性以及设备腐蚀性等缺点，广泛用于配合饲料中。丙酸盐在有水分和强的酸性条件下，丙酸盐离子可以变成游离羧基而对霉菌、好氧性芽孢杆菌及革兰氏阴性菌等有抑制作用，可以抑制黄曲霉毒素的产生。

丙酸钙又名初油酸钙，分子式为$(CH_3CH_2COO)_2Ca$，分子量为186.22，为白色晶体颗粒或粉末，无味或略有异臭，易溶于水，不溶于酒精及乙醚。防霉效果为丙酸的40%，丙酸钙不仅具有防腐防霉的作用，还可为动物提供钙源。丙酸钙的建议添加量为0.2%～0.5%。

丙酸钠分子式为CH_3CH_2COONa，分子量为96.06，为白色结晶颗粒或粉末，易潮解，易溶于水，微溶于醇，无臭或稍有丙酸气味。防霉效果介于丙酸与丙酸钙之间，但性质不如丙酸钙稳定。丙酸钠的建议添加量为0.2%～0.5%。

丙酸铵分子式为$CH_3CH_2COONH_4$，分子量为91.11，为白色块状或颗粒状结晶体，有氨气味，能溶于水和氯仿，遇空气潮解。防霉效果与丙酸相当，pH接近中性(6.7～6.8)，对皮肤的刺激性、对容器的腐蚀性较低。用于反刍动物饲料可提供少量氮元素。

四、抗氧化剂

饲用抗氧化剂是指能阻止或延缓饲料中某些活性成分被氧化变质、提高饲料稳定性和延长保质期的物质，主要通过自身还原反应、释放氢离子，分解油脂氧化产生的过氧化物或与过氧化物(游离基)相结合，中断油脂氧化连锁反应、抑制或减弱氧化酶活性等方式，起到抗氧化的功能。

抗氧化剂可分为天然存在的抗氧化剂和人工合成的抗氧化剂两大类。

天然抗氧化剂主要有：抗坏血酸类、生育酚类、没食子酸酯类、糖醇类、氨基酸类等，天然抗氧化剂安全性高，但来源有限、价格高，难于在饲料中推广应用。

人工合成的抗氧化剂主要包括：酮胺类抗氧化剂[乙氧基喹啉(EMQ)]、酚类抗氧化剂[丁基羟基甲苯(BHT)、丁基羟基茴香醚(BHA)、叔丁基对苯二酚(TBHQ)]、复合抗氧化剂等。乙氧基喹啉(EMQ)是使用最广的抗氧化剂，酚类抗氧化剂对维生素的抗氧化效果远不如乙氧基喹啉。酚类抗氧化剂在油脂中的抗氧化效果依次为TBHQ > BHA > BHT，因BHA和TBHQ价格昂贵，鲜在饲料中单独使用。

五、着色剂

饲用着色剂主要是为了改善养殖动物皮肤、胴体及蛋黄的商品外观颜色，以满足消费者的要求。着色剂可分为天然着色剂和人工合成着色剂两类。

天然着色剂具有来源广泛、着色自然、使用安全的特点。植物中金盏菊、万寿菊、苜蓿草粉、松针粉、黄玉米粉、玉米蛋白粉、红辣椒粉、海藻粉等含有丰富的类胡萝卜素，是饲料中类胡萝卜素的重要来源。

人工合成着色剂主要是类胡萝卜素的各种衍生物，如β-胡萝卜素、叶黄素、辣椒红、斑蝥黄素、柠檬黄质、虾青素和β-阿朴-8-胡萝卜酸乙酯等(表4-25)。

阿朴胡萝卜素醛酯为类胡萝卜素中最有效的黄色增色剂，可以增加蛋黄和肉鸡皮肤黄色。斑蝥黄素为红色着色剂，可对蛋黄和肉鸡皮肤黄度进行增色，呈现红色或亮红色。虾青素为红色色剂，主要用于水产饲料(对虾、鲑鱼、虹鳟鱼等)及观赏鱼饵料中，增加鱼体色泽。

商品饲用着色剂主要产品有：加丽素黄(含10%阿朴胡萝卜素醛酯)、加丽素红(含10%斑蝥黄素)、加丽素粉红(含10%虾青素)、金闪闪(从万寿菊中提取的黄色类胡萝卜素)、红艳艳(从红辣椒中提取的红色类胡萝卜素)。

表4-25 几种常见类胡萝卜素的颜色及着色效果

种类	颜色	自然来源	着色效果	
			蛋黄、皮肤	对虾
β-胡萝卜素	黄	深色植物、胡萝卜	±	+
叶黄素	黄	绿色植物、玉米	+++	—
玉米黄素	金黄	玉米	±±	+
阿朴胡萝卜素	橙黄	柑橘类	++	
柠檬黄质	红	柑橘类	+++	
辣椒红素	红	红椒	++	
虾红质	红	虾、蟹、鲑、鳟	±±	+++

注：“+”表示有作用，“+”越多，效果越好；“—”表示无作用；“±”表示有较弱的作用。

六、风味剂

饲用风味剂是指能改善饲料的适口性、促进动物采食的一类化学物质，又名诱食剂，主要包括香味剂和甜味剂。

配合饲料中添加的微量元素(特别是高铜、高锌)、抗生素(特别超剂量使用)以及大量使用的农副产品、食品加工下脚料等含有不良风味(苦、涩、辣、麻、异味等)，降低了饲料的适口性，加入风味剂能掩盖异味，提高动物采食量。

1. 饲用香味剂

饲用香味剂是指能使动物通过嗅觉感受到饲料的良好气味，从而增加采食量的一类化学物质。

饲用香味剂主要由具有一定挥发性的天然物质(如从植物的根、茎、花、果等提取的浓缩物)和人工合成的香料原料(如醛、酮、醚及脂肪酸类化合物)配制而成，以乳香型和水果香型为主。

饲用香味剂的香气不是由单一的物质所产生，而是由各种香气物质调配而成，包括头香(顶香)、体香和尾香。头香(顶香)是挥发性高、扩散力强的香料，能给动物最初的香味；体香具有中等挥发程度，是香气中最重要的组成部分；尾香挥发性低、保香性能好。

在饲料中添加饲用香味剂的目的是使饲料产生动物喜欢的气味，同时掩盖其他不良气味，改善饲料的适口性，增进食欲，促进动物的采食。不同动物对不同香味具有不同的嗜好：仔猪偏好乳香型、可可香型和巧克力香型，常用的香料为五香粉和香兰素；鸡偏好蒜香型，常用香料为大蒜粉或辣椒粉；肉食性鱼偏好虾、乌贼等腥味；杂食性鱼喜欢海带、海草类气味和蚯蚓样气味。

2. 饲用甜味剂

饲用甜味剂是指能使动物感受到饲料的良好味道，从而促进采食的一类化学物质。

哺乳动物及鸟类的口腔和咽部黏膜内有味蕾，味蕾能使动物挑选喜好的食物，并避开有毒物质。仔猪对甜味有强烈反应。在饲料中使用甜味剂目的是掩盖饲料其他不良味道（苦、涩、辣、麻），提高饲料的适口性，促进动物的采食。

常用的甜味剂包括：蔗糖、糖精钠、甜蜜素、阿斯巴甜、新橙皮苷二氢查尔酮、安赛蜜和非洲竹芋甜素。蔗糖是动物喜好的甜味，但饲料中需添加3%～5%的蔗糖才能达到一定甜度，添加成本高。糖精钠作为猪用甜味剂早在40多年前就开始应用，是目前使用最普遍的甜味剂。

知识巩固

一、单选题

1. 在下列酶制剂中，（　　）是目前应用最为成功和广泛的酶制剂。

A. 植酸酶　　B. 淀粉酶　　C. 纤维素酶　　D. 脂肪酶

2. 以下不属于饲料常用的防霉剂的是（　　）。

A. 丁羟甲苯　　B. 苯甲酸　　C. 丙酸　　D. 苯甲酸钠

二、填空题

1. 饲用酶制剂按其特性及作用主要分为两大类：外源性________酶和外源性________酶。

2. 常用的抗氧化剂有________（EMQ）、丁基羟基茴香醚________、二丁基羟基甲苯________、没食子酸丙酯及维生素类抗氧化剂（维生素E、维生素C）。

答案

项目小结

随着畜牧生产的发展，饲料工业也迅速发展起来，饲料质量安全问题备受重视，成为世界普遍关注的一个热点问题。劣质饲料原料不可能生产出优质的饲料，所以，选择优质饲料原料是保证生产优质饲料的关键环节。本项目主要介绍了常见饲料原料种类、营养特点和质量标准。

思政小课堂

1. 树立正确的质量意识,保证产品质量

近年来,瘦肉精、苏丹红、孔雀石绿和三聚氰胺等影响饲料质量安全事件不断出现,在社会上引起了很大的反响。饲料质量安全不仅关系到动物的健康生长与畜牧产业的良性发展,更与畜牧业的可持续发展和人类健康密切相关。所以需树立正确的质量意识,保障饲料质量安全。

2. 强化诚信意识,抵制不良诱惑

当前,饲料原料的掺假问题还较为普遍,不仅出现于鱼粉、豆粕等一些较为昂贵的原料,更扩展到其他原料,而且掺杂物种类繁多、技术高超,但不管如何,我们都有相应的方法来检测掺杂物。诚者,天之道也;思诚者,人之道也。身处于畜牧行业之中,更应强化诚信意识,抵制不良诱惑,把好原料质量关,为促进我国饲料工业的持续健康发展做出更大的贡献。

项目五
饲料配方的设计

知识目标

1. 了解饲料配方设计的原则。
2. 掌握主要动物的营养需要量及其配方添加量。

技能目标

能进行精准饲料配方设计，保障畜禽健康养殖。

项目导读

根据动物的营养需要、饲料的营养价值、原料的现状及价格等条件合理地确定各种饲料的配合比例，这种饲料的配合比即称为饲料配方。合理设计饲料配方是科学饲养动物的一个重要环节，设计饲料配方时既要考虑动物的营养需要及生理特点，又应合理地利用各种饲料资源，尽可能设计出最低成本，并能获得最佳的饲养效果和经济效益的饲料配方。

饲料配方设计的原则

任务一　饲料配方设计原则

思维导图

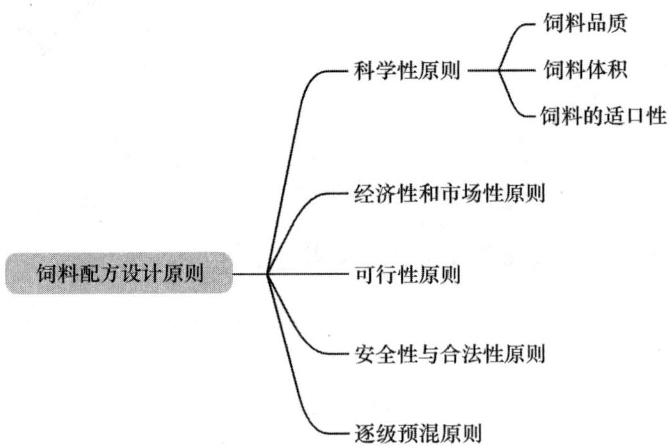

任务实施

饲养标准中规定了动物在一定条件(生长阶段、生理状况、生产水平等)下对各种营养物质的需要量。其表达方式或以每日每头动物所需供给的各种营养物质的数量表示,或以各种营养物质在单位重量中的浓度表示。在饲料成分表中所列出的是不同种类饲用原料中各种营养物质的含量。为了保证动物所采食的饲料含有饲养标准中所规定的全部营养物质量,就必须对饲用原料进行相应的选择和搭配,即配合日粮或饲粮。饲料配方的设计涉及许多制约因素,为了对各种资源进行最佳分配,配方设计应基本遵循以下原则。

1. 科学性原则

饲养标准是对动物实行科学饲养的依据,因此,经济合理的饲料配方必须根据饲养标准所规定的营养物质需要量的指标进行设计。在选用的饲养标准基础上,可根据饲养实践中动物的生长或生产性能等情况做适当的调整。一般按动物的膘情或季节等条件的变化,对饲养标准可做适当的调整。

设计饲料配方应熟悉所在地区的饲料资源现状,根据当地饲料资源的品种、数量以及各种饲料的理化特性和饲用价值,尽量做到全年比较均衡地使用各种饲料原料。

(1)饲料品质。应选用新鲜无毒、无霉变、质地良好的饲料。黄曲霉毒素和重金属砷、汞等有毒有害物质不能超过规定含量。含毒素的饲料应在脱毒后使用,或控制一定的喂量。

(2)饲料体积。应注意饲料的体积尽量和动物的消化生理特点相适应。

(3)饲料的适口性。饲料的适口性直接影响采食量。应选择适口性好、无异味的饲料。若采用营养价值虽高、但适口性较差的饲料,须限制其用量。特别是为幼龄动物和妊娠动物设计饲料配方时更应注意。对味道不佳的饲料也可采用适当搭配适口性好的饲料或加入调味剂以提高其适口性，促使动物增加采食量。

2. 经济性和市场性原则

经济性即考虑经济效益。饲料原料的成本在饲料企业中及畜牧业生产中均占很大比重，在追求高质量的同时，往往会付出成本上的代价。营养参数的确定要结合实际，饲料原料的选用应注意因地制宜和因时制宜，要合理安排饲料工艺流程和节省劳动力消耗，降低成本。不断提高产品设计质量、降低成本是配方设计人员的责任，长期的目标自然是为企业追求最大收益。

产品的目标是市场。设计配方时必须明确产品的定位，例如，应明确产品的档次、客户范围、现在与未来市场对本产品可能的认可与接受前景等。另外，还应特别注意同类竞争产品的特点。农区与牧区、发达地区与不发达地区和欠发达地区、南方与北方、动物的集中饲养区与农家散养区，产品的特性应有所差别。

3. 可行性原则

即生产上的可行性。配方在原材料选用的种类、质量稳定程度、价格及数量上都应与市场情况及企业条件相配套。产品的种类与阶段划分应符合养殖业的生产要求，还应考虑加工工艺的可行性。

4. 安全性与合法性原则

按配方设计出的产品应严格符合国家法律法规及条例，如营养指标、感官指标、卫生指标、包装等。尤其违禁药物及对动物和人体有害物质的使用或含量应强制性遵照国家规定。企业标准应通过合法途径注册并遵照执行。

随着社会的进步，饲料生物安全标准和法规将陆续出台，配方设计要综合考虑产品对环境生态和其他生物的影响，尽量提高营养物的利用效率，减少动物废弃物中氮、磷、药物及其他物质对人类、生态系统的不利影响。

5. 逐级预混原则

为了提高微量养分在全价饲料中的均匀度，原则上讲，凡是在成品中的用量少于1%的原料，均首先进行预混合处理。如预混料中的硒，就必须先预混。否则混合不均匀就可能会造成动物生产性能不良，整齐度差，饲料转化率低，甚至造成动物死亡。

知识巩固

一、选择题

配方设计应基本遵循哪些原则？（　　）

A. 科学性原则

B. 经济性和市场性原则

C. 可行性原则

D. 安全性与合法性原则

E. 逐级预混原则

答案

二、填空题

设计饲料配方应熟悉所在地区的饲料资源现状，根据当地饲料资源的品种、数量以及各种饲料的理化特性和饲用价值，尽量做到全年比较均衡地使用各种饲料原料。同时，需要重点关注以下3个方面：__________、__________、__________。

任务二　饲料配方设计方法

思维导图

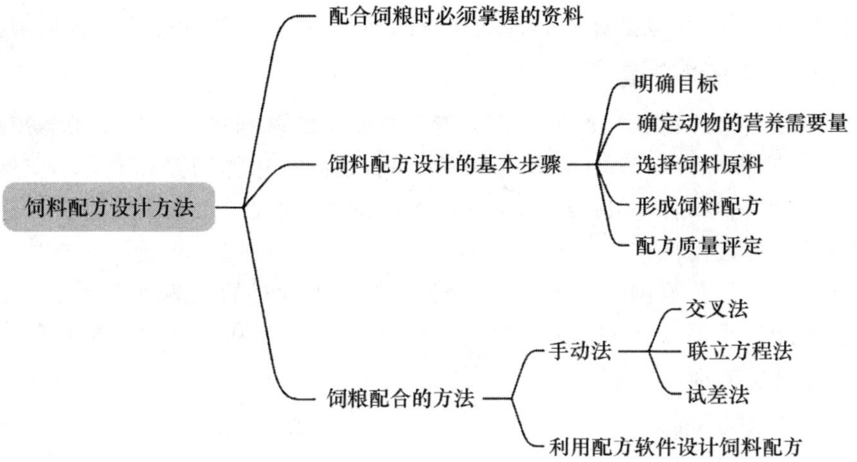

任务实施

一、配合饲粮时必须掌握的资料

设计饲料配方必须具备下述几种资料，才能着手进行计算。

①动物的品种、生产阶段及相应的营养需要量(饲养标准)。例如，猪、鸡、奶牛的饲养标准可参考 NY/T 65—2004、NY/T 33—2004、NY/T 34—2004。

②拥有的饲料原料种类、质量规格，所用饲料的营养物质含量(饲料成分及营养价值表)及其用量限制。各种常见饲料的营养物质含量可查阅中国农业科学院北京畜牧兽医研究所/畜禽营养与饲养全国重点实验室、中国饲料数据库情报网中心、国家农业科学数据中心(动物科学)制订的《中国饲料成分及营养价值表》(2023 年第 34 版)。

③饲料的价格与成本。在满足动物营养需要的前提下，应选择质优价廉的饲料降低成本。

④饲喂方式、饲粮的类型和预期采食量。所设计的配方是全价饲料，还是浓缩饲料？如果是全价饲料，它是用于限制饲喂还是自由采食？故应了解所配饲粮的类型。在设计配方时，应使动物能够食到所需要的数量，因为饲粮中各种养分所需浓度取决于采食量。

二、饲料配方设计的基本步骤

饲料配方设计有多种方法，但其设计步骤基本类似，一般按以下 5 个步骤进行。

1. 明确目标

饲料配方设计的第一步是明确目标，不同的目标对配方要求有所差别。目标可以包括整个产业的目标、整个产业中养殖场的目标和养殖场中某批动物的目标等不同层次。主要目标含以下几方面。

①单位面积收益最大。

②每头上市动物收益最大。

③使动物达到最佳生产性能。

④使整个集团收益最大。

⑤对环境的影响最小。

⑥生产含某种特定品质的畜产品。

随养殖目标的不同，配方设计也必须做相应的调整，只有这样才能实现各种层次的需求。

2. 确定动物的营养需要量

国内外的猪、鸡、牛的饲养标准可以作为营养需要量的基本参考。但由于养殖场的情况千差万别，动物的生产性能各异，加上环境条件的不同，因此在选择饲养标准时不应照搬，而是在参考标准的同时，根据当地的实际情况，进行必要的调整，稳妥的方法是先进行试验，在有了一定的把握的情况下再大面积推广。

动物采食量是决定营养供给量的重要因素，虽然对采食量的预测及控制难度较大，但季节的变化及饲料中能量水平、粗纤维含量、饲料适口性等是影响采食量的主要因素，供给量的确定一般不能忽略这些方面的影响。

3. 选择饲料原料

这是饲料配制的第三步，即选择可利用的原料并确定其养分含量和对动物的利用率。原料的选择应是适合动物的习性并考虑其生物学效价（或有效率）。

4. 形成饲料配方

将以上三步所获取的信息综合处理，形成配方配制饲粮，可以用手工计算，也可以采用专门的计算机优化配方软件。

5. 配方质量评定

饲料配制出来以后，想弄清配制的饲粮质量情况必须取样进行化学分析，并将分析结果和预期值进行对比。如果所得结果在允许误差的范围内，说明达到饲料配制的目的。反之，如果结果在这个范围以外，说明存在问题。

配方产品的实际饲养效果是评价配制质量的最好尺度，条件较好的企业均以实际饲养效果和生产的畜产品品质作为配方质量的最终评价手段。随着社会的进步，配方产品安全性、最终的环境和生态效应也将作为衡量配方质量的尺度之一。

应用对角线法设计全价饲料配方

三、饲粮配合的方法

饲粮配合主要是规划计算各种饲料原料的用量比例。设计配方时采用的计算方法分为手动计算和计算机规划两大类：手动计算法有交叉法、联立方程法、试差法几种，可以借助计算器计算；计算机规划法主要是根据有关数学模型编制专门程序软件进行饲料配方的优化设计。

（一）手动法

1. 交叉法

交叉法又称四角法、方形法、对角线法或图解法。在饲料种类不多及营养指标少的情况下，采用此法较为简便。在采用多种类饲料及复合营养指标的情况下，也可采用本法。但由于计算要反复进行两两组合，比较麻烦，而且不能使配合饲粮同时满足多项营养指标。

(1)2 种饲料配合。例如，以玉米、豆粕为主，给体重 35～60 kg 的生长育肥猪配制饲料，步骤如下。

第一步，查饲养标准或根据实际经验及质量要求制定营养需要量。35～60 kg 生长肉猪要求饲料的粗蛋白质一般水平为 14%。经取样分析或查饲料营养成分表，设玉米含粗蛋白质 8%，豆粕含粗蛋白质 45%。

第二步，画十字交叉图，把混合饲料所需要达到的粗白质含量 14%放在交叉处，玉米和豆粕的粗蛋白质含量分别放在左上角和左下角；然后以左方上、下角为出发点，各向对角通过中心做交叉，大数减小数，所得的数分别记在右上角和右下角。

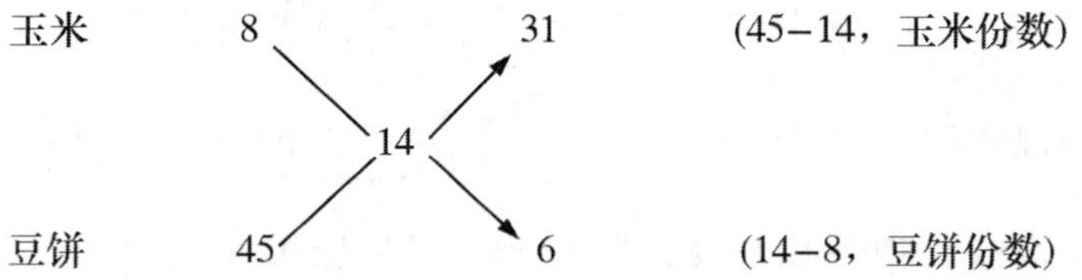

第三步，上面所计算的各差数，分别除以这两差数的和，就得 2 种饲料混合的百分比。

玉米应占比例$=\frac{31}{31+6}\times 100\%=83.78\%$　　检验：　$8\%\times 83.78\%=6.7\%$

豆饼应占比例$=\frac{6}{31+6}\times 100\%=16.22\%$　　检验：　$45\%\times 16.22\%=7.3\%$

$6.7\%+7.3\%=14\%$

因此，35～60 kg 体重生长猪的混合饲料由 83.78%玉米与 16.22%豆饼组成。用此法时，应注意 2 种饲料养分含量必须分别高于和低于所求的数值。

(2)2 种以上饲料组分的配合。例如，要用玉米、高粱、小麦麸、豆粕、棉籽粕、菜籽粕和矿物质饲料(骨粉和食盐)为体重 35～60 kg 的生长育肥猪配成含粗蛋白质为 14%的混合饲料。需先根据经验和养分含量把以上饲料分成比例已定好的 3 组饲料。即混合能量饲料、混合蛋白质饲料和矿物质饲料。把能量饲料和蛋白质饲料当作 2 种饲料做交叉配合。方法如下。

第一步，明确用玉米、高粱、小麦麸、豆粕、棉籽粕、菜籽粕和矿物质饲料中的粗蛋白质含量，一般玉米为 8.0%，高粱 8.5%，小麦麸 13.5%，豆粕 45.0%，棉籽粕 41.5%，菜籽粕 36.5%，矿物质饲料(骨粉和食盐)中不含蛋白质。

第二步，将能量饲料和蛋白质饲料分别组合，算出能量饲料组和蛋白质饲料组粗的蛋白质的平均含量。设能量饲料组由 60%玉米、20%高粱、20%麦麸组成，蛋白质饲料组由 70%豆粕、20%棉籽粕、10%菜籽粕构成。则：

能量饲料组的蛋白质含量为：$60\%\times 8.0\%+20\%\times 8.5\%+20\%\times 13.5\%=9.5\%$。

蛋白质饲料组蛋白质含量为：$70\%\times 45.0\%+20\%\times 41.5\%+10\%\times 36.5\%=43.4\%$。

矿物质饲料，一般占混合料的 2%，其成分为骨粉和食盐。按饲养标准，食盐宜占混合料的 0.3%，则食盐在矿物质饲料中应占 15%[即$(0.3\div 2)\times 100\%$]，骨粉则占 85%。

第三步，算出未加矿物质料前混合料中粗蛋白质的应有含量。

因为配好的混合料再掺入矿物质饲料，其中粗蛋白质含量就不足 14％了，所以要先将矿物质饲料用量从总量中扣除，即未加矿物质饲料前混合料的总量为 100％－2％＝98％，那么，未加矿物质饲料前混合料的粗蛋白质含量应为：14÷98×100％＝14.3％。

第四步，将混合能量饲料和混合蛋白质饲料当作 2 种料，做交叉。即：

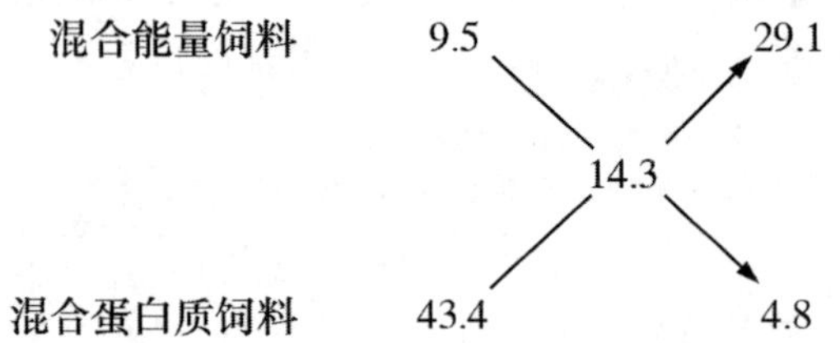

$$混合蛋白质饲料应占比例=\frac{29.1}{29.1+4.8}\times100\%=85.8\%$$

$$混合能量饲料应占比例=\frac{4.8}{29.1+4.8}\times100\%=14.2\%$$

第五步，计算出混合料中各成分应占的比例。玉米应占 60％×0.858×0.98＝50.5％。以此类推，高粱占 16.8％，麦麸 16.8％，豆粕 9.7％，棉籽粕 2.8％，菜籽粕 1.4％，骨粉 1.7％，食盐 0.3％，合计 100％。

(3)蛋白质混合料配方的连续计算法。例如，要求配制粗蛋白质含量为 40.0％的蛋白质混合料，其原料有亚麻仁粕(含蛋白质 33.8％)、豆粕(含蛋白质 45.0％)和菜籽粕(含蛋白质 36.5％)。各种饲料配比的计算方法如下。

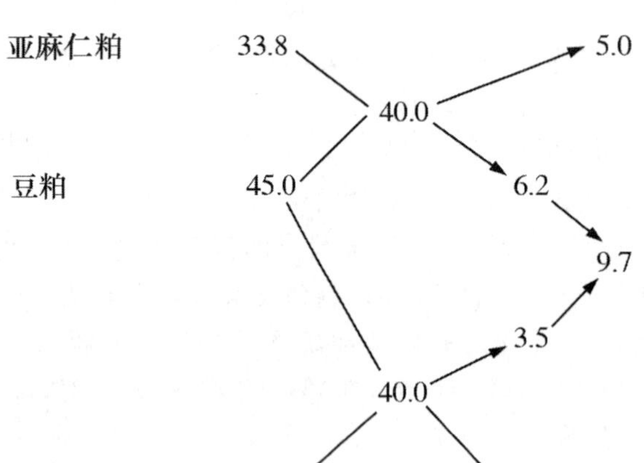

$$\frac{5.0}{5.0+9.7+5.0}\times100\%=25.4\%$$

$$\frac{9.7}{5.0+9.7+5.0}\times100\%=49.2\%$$

$$\frac{5.0}{5.0+9.7+5.0}\times100\%=25.4\%$$

用此法计算时，同一四角两种饲料的养分含量必须分别高于和低于所求数值，即左列饲料的养分含量按间隔大于和小于所求数值排列。

2. 联立方程法

此法是利用数学上联立方程求解法来计算饲料配方。优点是条理清晰，方法简单。缺点是饲料种类多时，计算较复杂。

例如，某猪场要配制含 15％粗蛋白质的混合饲料。现有含粗蛋白质 9％的能量饲料(其中玉米占 80%，大麦占 20%）和含粗蛋白质 40%的蛋白质补充料，其方法如下：

混合饲料中能量饲料占 x%，蛋白质补充料占 y%，$x+y=100$。

能量混合料的粗蛋白质含量为 9%，补充饲料含粗蛋白质为 40%，要求配合饲料含粗蛋白质为 15%，即 $0.09x+0.40y=15$。

列联立方程：

$$\begin{cases}x+y=100\\0.09x+0.40y=15\end{cases}$$

解方程组，得出：

$$x=80.65$$
$$y=19.35$$

求玉米、大麦在配合饲料中所占的比例：

玉米占比例＝80.65%×80%＝64.52%

大麦占比例＝80.65%×20%＝16.13%

因此，配合饲料中玉米、大麦和蛋白质补充料各占 64.52%、16.13%及 19.35%。

3. 试差法

试差法又称为凑数法。这种方法先根据经验初步拟出各种饲料原料的大致比例，然后用各自的比例去乘该原料所含的各种养分的百分含量，再将各种原料的同种养分之积相加，即得到该配方的每种养分的总量。将所得结果与饲养标准进行对照，若有任一养分超过或不足时，可通过增加或减少相应的原料比例进行调整和重新计算，直至所有的营养指标都基本上满足要求为止。此方法简单，可用于各种配料技术，应用面广。缺点是计算量大，十分烦琐，盲目性较大，不易筛选出最佳配方，相对成本可能较高。

例如，用玉米、麦麸、豆粕、棉籽粕、鱼粉、石粉、磷酸氢钙、食盐、维生素预混料和微量元素预混料，配合 0～6 周龄雏鸡饲粮。

第一步，确定饲养标准。从蛋鸡饲养标准中查得 0～6 周龄雏鸡饲粮的营养水平为代谢能 11.92 MJ/kg，粗蛋白质 18%，钙 0.8%，总磷 0.7%，赖氨酸、蛋氨酸、胱氨酸分别为 0.85%、0.30%、0.30%。

第二步，根据饲料成分表查出或化验分析所用各种饲料的养分含量（表 5-1）。

第三步，按能量和蛋白质的需求量初拟配方。

根据实践经验，初步拟定饲粮中各种饲料的比例。雏鸡饲粮中各类饲料的比例一般为：能量饲料 65%～70%，蛋白质饲料 25%～30%，矿物质饲料等 3%～3.5%（其中维生素和微量元素预混料一般各为 0.5%）。据此先拟定蛋白质饲料用量，按占饲粮的 26%估计；棉籽粕适口性差并含有毒物质，饲粮中用量有一定限制，可设定为 3%；鱼粉价格较贵，一般不希望多用，根据鸡的采食习性，可定为 4%；则豆粕可拟定为 19%（26%－3%－4%）。矿物质饲料等拟按 3%后加。能量饲料中麦麸暂设为 7%，玉米则为 64%（100%－3%－7%－26%），计算初拟配方结果，见表 5-2。

表 5-1 饲料的养分含量

原料	代谢能/(MJ/kg)	粗蛋白质/%	钙/%	磷/%	赖氨酸/%	蛋氨酸/%	胱氨酸/%
玉米	13.47	7.8	0.02	0.27	0.23	0.15	0.15
麦麸	6.82	15.7	0.11	0.92	0.58	0.13	0.26
豆粕	9.83	44.0	0.33	0.62	2.66	0.62	0.68
棉籽粕	8.49	43.5	0.28	1.04	1.97	0.58	0.68
鱼粉	12.18	62.5	3.96	3.05	5.12	1.66	0.55
磷酸氢钙	—	—	23.30	18.00	—	—	—
石粉	—	—	36.00	—	—	—	—

表 5-2 初拟配方

原料	占饲粮组成/% ①	ME/(MJ/kg)		粗蛋白质/%	
		原料中 ②	饲粮中 ①×②	原料中 ③	饲粮中 ①×③
玉米	64	13.47	8.621	7.8	4.99
麦麸	7	6.82	0.477	15.7	1.10
豆粕	19	9.83	1.868	44.0	8.36
鱼粉	4	12.18	0.487	62.5	2.50
棉籽粕	3	8.49	0.255	43.5	1.31
合计	97		11.71		18.26
标准			11.92		18.00

第四步，调整配方，使能量和粗蛋白质符合饲养标准规定量。

采用方法是降低配方中某一饲料的比例，同时增加另一饲料的比例，二者的增减数相同，即用一定比例的某一种饲料代替另一种饲料。计算时可先求出每代替 1%时，饲粮能量和蛋白质改变的程度，然后结合第三步中求出的与标准的差值，计算出应该代替的百分数。

上述配方经计算知，饲粮中代谢能浓度比标准低 0.21 MJ/kg，粗蛋白质比标准高 0.26%。用能量高和粗蛋白质低的玉米代替麦麸。每代替 1%可使能量升高 0.066 MJ/kg[即(13.47－6.82)×1%]，粗蛋白质降低 0.08[即(15.7－7.8)×1%]。可见，以 3%玉米代替 3%麦麸，则饲粮能量和粗蛋白质均与标准接近(分别为 11.91 MJ/kg 和 18.02%)，而且蛋能比与标准相符合。因此，配方中玉米改为 67%，麦麸改为 4%。

第五步，计算矿物质饲料和氨基酸用量。

调整后配方的钙、磷、赖氨酸、蛋氨酸含量计算结果见表 5-3。

根据配方计算结果知：饲料中钙比标准低 0.561%，磷比标准低 0.211%。因磷酸氢钙中含有钙和磷，所以先用磷酸氢钙来满足磷，需磷酸氢钙 0.211%÷18%＝1.17%。1.17%磷酸氢钙可为饲粮提供钙 23.2%×1.17%＝0.271%，钙还差 0.561%－0.271%＝0.29%，可用含钙 36%的石粉补充，约需 0.29%÷36%＝0.81%。

表 5-3 配方已满足钙、磷和氨基酸程度 %

原料	原料占饲粮组成	钙占饲粮组成	磷占饲粮组成	赖氨酸占饲粮组成	蛋氨酸占饲粮组成	胱氨酸占饲粮组成
玉米	67	0.013	0.181	0.154	0.100	0.100
麦麸	4	0.004	0.037	0.023	0.005	0.010
豆粕	19	0.063	0.118	0.505	0.118	0.129
鱼粉	4	0.158	0.122	0.205	0.066	0.022
棉籽粕	3	0.001	0.031	0.059	0.017	0.020
合计	97	0.239	0.489	0.95	0.306	0.281
标准		0.80	0.70	0.85	0.30	0.30
与标准比较		−0.561	−0.211	+0.10	+0.006	−0.019

赖氨酸含量超过标准 0.1%，说明不需另加赖氨酸。蛋氨酸和胱氨酸之和比标准低 0.013%，可用蛋氨酸添加剂来补充。

食盐用量可设定为 0.3%，维生素预混料(多维)用量设为 0.2%，微量元素预混料用量设为 0.5%。

估计矿物质饲料和添加剂约占饲粮的 3%。现根据设定结果，计算各种矿物质饲料和添加剂实际总量：磷酸氢钙＋石粉＋蛋氨酸＋食盐＋维生素预混料＋微量元素预混料＝1.17%＋0.81%＋0.013%＋0.3%＋0.2%＋0.5%＝2.993%，比估计值低 3%－2.993%＝0.007%，像这样的结果不必再算，可在玉米或麦麸中增加 0.007%即可。一般情况下，在能量饲料调整不大于 1%时，对饲粮中能量、粗蛋白质等指标引起的变化不大，可忽略不计。

第六步，列出配方及主要营养指标。

0～6 周龄产蛋雏鸡饲粮配方及其营养指标见表 5-4。

表 5-4 饲粮配方

原料	配比/%	成分	含量
玉米	67.007	代谢能/(MJ/kg)	11.91
麦麸	4.00	粗蛋白质/%	18.02
豆粕	19.00	钙/%	0.80
鱼粉	4.00	磷/%	0.70
棉籽粕	3.00	赖氨酸/%	0.85
石粉	0.81	蛋氨酸＋胱氨酸/%	0.60
磷酸氢钙	1.17		
食盐	0.30		
蛋氨酸	0.013		
维生素预混料	0.20		
微量元素预混料	0.50		
合计	100.00		

(二)利用配方软件设计饲料配方

随着计算机的普及应用,有关饲料配方设计的线性规划与目标规划法软件已经广泛运用于生产中,这类软件采用现代运筹学中的线性规划、目标规划和模糊规划的数学方法,引进多配方规划技术和原料辅助决策系统进行配方设计,优化决策计算出符合一定限制条件(畜禽所需营养成分及部分原料的用量上下限)的最低成本配方,通过计算机可优化出最佳配比、配方营养成分分析、原料采购决策支持、限制因素的影子价格分析及各种图形方式的对比分析。用配方软件设计饲料配方的方法,是现代营养学的革命性的进步之一。

1. 饲料配方软件发展状况

饲料配方软件发展至今,在全世界范围出现过五种算法:线性规划、目标规划、模糊规划统称为现行算法;模糊退火搜索、遗传算法为智能算法。从纯数学的角度进行分析,线性规划、目标规划和模糊规划三种算法只能单纯解决线性问题,而非线性问题和离散问题根本无法解决。这也就是绝大多数人使用饲料软件感觉很难操作与驾驭的基本原因。而智能算法可以很好地解决线性、非线性和离散等所有问题。自从 1975 年美国密西根大学 J. Holland 教授提出了遗传算法以后,相应的智能算法随着计算机的发展,在各个领域有了广泛和深入的成果。由于智能算法编写烦琐并且难度极高,逻辑推理要求严谨,很难短时间一蹴而就。

2. 运用计算机设计饲料配方的优点

饲料配方设计软件为合理利用饲料资源、降低饲料成本发挥了巨大的作用,其最大优越性是可同时计算多个变量,精确满足设定的绝大多数营养指标的要求,实现营养素利用率最大化和成本最低。先进的配方软件还可以进行批配方计算、影子价格分析、原料采购决策等。因此,高质量饲料配方设计的基础条件之一是采用先进的计算机配方设计软件进行设计。

3. 运用计算机设计配合饲料配方时应注意的事项

①合理地选择饲料配方软件;②科学地建立数学模型;③正确处理“无解”情况;④认真做好后期调整工作。

使用高性能配方软件的营养师能够为动物生命中的每一天或不同的生长阶段配制出不同的配方,这有利于发挥动物生产性能,却不切实际,因为这将导致整个饲料厂及饲料传输系统的混乱。另外,全天生产一种配方的饲料,每天生产该饲料会使饲料厂生产效率达到最好,但该方法也同样不可行,因为这样一来每种动物及每种动物的每个生理阶段均需要一个专门的饲料厂。确定某一饲料产品的生产数量及配方改变的频率需要营养学、市场、生产、采购及生产人员之间的良好沟通。以上每一环节的变动均需考虑到其他方面的需要及要求。配方的变化不仅取决于降低原料的成本,还需要仔细考虑原料供应、预测原料的需要量、饲料厂改变新配方的成本等。

4. 用 Excel 表格进行配方设计

计算机采用配方设计可利用专业饲料配方软件,也可直接采用微软推出的 Office 办公系统软件中的 Excel 电子表格,它所具有的规划求解功能,能帮助用户进行饲料配方的简单优化设计。

下面通过利用 Excel 软件(9.0 版)制作一蛋鸡饲料配方,详细介绍其使用方法。

微软电子表格软件自身提供的“加载宏”中有“规划求解”一项，可用来解决各种线性规划任务，且当无最优解时，还能给出一个参考价值的推荐解。在饲料配方任务的线性规划求解中，一般是求目标函数（z，成本）最小值，而待解变量（Xi）必须为非负，每种饲料在配方中数量或比例只许≥0。下面就用 Office 中的 Excel 进行线性规划最低成本配方演示。

第一步，构建饲料数据表，导入所需配制蛋鸡的饲料标准和所选用原料的营养成分。

第二步，构建配方计算表。

第三步，进行参数设置，点“工具”—“加载宏”—“规划求解”。

第四步，在弹出对话框的“目标单元格”中输入本模型配方成本所在的单元格，对于多配方表格，先将各个配方成本相加，放入一个单元格中，再将该单元格所在位置输入“目标单元格”后的空格中。在“可变单元格”中输入模型中所有原料用量所在的单元格，如$N$5:$N$20。在多配方在“可变单元格”中输入模型中所有原料用量所在的单元格，如$N$5:$N$20。在多配方点击“约束”框旁边的“添加”，输入以下约束条件：实际配方行中的各个养分含量 ≥ 配方下限行中对应的指标，实际配方行中的各个养分含量 ≤ 配方上限行中对应的指标，用量列中各个原料的用量 ≥ 下限列中对应的用量，用量列中各个原料的用量 ≤ 上限列中对应的用量，用量列中各个原料的用量总和＝100。

第五步，点击“求解”，计算后的各个原料实际用量显示在对应的用量列中。

第六步，配方的整体评价，注重原料用量的合理性、与前上次配方的一致性等。

第七步，汇总报告。生产中真正使用的配方，要通过饲喂试验，再做适当调整方能确定。具体见图 5-1。

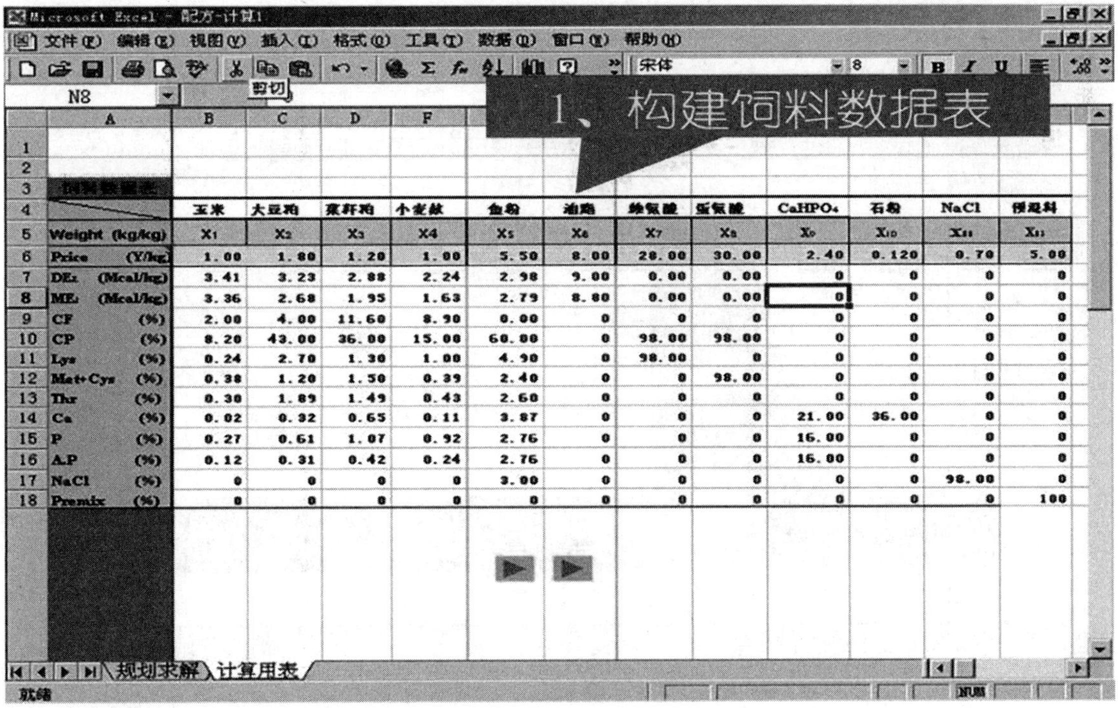

	A	B	C	D	F								
3	饲料数据表												
4		玉米	大豆粕	菜籽粕	小麦麸	鱼粉	油脂	赖氨酸	蛋氨酸	$CaHPO_4$	石粉	NaCl	预混料
5	Weight (kg/kg)	X_1	X_2	X_3	X4	X_5	X_6	X_7	X_8	X_9	X_{10}	X_{11}	X_{12}
6	Price (Y/kg)	1.00	1.80	1.20	1.00	5.50	8.00	28.00	30.00	2.40	0.120	0.70	5.00
7	DEs (Mcal/kg)	3.41	3.23	2.88	2.24	2.98	9.00	0.00	0.00	0	0	0	0
8	MEs (Mcal/kg)	3.36	2.68	1.95	1.63	2.79	8.80	0.00	0.00	0	0	0	0
9	CF (%)	2.00	4.00	11.60	8.90	0.00	0	0	0	0	0	0	0
10	CP (%)	8.20	43.00	36.00	15.00	60.00	0	98.00	98.00	0	0	0	0
11	Lys (%)	0.24	2.70	1.30	1.00	4.90	0	98.00	0	0	0	0	0
12	Met+Cys (%)	0.38	1.20	1.50	0.39	2.40	0	0	98.00	0	0	0	0
13	Thr (%)	0.30	1.89	1.49	0.43	2.60	0	0	0	0	0	0	0
14	Ca (%)	0.02	0.32	0.65	0.11	3.87	0	0	0	21.00	36.00	0	0
15	P (%)	0.27	0.61	1.07	0.92	2.76	0	0	0	16.00	0	0	0
16	A.P (%)	0.12	0.31	0.42	0.24	2.76	0	0	0	16.00	0	0	0
17	NaCl (%)	0	0	0	0	3.00	0	0	0	0	0	98.00	0
18	Premix (%)	0	0	0	0	0	0	0	0	0	0	0	100

图 5-1　用 Excel 表格进行配方计算

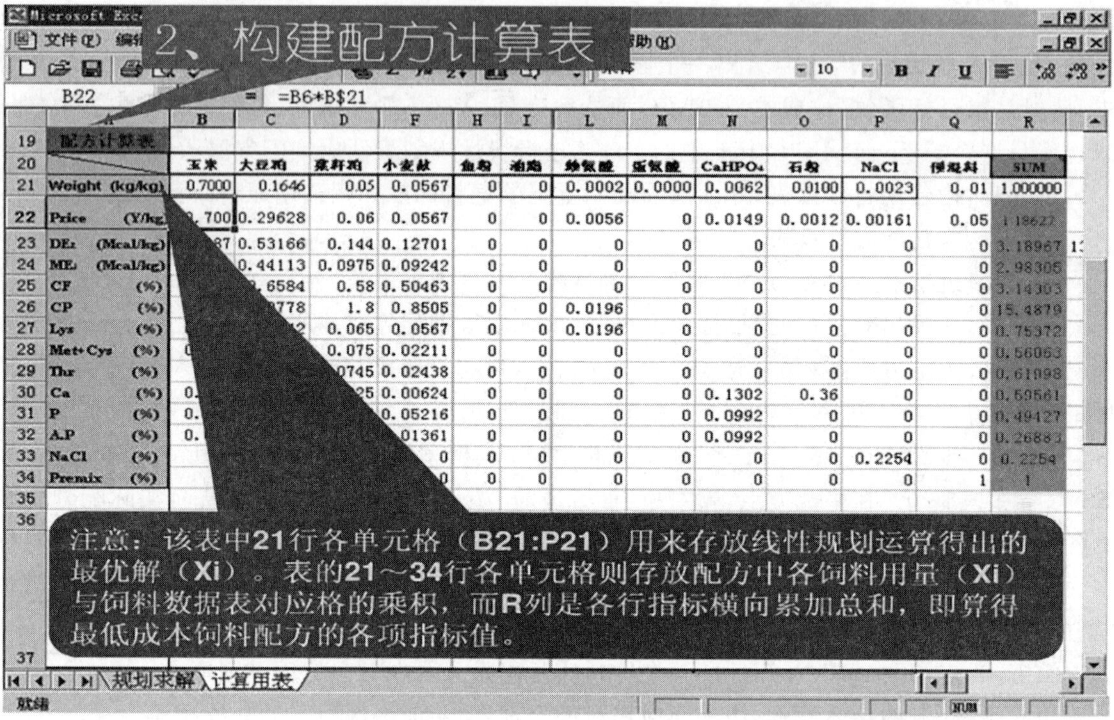
2、构建配方计算表
注意：该表中21行各单元格（B21:P21）用来存放线性规划运算得出的最优解（Xi）。表的21~34行各单元格则存放配方中各饲料用量（Xi）与饲料数据表对应格的乘积，而R列是各行指标横向累加总和，即算得最低成本饲料配方的各项指标值。

续图 5-1

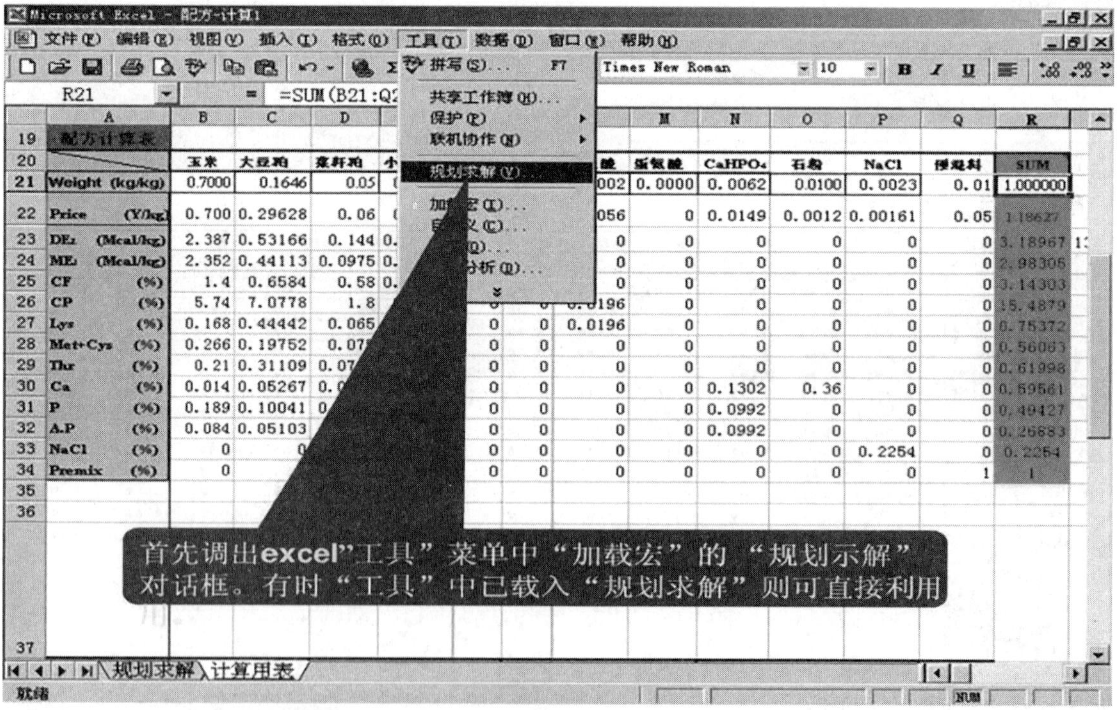
首先调出excel"工具"菜单中"加载宏"的"规划示解"对话框。有时"工具"中已载入"规划求解"则可直接利用

续图 5-1

Microsoft Excel - 配方计算1
=SUM(B21:Q21)
加载宏
当前加载宏(A):
查阅向导
分析工具库
分析数据库 - VBA 函数
更新加载宏链接
规划求解
模板工具
欧元工具
数据追踪模板向导
条件求和向导
确定
取消
浏览(B)...
规划求解
提供了公式求解和优化的工具
规划求解
计算用表

续图 5-1

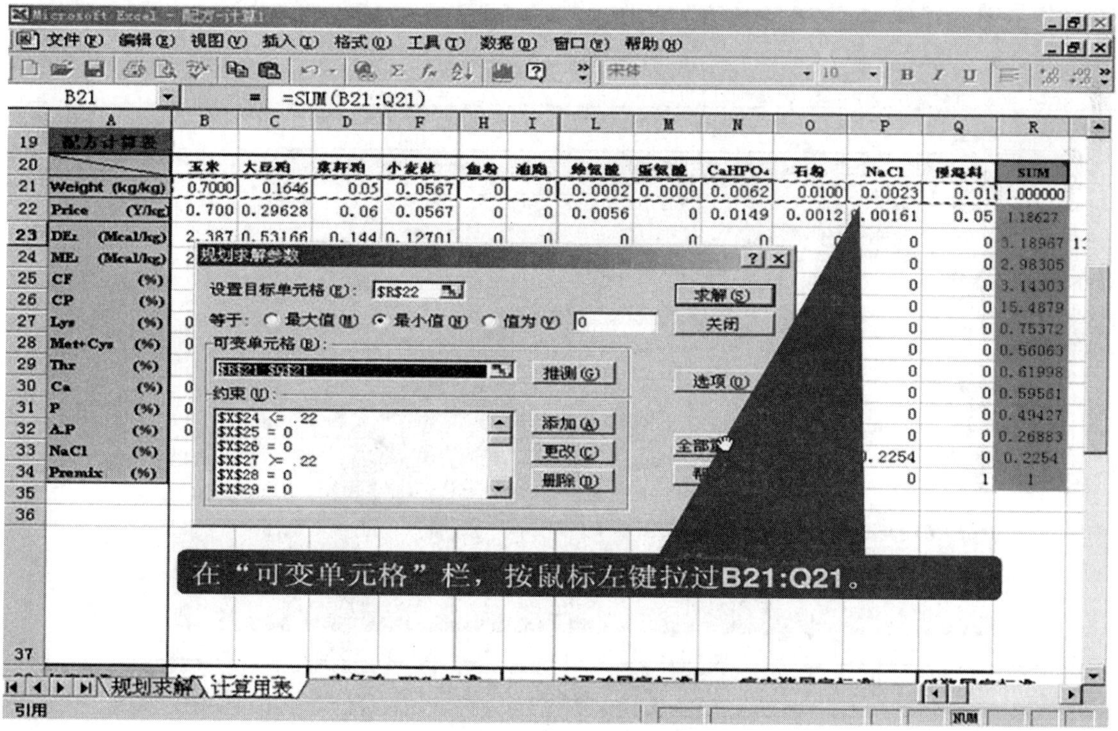
Microsoft Excel - 配方计算1
=SUM(B21:Q21)
规划求解参数
设置目标单元格(E): $R$22
等于: 最大值(M) 最小值(N) 值为(V) 0
可变单元格(B):
推测(G)
约束(U):
$X$24 <= .22
$X$25 = 0
$X$26 = 0
$X$27 >= .22
$X$28 = 0
$X$29 = 0
添加(A)
更改(C)
删除(D)
求解(S)
关闭
选项(O)
在“可变单元格”栏，按鼠标左键拉过B21:Q21。
规划求解
计算用表

续图 5-1

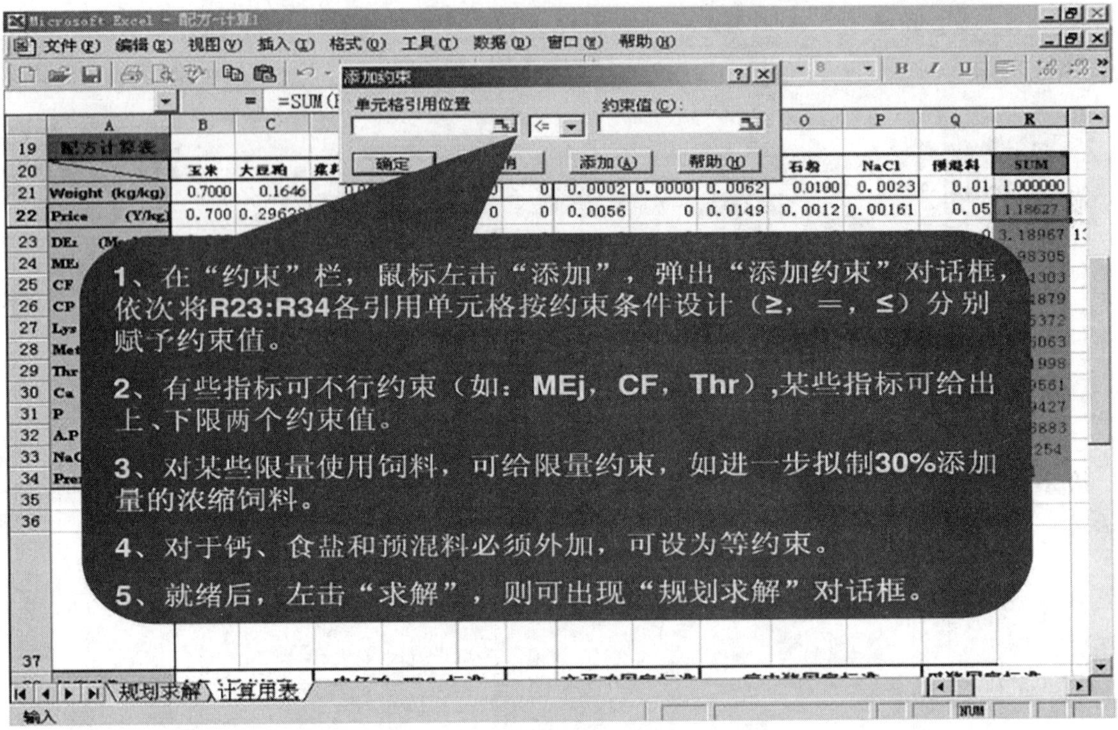
1、在“约束”栏，鼠标左击“添加”，弹出“添加约束”对话框，依次将R23:R34各引用单元格按约束条件设计（≥，＝，≤）分别赋予约束值。
2、有些指标可不行约束（如：MEj，CF，Thr），某些指标可给出上、下限两个约束值。
3、对某些限量使用饲料，可给限量约束，如进一步拟制30%添加量的浓缩饲料。
4、对于钙、食盐和预混料必须外加，可设为等约束。
5、就绪后，左击“求解”，则可出现“规划求解”对话框。

续图 5-1

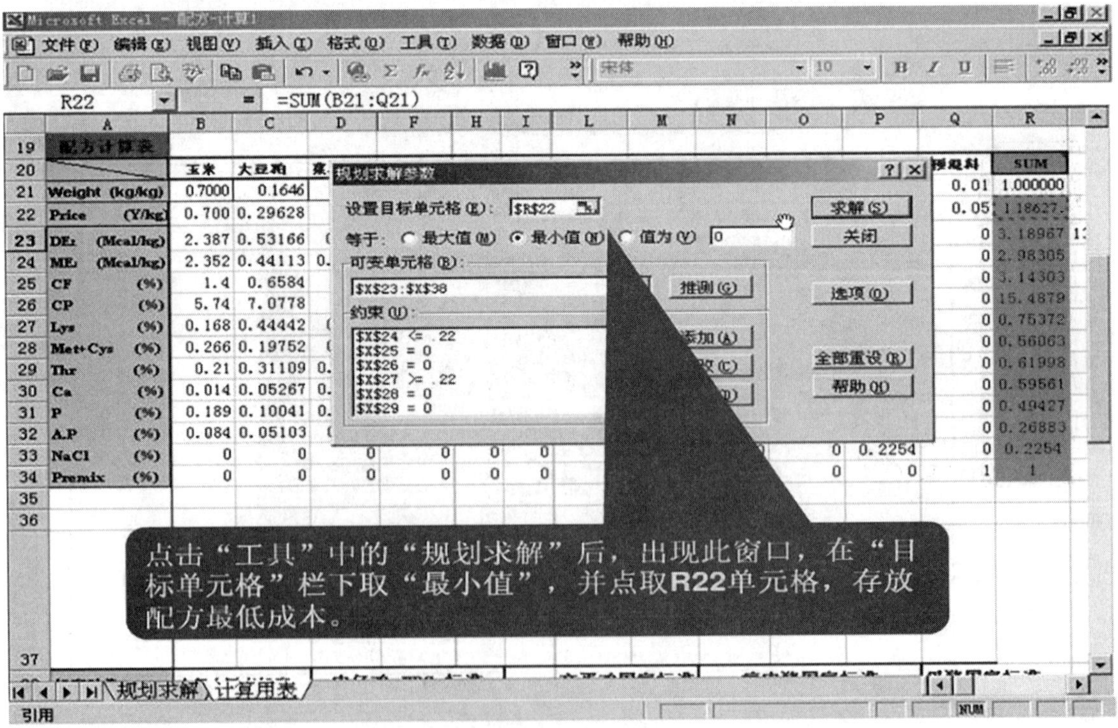
点击“工具”中的“规划求解”后，出现此窗口，在“目标单元格”栏下取“最小值”，并点取R22单元格，存放配方最低成本。

续图 5-1

知识巩固

一、选择题

答案

饲料配方设计的第一步是明确目标，其中主要目标有(　　)。

A. 单位面积收益最大

B. 每头上市动物收益最大

C. 使动物达到最佳生产性能

D. 使整个集团收益最大

E. 对环境的影响最小

F. 生产含某种特定品质的畜产品

二、填空题

饲料配方设计有多种方法，但其设计步骤基本类似，一般按以下5个步骤进行：________、________、________、________、________。

任务三　各类饲料的配方设计

思维导图

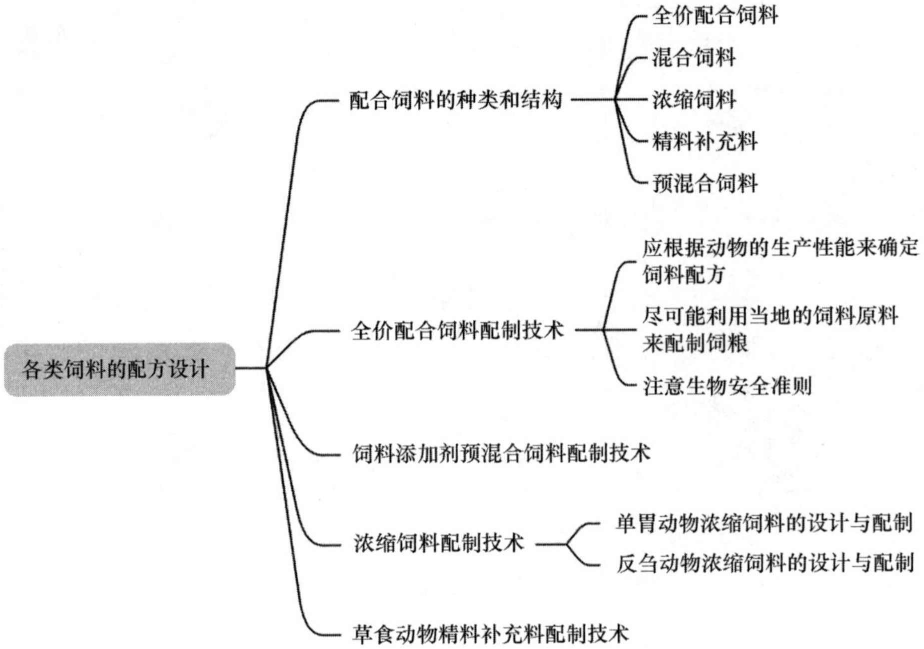

任务实施

配合饲料(formula feed)指根据动物的不同生长阶段、不同生理要求、不同生产用途的营养需要以及以饲料营养价值评定的实验和研究为基础，按科学配方把不同来源的饲料，依一定比例均匀混合，并按规定的工艺流程生产以满足各种实际需求的饲料。

一、配合饲料的种类和结构

配合饲料按营养成分和用途可分类为全价配合饲料、混合饲料、浓缩饲料、精料补充料、预混合饲料等。配合饲料组成中所含饲料原料见表 5-5。

表 5-5　配合饲料组成

配合饲料类型	所含饲料原料	备注
草食动物全价饲粮	粗饲料＋青饲料＋青贮饲料＋能量饲料＋蛋白质饲料＋矿物质饲料＋维生素饲料＋添加剂＋载体或稀释剂	精粗混合饲喂 用量:100%
单胃动物全价饲料	能量饲料＋蛋白质饲料＋矿物质饲料＋维生素饲料＋添加剂＋载体或稀释剂	用量:100%
混合饲料	青饲料＋能量饲料＋蛋白质饲料＋矿物质饲料	用量:100%

续表 5-5

配合饲料类型	所含饲料原料	备注
草食动物精料补充料	能量饲料＋蛋白质饲料＋矿物质饲料＋维生素饲料＋添加剂＋载体或稀释剂	用量:占全饲粮干物质的 15%～40%
浓缩饲料	蛋白质饲料＋矿物质饲料＋维生素饲料＋添加剂＋载体或稀释剂	用量:20%～40%
超级浓缩料	少量蛋白质饲料＋矿物质饲料＋维生素饲料＋添加剂＋氨基酸＋载体或稀释剂	用量:10%～20%
基础预混料	矿物质饲料＋维生素饲料＋添加剂＋氨基酸＋载体或稀释剂	用量:2%～6%
添加剂预混料	微量元素＋维生素饲料＋添加剂＋载体或稀释剂	单一或复合,用量≤1%

1. 全价配合饲料

这类饲料产品亦称为完全配合饲料、全日粮配合饲料。通常可根据动物种类、年龄、生产用途等划分为各种型号。此种饲料可以全面满足饲喂对象的营养需要,用户不必另外添加任何营养性饲用物质而直接饲喂动物。

动画:全价配合饲料

2. 混合饲料

这类饲料由某些饲料原料经过简单加工混合而成,为初级配合饲料,主要考虑能量、蛋白质、钙、磷等营养指标。在许多农村地区常见。混合饲料可用于直接饲喂动物,但饲养效果不理想。

3. 浓缩饲料

浓缩饲料又称平衡用配合料。浓缩饲料主要由 3 部分原料构成,即蛋白质饲料、常量矿物质饲料(钙、磷、食盐)和添加剂预混合饲料,通常为全价饲料中除去能量饲料的剩余部分。它一般占全价配合饲料的 20%～40%。这种饲料加入一定的能量饲料后组成全价料饲喂动物。市场上将使用量在 10%～20%的产品称为超级浓缩料或料精,其基本成分为添加剂预混料,在此基础上加入部分蛋白质饲料及具有特殊功能的物质。使用时需要补充能量饲料和部分蛋白质饲料。

4. 精料补充料

精料补充料由能量饲料、蛋白质饲料、矿物质饲料及添加剂组成,这是为草食动物(牛、羊等)配制生产的,它不单独构成饲粮,主要是用以补充采食饲草不足的那一部分营养。在牛、羊等草食动物采食青、粗饲草及青贮饲料的同时,给予其适量的精料补充料,可全面满足饲喂对象的各种营养需要。在变换基础饲草时,应根据动物生产反应及时调整给量。

5. 预混合饲料

预混合饲料是由一种或多种的添加剂原料(或单体)与载体或稀释剂搅拌均匀的混合物,又称添加剂预混料或预混料,目的是有利于微量的原料均匀分散于大量的配合饲料中。预混合饲料不能直接饲喂动物。

预混合饲料可视为配合饲料的核心,因其含有的微量活性组分常是配合饲料饲用效果的决定因素。

预混合饲料的种类可分为以下两类。

(1)单项预混合饲料。它是由单一添加剂原料或同一种类的多种饲料添加剂与载体或稀释剂配制而成的匀质混合物,主要是由于某种或某类添加剂使用量非常少,需要初级预混才能更均匀分布到大宗饲料中。生产中常将单一的维生素、单一的微量元素(硒、碘、钴等)、多种维生素、多种微量元素各自先进行初级预混,分别制成单项预混料。

(2)复合预混合饲料。它是按配方和实际要求将各种不同种类的饲料添加剂与载体或稀释剂混合制成的匀质混合物。如微量元素、维生素及其他成分混合在一起的预混料。

二、全价配合饲料配制技术

全价配合饲料由各种饲料原料和饲料添加剂按合理比例及用量组合而成,体现的是全面的动物营养和饲料科学知识及实践经验。科学的配方是保证动物生产性能及产品品质的前提之一,全价配合饲料配方设计主要采用计算机优化饲料配方软件,采用的优化模型多为线性规划、目标规划法,随着编程技术的改进,模糊规划和概率配方技术将逐步在生产实际中得到推广应用。

全价配合饲料中比例最大的为能量饲料,占总量的50%～75%;其次是蛋白质饲料,占总量的20%～30%;然后是矿物质营养物质,除蛋禽外,一般≤5%;其他如氨基酸、维生素类和非营养性添加物质(保健药、着色剂、防霉剂等)一般≤0.5%。

全价配合饲料配方设计包括主原料用量比例规划和添加剂预混料两方面。主原料的营养成分、价格经常波动,用量比例也应进行相应调整,借助计算机优化饲料配方软件可以快速做出决策。而饲料添加剂中除氨基酸外其他添加剂原料用量相对固定,不需要采用计算机优化,只要按规定用量安排到配方中即可。

设计动物的全价配合饲料配方时,除应遵循一般的配方原则外,还应注意以下3点。

1. 应根据动物的生产性能来确定饲料配方

只有这样才能充分发挥当地动物的生产潜力,同时又提高了饲料的利用率。

2. 尽可能利用当地的饲料原料来配制饲粮

玉米-豆粕-鱼粉-添加剂饲料配制模式并不能完全解决我国的养殖问题,只是在少数规模化的养殖场有一定的作用。而对于广大的农村,则应该采用常规饲料原料+非常规饲料原料+适当加工+科学配制+针对性的添加剂,通过逐步实验再推广。这样,动物的生产性能可能略低,但由于成本较低,在经济效益,尤其是生态效益上具有极大的优势。

3. 注意生物安全准则

绿色、安全高效、降低环境污染、维护生态等方面是国内外大势所趋,全价料配方设计不仅仅只考虑经济效益和动物生产性能,要上升到生物安全的角度,全面考虑配方产品的长期利益,综合评价经济效益、生态效益、动物生产性能、饲料利用率、对人和生物的安全性、是否可持续发展、对社会的影响等各个方面。

全价料配方设计过程可参照试差法、线性规划法、目标规划法等方法的步骤进行。同时为了提高配方的可实行性,结合生产工艺实际要求,部分饲料用量需要首先控制,如油脂等液体饲料的使用量、添加剂预混料的用量比例、投料位等。最后形成的生产配方应有利于实际操作。饲料配方中常用饲料使用量大致范围见表5-6。

表 5-6　配合饲料中各类饲料的大致比例　%

饲料种类	鸡	猪	奶牛	役畜	鹿
谷实类	50～70	40～80	40～60	60～70	30～40
糠麸类	5～20	10～40	20～40	10～20	10～20
饼粕类	20～35	15～25	25～30	20～30	20～50
草叶粉	0～8	0～10			
动物性蛋白质饲料	0～8	0～10			
矿物质饲料	3～8	1～3	3～4	1～2	0.2～1.6
食盐	0.15～0.4	0.2～0.4	1	0.2～0.5	0.2～1.0

三、饲料添加剂预混合饲料配制技术

动画:预混料配方设计

1. 饲料添加剂预混料配方设计的一般方法和步骤

饲料添加剂的使用量一般相对固定,预混料配方的设计过程比全价料简单,一般方法和步骤如下。

(1)根据饲养标准和饲料添加剂使用指南确定各种饲料添加剂原料的用量。饲养标准是确定动物营养需要的基本依据,为计算方便,通常以饲养标准中规定的微量元素和维生素需要量作为添加量,还可参考确实可靠的研究和使用实践进行权衡,修订添加的种类和数量。

氨基酸的添加量按下式计算:

某种氨基酸添加量=某种氨基酸需要量－非氨基酸添加剂物和其他饲料提供的某种氨基酸量

(2)原料选择。综合原料的生物效价、价格和加工工艺的要求选择微量元素原料。主要查明微量元素含量,同时查明杂质及其他元素含量,以备应用。

(3)根据原料中微量元素、维生素及有效成分含量或效价、预混料中的需要量等计算在预混料中所需商品原料量。其计算方法是:

纯原料量=某微量元素需要量÷纯品中元素含量(%)

商品原料量=纯原料量÷商品原料有效含量(或纯度)

(4)确定载体用量。根据预混料在配合饲料中的比例,计算载体用量。一般认为预混料占全价配合饲料的0.1%～0.5%为宜。

载体用量为预混料量与商品添加剂原料量之差。

(5)列出饲料添加剂预混料的生产配方。

2. 微量元素预混料的配方设计示例

以产蛋鸡的微量元素预混料的配方为例说明微量元素预混料的配方设计过程。

(1)根据饲养标准确定微量元素用量。由我国鸡饲养标准中查出产蛋鸡的微量元素需要量,即每千克饲粮中的添加量为铜 6 mg、碘 0.3 mg、铁 50 mg、锰 30 mg、硒 0.1 mg、锌 50 mg。

(2)微量元素原料选择。实际生产中有许多微量元素饲料添加剂,其相应的化学结构、分子式、元素含量、纯度等均有差别,可根据实际情况进行选择。表 5-7 列出了常用的微量元素无机盐的规格。

表 5-7　商品微量元素无机盐的规格　%

商品微量元素无机盐	分子式	纯品中元素含量	商品原料纯度
硫酸铜	$CuSO_4 \cdot H_2O$	Cu:25.5	96
碘化钾	KI	I:76.4	98
硫酸亚铁	$FeSO_4 \cdot 7H_2O$	Fe:20.1	98.5
硫酸锰	$MnSO_4 \cdot H_2O$	Mn:32.5	98
亚硒酸钠	$Na_2SeO_3 \cdot 5H_2O$	Se:30.0	95
硫酸锌	$ZnSO_4 \cdot 7H_2O$	Zn:22.7	99

(3)计算商品原料量。将需要添加的各微量元素折合为每千克风干全价配合饲料中的商品原料量。即：

商品原料量＝某微量元素需要量÷纯品中该元素含量÷商品原料纯度

按此计算方法,得以上 6 种商品原料在每千克全价配合饲料中的添加量,见表 5-8。

表 5-8　全价配合饲料中微量元素无机盐商品原料用量　mg/kg

商品原料	计算式	商品原料量
五水硫酸铜	3÷25.5%÷96%	12.3
碘化钾	0.3÷76.4%÷98%	0.4
七水硫酸亚铁	50÷20.1%÷98.5%	252.5
一水硫酸锰	25÷32.5%÷98%	78.5
五水亚硒酸钠	0.1÷30%÷95%	0.35
七水硫酸锌	50÷22.7%÷99%	222.5
合计		566.55

(4)计算载体用量。若预混料在全价配合料中占 0.2%(即每吨全价配合饲料中含预混料 2 kg)时,则预混料中载体用量等于预混料量与微量元素盐商品原料量之差。即:2 kg－0.566 55 kg＝1.433 45 kg。

(5)给出生产配方,见表 5-9。

表 5-9　微量元素添加剂预混料配方单

原料	每吨全价料中用量/g	预混料配方/%	每吨预混料中用量/kg
五水硫酸铜	12.3	0.615	6.15
碘化钾	0.4	0.02	0.2
七水硫酸亚铁	252.5	12.625	126.25
五水硫酸锰	78.5	3.925	39.25
五水亚硒酸钠	0.35	0.017 5	0.175
七水硫酸锌	222.5	11.125	111.25
载体	1 433.45	71.672 5	716.725
合计	2 000	100	1 000

3. 维生素添加剂预混料配方设计举例

为 20～50 kg 生长猪设计维生素添加剂预混料配方过程如下：

(1)需要量和添加量的确定。查 NRC(1998)猪饲养标准可得 20～50 kg 生长猪在自由采食情况下对维生素的需要量，同时根据饲养管理水平、工作经验等进行调整给出添加量。维生素 C 的添加量根据经验可设为 100 mg/kg。具体见表 5-10。

表 5-10　20～50 kg 生长猪每千克饲粮维生素需要量及添加量

维生素	需要量	添加量
维生素 A/IU	1 300	2 500
维生素 D/IU	150	200
维生素 E/IU	11	20
维生素 K/mg	0.50	1.30
生物素/mg	0.05	0.10
叶酸/mg	0.30	0.50
可利用烟酸/mg	10.00	15.00
泛酸/mg	8.00	12.00
核黄素/mg	2.50	4.00
维生素 B_1/mg	1.00	4.00
维生素 B_6/mg	1.00	2.00
维生素 B_{12}/μg	10.00	20.00
维生素 C/mg	—	100.00

(2)根据维生素商品原料的有效成分含量计算原料用量。从市场上选择适宜的维生素原料并确定其有效成分含量，按下列计算式折算：商品维生素原料用量＝某维生素添加量÷原料中某维生素有效含量，结果见表 5-11。

表 5-11　20～50 kg 生长猪每千克饲粮维生素添加量及商品原料用量

维生素	添加量	原料中有效成分含量	商品维生素原料用量/g
维生素 A	2 500 IU	500 000 IU/g	2 500÷500 000＝0.005
维生素 D	200 IU	500 000 IU/g	200÷500 000＝0.000 4
维生素 E	20 IU	50%	20÷50%÷1 000＝0.04
维生素 K	1.30 mg	47%	1.3÷47%÷1 000＝0.002 77
生物素	0.1 mg	2%	0.1÷2%÷1 000＝0.005
叶酸	0.5 mg	98%	0.5÷98%÷1 000＝0.000 51
烟酸	15.00 mg	95%	15÷95%÷1 000＝0.0157 89
泛酸	12.00 mg	80%	12÷80%÷1 000＝0.015
核黄素	4.00 mg	96%	4÷96%÷1 000＝0.004 17
维生素 B_1	4.00 mg	98%	4÷98%÷1 000＝0.004 08

续表 5-11

维生素	添加量	原料中有效成分含量	商品维生素原料用量/g
维生素 B_6	2.00 mg	98%	2÷98%÷1 000=0.002 04
维生素 B_{12}	20.00 μg	1%	20÷1%÷1 000 000=0.002
维生素 C	100.0 mg	96%	100÷96%÷1 000=0.104 17

(3)计算载体用量并列出生产配方。载体用量根据设定的维生素添加剂预混料(多维)在全价料中的用量确定,在此设多维用量为 400 g/t,配方结果见表 5-12。

表 5-12 维生素预混料生产配方

商品维生素原料	每千克全价料中用量/g	每吨全价料中用量/g	每吨维生素预混料中用量/kg
维生素 A	0.005 0	5.00	12.5
维生素 D	0.000 4	0.40	.10
维生素 E	0.040 0	40.00	100
维生素 K	0.002 77	2.77	6.925
生物素	0.005	5.00	12.5
叶酸	0.000 51	0.51	1.275
烟酸	0.015 789	15.789	39.472 5
泛酸	0.015	15	37.5
核黄素	0.004 17	4.17	10.425
维生素 B_1	0.004 08	4.08	10.2
维生素 B_6	0.002 04	2.04	5.1
维生素 B_{12}	0.002	2	5.0
维生素 C	0.104 17	104.17	260.425
小计	—	200.929	—
抗氧化剂 BHT	—	0.80	2.0
载体	—	198.271	495.677 5
合计	—	400	1 000

(4)复合预混料配方设计示例。复合预混料设计步骤与设计微量元素或维生素预混料配方时基本相似,即确定添加量、选择原料并确定其中有效成分含量、计算各原料和载体用量及百分比。此仅给出一例(表 5-13)。

表 5-13 1%生长肥育猪复合预混料配方设计示例

原料	有效成分含量	添加量(每千克全价料)	有效成分含量(每千克预混料)	百分比/%	原料批次用量(批量 1 000 kg)
维生素部分					
维生素 A 醋酸酯	50 万 IU/g	5 000 IU	50 万 IU	0.10	1 000 g
维生素 D_3	50 万 IU/g	1 000 IU	10 万 IU	0.02	200 g
维生素 E 醋酸酯	50%	10 mg	1 000 mg	0.2	2 000 g

续表 5-13

原料	有效成分含量	添加量（每千克全价料）	有效成分含量（每千克预混料）	百分比/%	原料批次用量（批量 1000 kg）
维生素 K_3	50%	2 mg	200 mg	0.04	400 g
维生素 B_1	98%	1 mg	100 mg	0.010 2	102 g
维生素 B_2	96%	2 mg	200 mg	0.020 8	208 g
维生素 B_{12}	1%	0.01 mg	1 mg	0.01	100 g
叶酸	80%	0.10 mg	10 mg	0.001 25	12.5 g
烟酸	98%	20 mg	2 000 mg	0.204	2 040 g
泛酸钙	98%	10 mg	1 000 mg	0.102	1 020 g
小计				0.708	7 082.5 g
在上述原料中加入一定量的载体，先进行预混合，再与下面的原料混合					
微量元素部分					
$FeSO_4 \cdot 7H_2O$	20.1%×98%	100 mg	10 000 mg	5.07	50.7 kg
$MnSO_4 \cdot 5H_2O$	22.8%×98%	69 mg	6 000 mg	2.686	26.86 kg
$CuSO_4 \cdot 5H_2O$	25.5%×98%	6 mg	600 mg	0.24	2.4 kg
$ZnSO_4 \cdot 7H_2O$	22.7%×99%	145 mg	14 500 mg	6.52	65.2 kg
1%碘化钾	1%×76.4%	0.5 mg	50 mg	0.654 4	6.544 kg
1%亚硒酸钠	1%×45.65%	0.3 mg	30 mg	0.659 2	6.592 kg
微量元素小计				15.83	158.3 kg
氯化胆碱	50%	250 mg	25 000 mg	5	50 kg
黄霉素	4%	5 mg	500 mg	1.25	12.5 kg
赖氨酸	78%	700 mg	70 000 mg	8.88	88.8 kg
BHT	50%		250 mg	0.05	0.50 kg
小计				15.888	158.88 kg
累计				31.718	317.18 kg
载体				62.282	622.82 kg
油脂				2	20 kg
总计				100	1 000 kg

四、浓缩饲料配制技术

浓缩饲料中各种原料配比，随原料的价格、性质及使用对象而异。一般蛋白质含量占 40%～80%（其中动物性蛋白质 15%～20%），矿物质饲料占 15%～20%，添加剂预混料占 5%～10%。

建议的浓缩比例：仔猪（15～35 kg）30%～45%，中猪（35～60 kg）30%，育肥猪（60 kg 以上）20%～30%；育成鸡（7～20 周）30%～40%，产蛋鸡 40%（含贝壳粉或石粉）或 30%（不含贝壳粉或石粉），肉鸡 40%（肉鸡很少用浓缩料，因需要压粒，但北欧也有压粒的浓缩料，再加整粒或破碎小麦

动画：浓缩饲料的配方设计

的做法)；牛、羊精料或混合料，占全饲粮干物质的15%～40%。

1. 单胃动物浓缩饲料的设计与配制

先根据动物的饲养标准及饲料的来源、营养价值和价格设计出全价配合饲料配方，然后把能量饲料从配方中抽去即为浓缩饲料配方。

下面以生长育肥猪(20～60 kg体重)浓缩料为例加以说明：拟出育肥猪全价饲粮，得出育肥猪全价饲料配方，然后扣除全价料中的玉米和小麦，二者的添加量恰好是75%，其余的25%是蛋白质饲料、常量矿物质饲料及添加剂预混料。计算出的育肥猪浓缩料的配方见表5-14。

表5-14 育肥猪(20～60 kg体重)浓缩饲料配方

饲养标准	全价饲料配方	浓缩料理论值	浓缩料实际值	饲料组成(风干基础)	全价料/(kg/t)	浓缩料/(kg/t)
消化能/(MJ/kg)	12.97			玉米	600.0	
粗蛋白质/%	16.00	37.50	37.85	小麦	150.0	
赖氨酸/%	0.75	1.50	2.46	鱼粉	10.0	40.0
钙/%	0.60	2.50	2.77	豆粕	180.0	720.0
总磷/%	0.50	1.20	1.40	棉籽粕	25.0	100.0
食盐/%	0.30	1.20	1.20	石粉	10.7	42.8
				磷酸氢钙	13.0	52.0
				赖氨酸	1.0	4.0
				食盐	0.3	1.2
				1%预混料	10.0	40.0
				合计	1 000.0	1 000.0

以5周龄肉鸡浓缩料为例，表5-15右列中的浓缩饲料配方也是从左列的“肉用仔鸡前期全价饲料配方”中抽去能量饲料黄玉米后计算来的(抽走黄玉米后，全价饲料配方中的其他原料配比除以0.30即为浓缩饲料配方)。在使用时，将此浓缩饲料30 kg加上70 kg的黄玉米混合均匀即为肉鸡的全价配合饲料。

表5-15 5周龄肉鸡全价饲料配方及浓缩饲料配方 %

饲料组成(风干基础)	全价饲料配方	浓缩饲料配方
黄玉米	70.0	—
大豆粕	18.8	62.67
进口鱼粉	8.80	29.33
石粉	0.40	1.34
脱氟磷酸氢钙	0.60	2.00
盐酸L-赖氨酸	0.12	0.40
DL-蛋氨酸	0.08	0.27
食盐	0.20	0.66
添加剂预混料	1.00	3.33
合计	100.0	100.00

2. 反刍动物浓缩饲料的设计与配制

(1)以常规蛋白质饲料制作反刍动物浓缩饲料。以常规蛋白质饲料制作反刍动物浓缩饲料时，其配方组成基本与单胃动物相同。为了保证瘤胃的正常活动，浓缩饲料中应含有常量元素和微量元素，还应含有维生素 A 和维生素 D 等。常量元素如钙、磷、钠、钾、氯、镁、硫等，微量元素如铁、铜、锰、锌、碘、硒、钴、钼等。由于瘤胃对高铜饲料较敏感，故不考虑像单胃生长动物那样使用高铜。以某牛场为例，用 10%浓缩饲料确定的规格见表 5-16。

按照表 5-16 所示，可选用豆粕(或饼)、鱼粉、棉籽粕、菜籽粕等蛋白质饲料作为氮源饲料，加上石粉、磷酸氢钙、食盐、微量元素等物质，即可配合成为浓缩饲料。如表 5-17 所示浓缩饲料以 10%的配比用在牛的混合精料内可形成牛配合饲料(表 5-17)。

表 5-16　牛用 10%浓缩饲料规格

营养指标	粗蛋白质/%	脂肪/%	粗纤维/%	消化能/(MJ/kg)	钙/%	磷/%	食盐/%	维生素 A/(1 000 IU/100 kg)	维生素 D/(1 000 IU/100 kg)
含量	≥40	≥8	≥2.5	≥8.5	≥7.5	≥2.3	≥7.5	≥10	≥2

注：微量元素含锰、锌、铁、铜、碘、硒、钼、钴、少量抗氧化剂。

表 5-17　浓缩饲料配成精料混合料的方法

	奶牛用		肉牛用	
浓缩饲料/kg	100	100	100	100
大豆粕/kg	70	150	70	—
玉米/kg	—	500	580	—
大麦/kg	580	—	—	600
小麦麸/kg	250	250	250	300
共计/kg	1 000	1 000	1 000	1 000
粗蛋白质/%	16	18	15.2	14
粗纤维/%	6.3	5	4.7	6.5
粗脂肪/%	2.5	3.6	3.7	2.6
消化能/(MJ/kg)	10.9	11.3	11.4	10.8

(2)非蛋白质类含氮化合物浓缩饲料。当使用非蛋白质类含氮化合物来配制反刍动物浓缩饲料时，应考虑把这类化合物的含氮量折算成粗蛋白质的量，还应考虑其进入瘤胃后分解释放出氨的速度，应与其他原料(包括浓缩料本身或精料混合料中原料)相匹配，即考虑提供合成氨基酸的碳架的化合物组成。这一方面可设法延缓氨的释放速度，另一方面选用能较快提供碳架的碳水化合物或脂肪类饲料。

使用非蛋白质类含氮化合物主要是借助于瘤胃内微生物的作用来进行氨基酸和蛋白质的合成，因此在饲料配合时应首先考虑增强微生物活动所需的条件，并适当补充必需的营养素，如硫、磷、钙、维生素 A、维生素 D 等。

兹介绍某种不用谷粒饲料作载体，含蛋白质当量 64%的高尿素浓缩饲料。

表 5-18 中浓缩饲料的用量可占到精料混合料的 10%，按蛋白质当量计算，约占蛋白质总量的 1/3，可安全饲喂。

表 5-18 反刍动物浓缩饲料配方示例

原料	用量/kg	备注
饲用尿素(含氮 45%)	200	
玉米糖蜜	140	
脱水苜蓿粉(粗蛋白质 17%)	510	
脱氟磷酸氢钙	105	添加剂预混料 10 kg,其中含有维生素 A 4 400 万 IU,氧化锌 2 756 g,碳酸钴 8.8 g,脱水苜蓿粉 7 kg
碘化食盐	35	
添加剂预混料	10	
共计	1 000	

(3)非蛋白质类含氮化合物液体浓缩饲料。反刍动物的液体浓缩饲料主要是利用各种水溶性或可在水中弥散的物质充分混合而成。液体浓缩饲料配制有严格的投料顺序,否则将有可能形成胶冻状或发生盐析现象。

一般的投料顺序如下。

①在温水中溶解含氮化合物使之成为溶液,含氮化合物为干的或液状的尿素、磷酸二铵、聚磷酸铵等。

②投入温热的糖蜜。可使用甜菜糖蜜、甘蔗糖蜜、玉米糖蜜、高粱糖蜜、柑橘糖蜜、木糖糖蜜等。一般温热糖蜜的温度在 45 ℃左右。

③加入磷源。磷源饲料采用水溶性聚磷酸铵、磷酸二铵、磷酸钠、磷酸等。

④投入钙质和食盐。钙源用乙酸钙或氯化钙。

⑤添加溶在水中的微量元素和硫酸钠。微量元素以用水溶性好的硫酸盐为宜。

⑥添加可在水中弥散的维生素 A 棕榈酸酯。

⑦加入水中稳定的抗生素。

⑧可加上其他水溶性促生长未知因子,如酒糟滤液、苜蓿可溶物等。

液体浓缩饲料充分拌匀后再脱去水分,可用膨润土粗粉作载体生产成片剂或粒剂。为防止酸败或霉变,可加入适量的抗氧化剂和防霉剂等,水分含量最好不超过 12.5%。

动画:反刍动物日粮配方设计

五、草食动物精料补充料配制技术

草食动物精料补充料主要用于补充饲草供应不足的那部分营养,属于半饲粮。对于不同的饲草背景、用户的饲养方式、饲草成分及青贮饲料等情况具有更强的针对性,随季节性变化也更加显著。

草食动物精料补充料配方设计过程一般步骤如下。

(1)调查和了解使用精料补充料的背景。主要是了解动物的生产状况及季节,青饲料、粗饲料、青贮饲料等的饲喂量,精料与粗料比例,饲料的营养组成等情况。

(2)明确草食动物从青饲料、粗饲料、青贮饲料等获得的营养量。

(3)推算精料补充料需要提供的营养量。从动物特定状态下营养需要总量中扣除青饲料、粗饲料、青贮饲料等获得的营养量,作为精料补充料需要提供的营养量。

(4)用试差法计算精料补充料中各种原料的配比,或计算机规划法设计优化配方。下面以奶牛为例说明精料补充料的配方设计方法。

例如，为体重 600 kg 成年奶牛（日产 4%标准乳 30 kg）设计精料补充料。

第一步，根据奶牛的生理阶段或生产水平，考虑干物质和粗纤维的供给量。

为了保证奶牛身体健康，充分发挥奶牛的生产潜力，必须首先考虑其进食量。在大量科学实验和饲养实践的基础上，我国奶牛饲养标准中提出了有关干物质进食量的参数和估计公式：

$$\text{干物质进食量(kg)} = 0.062W^{0.75} + 0.4Y \quad (1)$$

$$\text{干物质进食量(kg)} = 0.062W^{0.75} + 0.45Y \quad (2)$$

式中，Y 为 4%乳脂率标准乳产量。

式(1)适于偏精料型，精粗比约 60∶40。式(2)适于偏粗料型，精粗比约 45∶55。

CF 含量以饲粮中含 15%～20%为宜，不能低于 13%。

如果产奶牛尚处在第一胎、第二胎，则还需加上增重的需要（在维持基础上加约 20%、10%），如又处于妊娠第 6～9 个月，则还需考虑妊娠需要，具体数值参考饲养标准。根据实例中奶牛的生产水平，确定采用精料型日粮（精粗比 6∶4），于是可以计算出：

$$\text{奶牛 DM 进食量(kg/d)} = 0.062 \times 600^{0.75} + 0.4 \times 30 = 19.52$$

第二步，查中国奶牛饲养标准，确定各养分进食量列于表 5-19 中。

表 5-19　奶牛的每日养分需要量

	DM/kg	能量/NND	CP/g	钙/g	磷/g
维持需要	7.52	13.78	559	36	27
产奶需要	12	30	2 550	135	90
合计	19.52	43.78	3 109	171	117

第三步，先考虑满足奶牛对粗料的需要（包括青料和青贮饲料），计算出需精料补充的养分量（表 5-20）。如按 40%的 DM 进食量由青料提供，则需 DM 7.8 kg。再如每天每头喂 4 kg 稻草，则还需黑麦草 18.5 kg (DM 22.8%)。

表 5-20　奶牛各类饲料中营养素的日供给量

	DM/kg	能量/NND	CP/g	钙/g	磷/g
4 kg 稻草	3.58	4.24	100	2.8	2
18.5 kg 青料	4.22	6.48	315	27.8	9.3
合计	7.8	10.72	415	30.6	11.3
需精料补充的部分	11.72	33.06	2 694	140.4	105.7

第四步，确定精料补充料的营养浓度。

精料混合料 DM 含量按 87%计，由表 5-20 可计算出每天需 13.5 kg (11.72 / 0.87)，于是可计算出每千克精料补充料的营养浓度如表 5-21 所示。

表 5-21　每千克奶牛精料补充料的营养浓度

DM/%	能量/NND	CP/%	钙/%	磷/%
87	2.45	20.0	1.04	0.87

第五步，设计精料补充料配方。

可采用线性规划法或试差法来计算，其方法前已述及，计算结果如表 5-22 所示。

表 5-22　奶牛的精料补充料配方与营养水平

饲料	配比/%	营养成分	含量
玉米	46.4	能量/(NND)	2.47
麦麸	20	CP/%	20.5
豆粕	28.47	钙/%	1.05
石粉	2.42	磷/%	0.87
磷酸氢钙	1.21		
食盐	0.5		
预混合料	1		
合计	100		

知识巩固

一、选择题

1. 配合饲料按营养成分和用途可分为(　　)。

A. 全价配合饲料

B. 混合饲料

C. 浓缩饲料

D. 精料补充料

E. 预混合饲料

2. 饲料添加剂预混料配方设计的一般方法和步骤包括(　　)。

A. 根据饲养标准和饲料添加剂使用指南确定各种饲料添加剂原料的用量

B. 原料选择

C. 根据原料中微量元素、维生素及有效成分含量或效价、预混料中的需要量等计算在预混料中所需商品原料量

D. 确定载体用量

E. 列出饲料添加剂预混料的生产配方

二、填空题

浓缩饲料中各种原料配比，随原料的价格、性质及使用对象而异。一般蛋白质含量占__________，矿物质饲料约占__________，添加剂预混料占__________。

答案

任务四　饲料配方设计在生产中的应用

思维导图

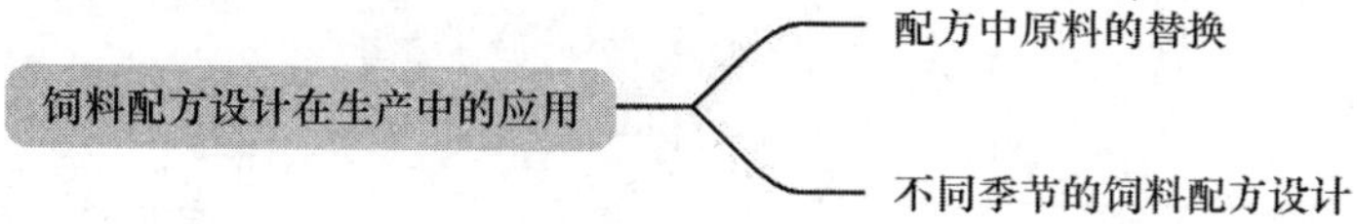

动物饲料实验设计

任务实施

一、配方中原料的替换

在生产中由于原料的价格或数量上发生变动，配方设计人员如何在原有成熟配方的基础上快速进行调整，使调整后的配方与原配方所含养分基本相同。从营养角度上说，任何一种饲料都不可能由其他饲料完全代替，但可以用几种饲料近似等价地替换某一种饲料。例如，可以用最常用的玉米、豆粕和麸皮增减它们的用量，以替换任何一种植物或动物性饲料，并使配方的能量和粗蛋白质含量保持不变。玉米、豆粕和麸皮的增减量可用下列公式算出。

$$C_3 = \frac{P_1(E_f - E_2) + P_2(E_1 - E_f) + P_f(E_2 - E_1)}{P_1(E_3 - E_2) + P_2(E_1 - E_3) + P_3(E_2 - E_1)}$$

$$C_2 = -[E_f - E_1 - C_3 \times (E_1 - E_3)]/(E_2 - E_1)$$

$$C_1 = -(1 + C_2 + C_3)$$

其中，C_1、C_2、C_3为每增加 1%（或 1 kg）某饲料时应增减的豆粕、玉米、麸皮量（%或 kg）；E_1、E_2、E_3、E_f为豆粕、玉米、麸皮和该饲料的有效能（DE、ME 或 NE）含量；P_1、P_2、P_3、P_f为豆粕、玉米、麸皮和该饲料的粗蛋白含量。

例如，已知玉米、豆粕、麸皮、小麦对鸡的代谢能分别为 13.56 MJ/kg、12.72 MJ/kg、6.82 MJ/kg 和 9.62 MJ/kg，粗蛋白质分别为 8.7%、43%、13.9%、15.7%，按上式计算，C_1、C_2、C_3分别为－0.143、－0.816、－0.041，三者相加正好为－1。也就是说，每增加 1%小麦，应减去豆粕 0.143%，玉米 0.816%，麸皮 0.041%。若增用 10%的小麦，则将这些数值均先乘以 10 即可。这样替换的结果，能量、蛋白质含量与原配方完全一致。但这时可消化的赖氨酸和蛋氨酸将分别少了 0.002 5 kg 和 0.000 3 kg，应补上。附录 2 列出了猪、禽的近似等价替换表。这些数据是按中国饲料数据库所列各种饲料养分含量和饲料可消化氨基酸含量计算而得的，如果饲料的实际含量与这些数据不同，应按实际含量代入上列公式计算。

如表 5-23 所示，以 20～35 kg 生长育肥猪的一个配方为例，说明本方法的应用结果。表中的 1 为原有配方；2 用了 5%菜籽粕。查附录 2，需减豆粕 3.77%（5×0.753%），加玉米 1.68%（5×0.336%），减麸皮 2.91%（5×0.583%），另需补充赖氨酸 0.04%（5×0.008 4%）。1 号和 2 号配方的养分含量基本相同。

表 5-23 20～35 kg 生长育肥猪配方原料等价交换举例 %

饲料	1	2
玉米	59.2	60.88
麸皮	21.8	18.89
豆粕	17.3	13.53
菜籽粕	—	5
石粉	0.8	0.8
磷酸氢钙	0.1	0.1
赖氨酸	—	0.004(另加)
食盐	0.3	0.3
添加剂	0.5	0.5
代谢能/(MJ/kg)	12.05	12.05
粗蛋白质	16	16
钙	0.55	0.55
有效磷	0.27	0.27
赖氨酸	0.69	0.69
含硫氨酸	0.53	0.55

注:引自《高效饲料配方及配制技术》(王恬,2001)。

二、不同季节的饲料配方设计

当其他饲养条件不变时,畜禽的维持需要、采食量和养分转化效率受环境温度影响较大,生产者应根据温度的变化,适时调整配方,以满足畜禽的需要(表 5-24)。

1. 鸡

成年鸡的适宜温度在 18～25 ℃,根据试验测定,以适宜温度为标准,环境温度每增或减 1 ℃,鸡的平均自由采食量将减或增 1.5%,而维持需要也减或增 1.5%。在生产实际中按每天的温度经常变换配方是不可能的,通常采取的方法是,在高温季节将能量保持不动,或略有增减,而将蛋白质、钙、磷、氨基酸和维生素等成分适当提高。寒冷季节则相反。高温季节饲粮中添加一些(1%～2%)油脂,有助于保证能量供应和减轻热应激。此时还应添加一些抗热应激的药物。常用的有:①维生素 C 100～500 mg/kg;②碳酸氢钠 0.5%;③氯化铵 0.3%～1%(若与②同用效果更好);④氯化钙 0.5%～1%;⑤阿司匹林 0.05%～0.1%。

表 5-24 不同温度时产蛋高峰鸡饲粮配方 %

饲料	20 ℃(正常)	20 ℃以下(凉爽)	24 ℃(温暖)
玉米	58.0	59.8	50.0
油脂	3	3	5
豆粕	24.0	25.8	32.3
国产鱼粉	3.6	—	—

续表 5-24

饲料	20 ℃(正常)	20 ℃以下(凉爽)	24 ℃(温暖)
石粉	4	4	4
贝粉	4.87	4.50	5.52
磷酸氢钙	1.11	1.50	1.76
蛋氨酸	0.12	0.10	0.12
预混料	1.0	1.0	1.0
食盐	0.3	0.3	0.3
代谢能/(MJ/kg)	11.8	11.8	11.8
粗蛋白质	17.5	16.5	18.5
钙	3.8	3.6	4.0
有效磷	0.46	0.44	0.49
赖氨酸	0.83	0.78	0.90
蛋氨酸	0.39	0.37	0.41
蛋氨酸＋胱氨酸	0.68	0.66	0.72

注：引自《高效饲料配方及配制技术》(王恬，2001)。

2. 猪

猪采食量与温度有关，每超过临界温度(成年猪为 18～20 ℃)1 ℃，猪的消化能采食量下降 0.017%，在消化能不变的情况下可适当提高其他营养素的浓度。当温度下降时采食量增加，可适当降低在饲粮中的浓度，使实际摄入量与标准相符或略有提高(因采食量增加时养分消化率略有下降)。抗热应激药物的使用可参考鸡。

知识巩固

1. 成年鸡的适宜温度在(　　)。

A. 18～25 ℃　　B. 15～20 ℃

C. 26～30 ℃　　D. 29～36 ℃

2. 成年猪的适宜温度在(　　)。

A. 25 ℃　　B. 18～20 ℃

C. 26～30 ℃　　D. 29～36 ℃

答案

项目小结

本项目重点讲述饲料配方设计方法。一个好的配方并不是通过简单的计算就可以得到的，它通常是动物营养专家在全面了解掌握动物对营养的需要、饲料营养成分及含量、各营养物质的生理功能，利用饲料营养成分的“互补”作用等营养学知识和配方经验初拟配方，然后利用电子计算机进行优选，最后通过饲养试验筛选验证才得到的。配方是一门艺术，拟订配方是生产配合饲料的第一步，饲料配方不仅满足动物的营养需要，同时要考虑适口性，处理好各种养分的互补、拮抗关系，才能最大限度地发挥添加效应。

思考与拓展

1. 发展浓缩饲料有何意义？如何正确合理地开发和使用浓缩饲料？
2. 结合实例说明全价配合饲料配方设计的方法与技巧。

项目六
配合饲料生产

知识目标

1. 了解配合饲料生产流程。
2. 掌握不同畜种配合饲料的营养特点及控制配合饲料品质的方法。

技能目标

1. 对配合饲料生产过程中关键工艺流程有准确认识。
2. 能准确控制配合饲料加工工艺的质量。

项目导读

饲料质量主要由原料质量、配方水平和加工工艺水平3部分构成。在前两者质量得到保证的前提下,饲料预期的营养水平及其他质量指标,则需要通过饲料的加工过程来实现。因此,把握好饲料生产中的每一个环节都非常重要。

任务一　饲料生产概述

思维导图

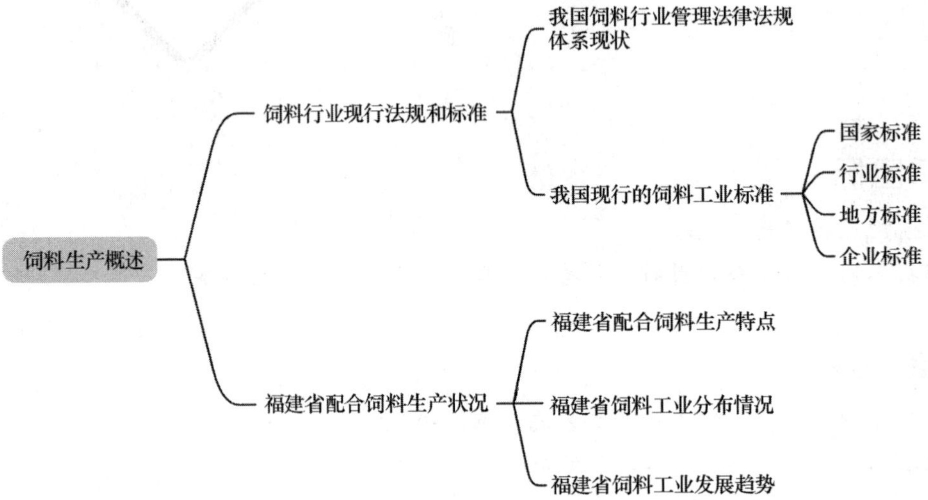

任务实施

一、饲料行业现行法规和标准

随着饲料工业的发展，世界各国相续制定了法律法规。我国从 20 世纪 80 年代开始，制定和发布了一系列的法规和标准，包括《饲料生产企业审查办法》《饲料分析检测方法》《饲料添加剂质量标准》《饲料卫生标准》等。1999 年 5 月 18 日，国务院发布了《饲料和饲料添加剂管理条例》，这标志着我国饲料法律法规的正式建立，使我国饲料和饲料添加剂生产、销售、使用真正走向法制化管理轨道。

1. 我国饲料行业管理法律法规体系现状

现行饲料管理法规体系主要由以下几部分构成。

(1)相关法律。目前，我国饲料业管理还没有专门法律。通用的相关法律主要有《中华人民共和国农产品质量安全法》《中华人民共和国标准化法》。

(2)条例。我国饲料行业行政法规只有一个，即国务院颁布的《饲料和饲料添加剂管理条例》(1999 年发布，2011 年、2013 年、2016 年、2017 年四次修订)，它是我国目前饲料行业管理的最高行政法规，是饲料业管理法规体系的核心，其他规范性文件或条例是对其的补充。

(3)部颁办法和公告。农业农村部规章是行业最高管理办法或规范性文件，是饲料行业许可、生产、经营、销售的具体行为准则，主要分为管理办法和规范性文件 2 类。

主要的管理办法有《饲料和饲料添加剂生产许可管理办法》(农业部令 2012 年第 3 号、

2013 年第 5 号、2016 年第 3 号、2017 年第 8 号修订),《饲料添加剂和添加剂预混合饲料产品批准文号管理办法》(农业部令 2012 年第 5 号),《新饲料和新饲料添加剂管理办法》(农业部令 2012 年第 4 号发布,2016 年第 3 号修订),《进口饲料和饲料添加剂登记管理办法》(农业部令 2014 年第 2 号、2016 年第 3 号、2017 年第 8 号修订)。

规范性文件主要是农业农村部以公告形式发布,主要有《饲料质量安全管理规范》(农业部令 2014 年第 1 号、2017 年第 8 号修订),《饲料原料目录》(农业部公告 2012 年第 1773 号发布,2013 第 2038 号、2014 年第 2133 号 2015 年第 2249 号、2017 年第 2634 号、2018 年第 22 号修订),《饲料添加剂品种目录》(农业部公告 2013 年第 2045 号发布,2014 年第 2134 号、2017 年第 2634 号、2018 年第 53 号修订),《饲料添加剂安全使用规范》(农业部公告 2017 年第 2625 号发布,2019 年第 231 号修订),《禁止在饲料和动物饮用水中使用的药物品种目录》(农业部公告 2002 年第 176 号),《食品动物禁用的兽药及其他化合物清单》(农业部公告 2002 年第 193 号),《禁止在饲料中人为添加三聚氰胺的公告》(农业部公告 2009 年第 1218 号),《禁止在饲料和动物饮水中使用的物质》(农业部公告 2010 年第 1519 号),《停止生产经营进口使用药物饲料添加剂促生长作用》(农业农村部公告 2019 年第 194 号),《食品动物中禁止使用的药品及其他化合物清单》(农业农村部公告 2020 年第 250 号)。

(4)补充。补充是对当前实行的法律法规等的解释和说明。主要的补充有最高人民检察院《关于办理非法生产、销售、使用禁止在饲料和动物饮用水中使用的药品等刑事案件具体应用法律若干问题的解释》等。

2. 我国现行的饲料工业标准

我国饲料工业目前基本形成了以国家标准和行业标准为主导、以地方标准为补充及以企业标准为基础的饲料工业体系。现行的饲料工业标准主要由以下几部分构成。

(1)国家标准。国家标准按标准性质分为强制性国标和推荐性国标。强制性标准用 GB 表示,是任何企业的任何产品(包括进口产品)都必须严格遵守的标准规范,如《饲料标签》《饲料卫生标准》就属于这类标准。推荐性标准用 GB/T 表示,我国绝大部分标准都是推荐性标准。

(2)行业标准。行业标准是根据《中华人民共和国标准法》的规定,由我国各主管部、委(局)批准发布,在该部门范围内统一使用的标准。农业的行业标准用 NY 表示。如 NY/T 2122—2012《肉鸭饲养标准》、NY/T 1029—2006《仔猪、生长肥育猪维生素预混合饲料》。

(3)地方标准。地方标准又称区域标准,对没有国家和行业标准而又需要在省、自治区、直辖市范围内统一的工业产品的安全、卫生要求,可以制定地方标准。地方标准由省、自治区、直辖市标准化行政主管部门制定,并报国务院标准化行政主管部门和国务院有关行政主管部门备案,在公布国家标准或者行业标准之后,该地方标准即应废止。福建省饲料工业主要地方标准有:DB35/T 1073—2010《猪用浓缩饲料》、DB35/T 1374—2013《猪用氨基酸平衡型低蛋白配合饲料》等。

(4)企业标准。企业标准是对企业范围内需要协调、统一的技术要求、管理要求和工作要求所制定的标准。企业标准由企业制定,由企业法人代表或法人代表授权的主管领导批准、发布。企业标准一般以“Q”作为企业标准的开头。《中华人民共和国标准化法》规定:企业生产的产品没有国家标准和行业标准的，应制定企业标准，作为组织生产的依据。企业标准须报当地政府标准化行政主管部门和行业行政主管部门备案。已有国家标准和行业标准的，国家鼓励企业制定严于国家标准和行业标准的企业标准，在企业内部适用。

二、福建省配合饲料生产状况

饲料工业在福建省农业和农村经济中具有举足轻重的地位，是推动农业结构调整、促进农民增收的支柱产业。提高饲料工业发展水平和竞争力，对增强农业综合生产能力、维护人民群众身体健康和促进社会和谐稳定具有极为重要的战略意义。

1. 福建省配合饲料生产特点

(1)增长速度快。2010 年福建省饲料(含配合饲料、浓缩饲料、添加剂预混料，以下同)总产量 514.2 万 t；2020 年饲料产品总产量(含宠物饲料)854.97 万 t；2021 年，福建省饲料总产量达到 1 057.7 t，首次迈入千万吨省份行列，增长速度迅猛。

(2)区域特征明显。福建省是我国海洋大省，拥有 3 324 km 的海岸线，居全国第二位；滩涂面积 2 701 km^2，海岸线漫长曲折，形成大小海湾 125 个，海洋国土面积 13.6 万 km^2，占福建省的“半壁江山”。改革开放以来，水产养殖业得到迅猛发展，2020 年福建省水产总量达到 830.34 万 t，超额完成“十三五”规划的目标任务，首次超越山东，居全国第二位；2022 年，福建省水产品总量达 862.4 万 t，居全国第一；福建省水产品出口额高达 85 亿美元，连续 10 年居全国首位。水产饲料工业发展良好，2020 年福建省水产饲料产量高达 146.64 t，居于全国前列。

(3)产品类别多样。产品类别有配合饲料、浓缩饲料、精料补充料、宠物配合饲料、饲料添加剂、混合型饲料添加剂、添加剂预混合饲料、单一饲料等。

(4)产品结构合理。从饲料品种看，猪饲料、蛋禽饲料、肉禽饲料、水产饲料、反刍饲料、宠物饲料等应有尽有。饲料产品结构合理，各类产品发展均衡(图 6-1)。

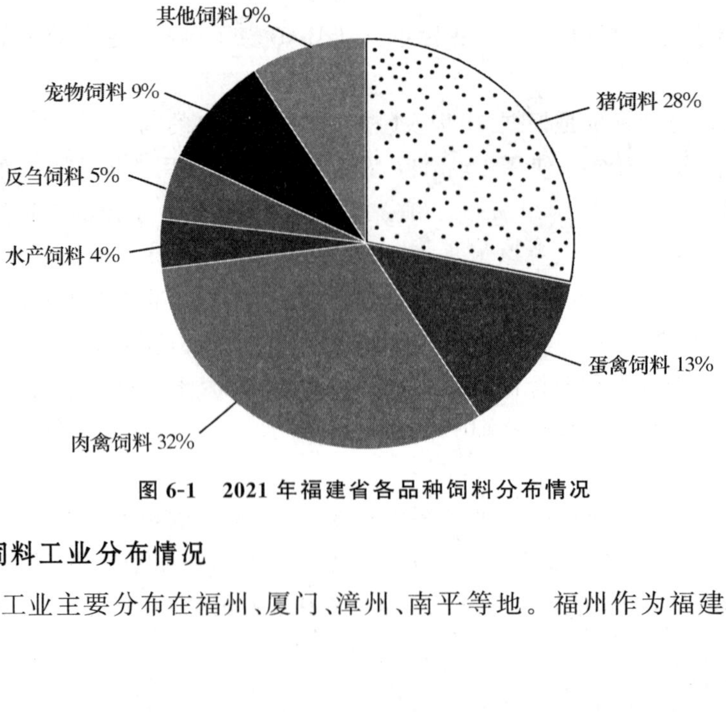

图 6-1 2021 年福建省各品种饲料分布情况

2. 福建省饲料工业分布情况

福建省饲料工业主要分布在福州、厦门、漳州、南平等地。福州作为福建省省会城市吸引大批饲料企业进入；厦门作为全国著名的风景旅游城市，政府并不鼓励发展养殖业和重工业，因此企业数量在逐年减少；而漳州依据其得天独厚的地理优势吸引了大批中大型饲料企业，目前企业数量全省第一。全省各地市饲料工业分布情况详见图 6-2。

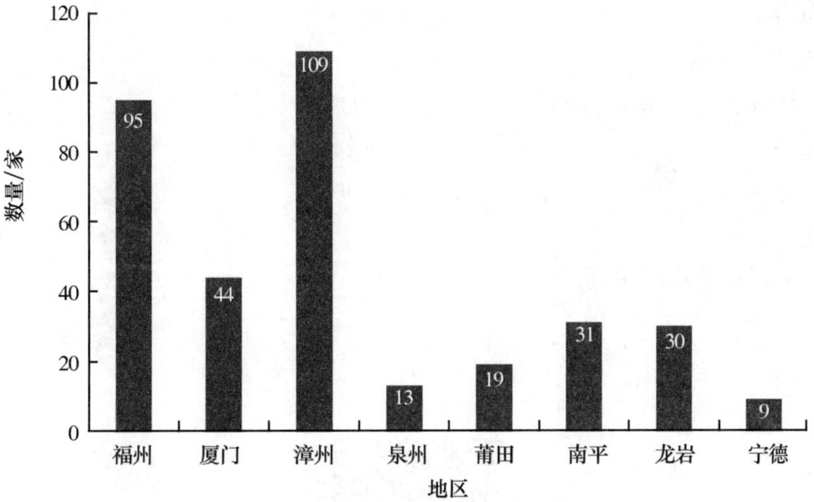

图 6-2　2021 年福建省各地市饲料生产企业分布情况

2021 年福建省饲料产量位居前 3 位的分别是漳州市、南平市和福州市，这 3 个地区总产量占全省饲料产量的 78.79%，其各自所占全省总产量的比重分别为 39.56%、23.73%、15.50%。

3. 福建省饲料工业发展趋势

随着饲料科学技术水平的发展与提高，饲料工业不断得到深入发展，在国民经济中发挥着越来越大的作用。饲料工业作为福建省农业经济的支柱产业，其发展带动着饲料原料、养殖业的健康发展。现根据福建省饲料工业的状况，分析未来的发展趋势。

（1）饲料需求量将持续增长。随着国民经济的快速稳定增长，人民收入和生活水平的提高以及食物结构的改善等，居民对肉、蛋、奶等动物食品的消费量将进一步增长。近几年来，福建省饲料工业都处于一个持续增长状态。

（2）饲料工业分布格局略有改变。2010 年福建省饲料工业之前主要分布在福州、厦门、漳州 3 地，其中福州饲料企业最多。2020 年后随着政府经济政策的改变及地理位置的因素，福建省饲料工业主要分布在漳州，并向莆田、龙岩及南平扩散。

（3）饲料企业的规模将逐渐扩大。饲料企业整体规模扩大，升级改造、兼并重组，持续向规模化、专业化和产业化发展，优势企业不断得到发展壮大。目前，像福建圣农发展股份有限公司、福建丰泽农牧饲料有限公司、大北农集团等大型企业已成为福建省饲料企业的骨干。

（4）生产优质安全高效的饲料产品成为发展方向。近年来，食品安全问题越来越受国民重视，生产绿色饲料已成为饲料企业的发展方向。福建省在这方面走在全国的前头，对猪用饲料产品中有毒有害物质的使用控制严于国家标准，例如对环境污染严重的砷、铜提出了更高的限量要求。在未来的饲料发展中生产优质安全高效的饲料产品将成为福建省饲料发展的重点。

知识巩固

一、选择题

1. 现行饲料管理法规体系主要(　　)几部分构成。

A. 相关法律　　B. 条例

C. 部颁办法和公告　　D. 补充

2. 我国现行的饲料工业标准由(　　)几部分构成。

A. 国家标准　　B. 行业标准

C. 地方标准　　D. 企业标准

二、填空题

福建省饲料工业主要分布在__________、__________、__________3地，占全省饲料工业总产量的__________。

答案

任务二　配合饲料生产工艺

思维导图

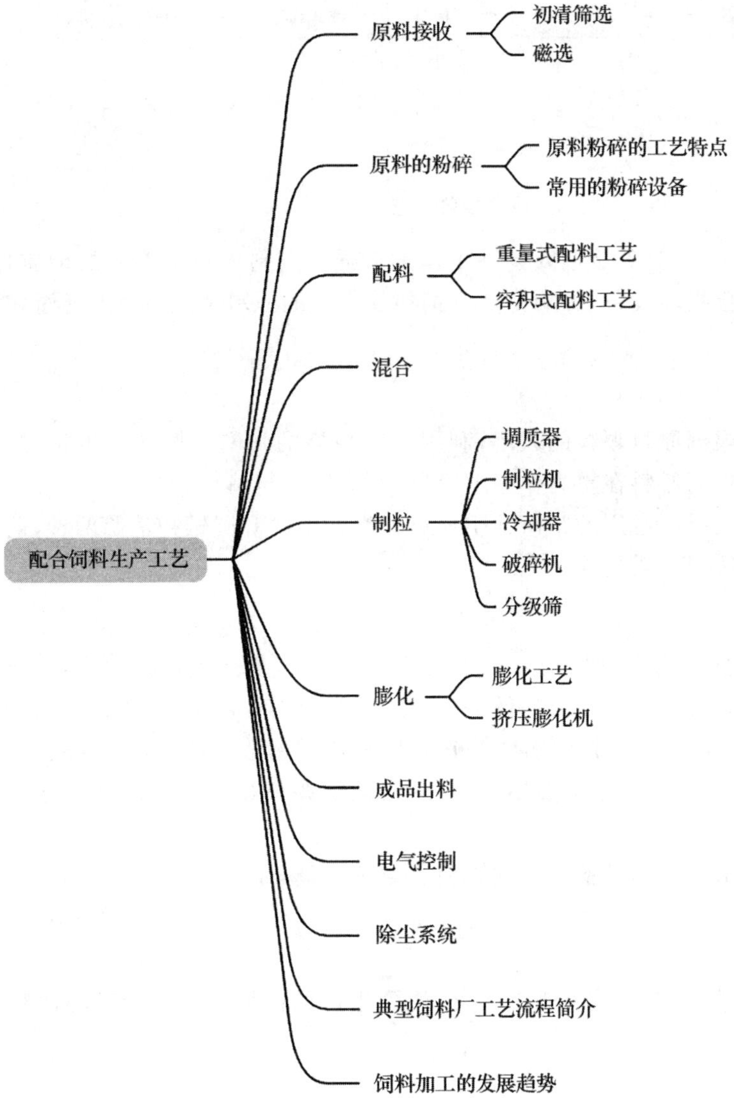

配合饲料的加工工艺

配合饲料加工设备

任务实施

在配合饲料加工过程中，加工工艺和设备是保证饲料品质的重要条件。只有在性能可靠的加工设备和科学的工艺流程下才能生产出优质的配合饲料。采用完善、合理、灵活的工艺，选用先进、高效、优质的设备，永远是饲料厂设计所追求的目标。我国大部分饲料厂都采用先粉碎后配料工艺，组成基本包括：原料接收、原料粉碎、配料、混合、制粒、膨化、成品出料、电气

饲料原料的接收与贮存

控制和除尘系统 9 个部分。下面从上述几个方面分别加以分析。

一、原料接收

原料接收工艺如图 6-3 所示，用到的机械一般包括输送设备、除尘器、刮板机、提升机、初清筛、自动秤和立筒仓。

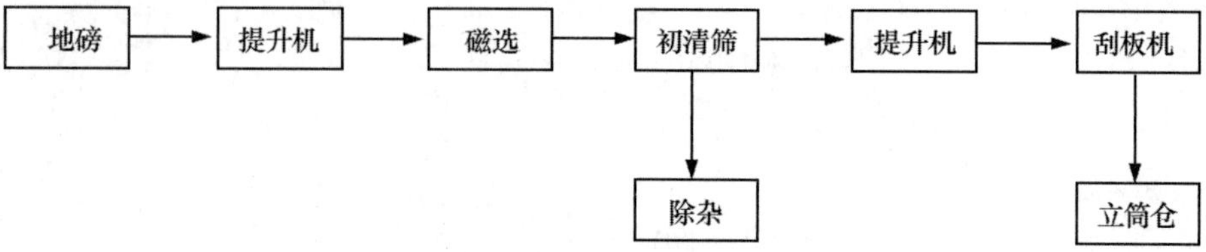

图 6-3 原料接收工艺

原料在收获、运输和贮存中，难免会混入各种不同的杂质。饲料原料中混入的杂质，如不事先清除，在加工过程中将会损坏设备，影响生产。饲料加工厂的原料清理一般要通过初清和磁选两道工序。

1. 初清

(1)初清筛选的原理。根据原料颗粒的大小，利用一定规格的筛网与原料发生相对运动，一般大的杂质不能通过筛网，而原料在重力作用下穿过筛网，以获得清理。

(2)常用的初清设备。饲料厂常用的初清筛主要有圆筒初清筛和圆锥初清筛两种，前者适用于粒料原料的除杂，后者适用于粉料除杂。

2. 磁选

(1)磁选的原理。饲料原料及饲料加工过程中均有可能带入金属杂质，不但影响动物生长，而且会加速设备工作部件的磨损。磁选的任务是清除原料中的金属杂质，以保证安全生产和产品质量。磁选设备的主要工作原件是磁体，当饲料原料通过磁选设备时，由于谷物为非导磁性物质，在磁场内能自由通过，而其中的金属杂质则被磁化，跟磁场的异性磁极相互吸引而与谷物分开。

(2)常用磁选设备。常用的磁选设备有永磁筒和永磁滚筒。

二、原料的粉碎

粉碎是依靠机械力将物料由大块破碎成小块，以达到生产的需要。目前粉碎的原料主要有谷物和饼粕等。

1. 原料粉碎的工艺特点

粉碎工艺按原料粉碎次数可分为一次粉碎工艺和二次粉碎工艺。一次粉碎工艺简单、设备投资少，但其缺点是粉碎物的粒度不均匀、电耗较高；二次粉碎工艺弥补了一次粉碎工艺的不足，成品粒度一致、产量高、能耗较小，但其设备投资大。大部分饲料厂都采用一次粉碎工艺。在配合饲料中，谷物类原料一般占 60%～70%。粉碎机在选择时，一般选用生产能力大于生产需要的粉碎机，这样可有节余的时间用于维修和易损件的更换。

2. 常用的粉碎设备

目前国内饲料工艺常用的粉碎机有四种：销连锤片式、劲锤式、对辊式和齿爪式。其中销连锤片式（简称锤片式）饲料粉碎机应用最为普遍。

三、配料

配料就是采用特定的配料装置，按照畜禽饲料配方的要求，对多种不同品种的饲料原料进行准确称量的过程。配料装置按其工作原理可分为重量式和容积式两种，配料工序的主要组成部分是：配料仓、喂料器、配料秤和集料斗。

1. 重量式配料工艺

配料秤是重量式配料工艺中的关键设备，由于它称量准确、配料方便，因此，在大中型饲料厂中被广泛使用。重量式配料秤为分批配料设备，根据配料秤与料仓组合形式的不同，又可分为一料一秤和多料一秤两种配料工艺。

2. 容积式配料工艺

容积式配料工艺是一种连续配料工艺，其配料方法主要采用螺旋式、叶轮式和圆盘给料机等。它是集出料仓、喂料机和配料秤为一体的设备。由于各仓内粉料质量不同，物料的流动性极不稳定，使得供料稳定性差，配料误差较大。

四、混合

混合是饲料生产中将配好的各种物料均匀混合的一道工序，是确保饲料质量和提高饲料生产效率的重要环节。

混合均匀度和产量是选择混合机的主要考虑因素。目前常用的混合机有立式和卧式两种，立式主要用于小型机组。卧式又分环带和双轴桨叶式，大部分饲料厂使用卧式环带混合机。双轴桨叶式混合机是近年来研制的新机型，其混合周期短、混合均匀度高，具有很大的市场潜力，但价格比较昂贵。另外，须特别重视混合机的质量，目前混合机漏料和残留是交叉污染的主要原因。混合机缓冲仓的功能是贮存混合机卸出的物料并使后续输送设备安全、平稳地将其送走。

混合后应尽可能地减少物料的输送，以避免分级。后续的水平输送设备一般采用螺旋输送机或刮板输送机。同螺旋输送机相比，刮板输送机残留量少，卸料均匀，本身具有自清功能。

五、制粒

利用机械将配合粉状饲料经挤压作用而制成颗粒状饲料的过程称为制粒。制粒系统主要由喂料器、调质器、制粒机、冷却器、破碎机、分级筛和输送设备组成。与粉状饲料相比，颗粒饲料具有营养全面、易消化吸收、畜禽对营养成分不易挑食、缩短采食能耗等优点。

1. 调质器

调质就是对饲料进行水热处理，使其淀粉糊化，蛋白质变性，物料软化，提高压制颗粒的质量和效果，并改善饲料的适口性，提高其消化吸收率。调质器的类型主要有：单道调质器、多道调质器、双轴桨叶调质器、超级调质器、熟化（调质）罐、后熟化器等。目前前三种使用较多，单道调质器主要适应于普通畜禽饲料和制粒性能较好的物料，调质时间一般在 10～25 s。多道调质器主要适应于普通水产饲料，调质时间一般在 40～60 s。双轴桨叶调质器可代替多道调质器来生产普通水产饲料和一些特种饲料，调质时间可通过调节桨叶的角度来改变，一般在 1～3 min。

2. 制粒机

制粒机是传统的热加工设备，分环模与平模两种，目前环模制粒机使用较普遍。环模制粒机由喂料器、调质器、环模、压辊、切刀、传动机构等组成。平模制粒机除压辊在平板上做圆周运动外，其他组件与环模制粒机大致相同，但实际生产中应用较少。

3. 冷却器

经过热加工处理的饲料一般比较潮湿，温度较高，为便于保存，必须进行冷却。冷却器有立式和卧式两种。目前普遍应用的冷却器为立式逆流式冷却器，它以低廉的造价和卓越的冷却效果正在取代传统的立式和卧式冷却器。逆流式冷却器分抽拉与翻板式两种。前者适用于颗粒料；后者不仅适用于颗粒料，也适用于片状膨化料。在进行工艺设计时，需合理地配置冷却风网系统，一般说来，在风机出口必须设一个风量调节门，以冷却不同特性的物料；另外，在安装时，沙克龙与风管最好用岩棉保湿，以防冬季出现冷凝水造成风网堵塞。

4. 破碎机

为提高制粒效率，降低能耗，常采用大模孔制粒，然后通过破碎机将大颗粒破碎。常用的破碎机为对辊式破碎机，有二辊和三辊结构，其性能相差不多。辊间距的调整有自动和手动。这一部分最需重视的是均匀喂料和两辊间平行度的调整，一般国外饲料厂均在破碎机上设一叶轮式喂料器，其目的是使喂料量在辊的长度方向上相等，以保证活动辊不倾斜，从而制造均匀的颗粒料。

颗粒料破碎后，进入分级筛分级，大颗粒返回破碎机再次破碎，细粉进入颗粒机进行二次制粒。常用的分级筛有平面回转式和振动式，后者使用较多。需特别注意的是细粉回料管的安装倾角应大于 60°，它在待制粒仓上的入口位置，一定要保证回流的细粉被喂料器首先送走；另外最好在该仓内加一隔板，将回流细粉与正常待制粒物料隔开，以防回流管堵塞。

5. 分级筛

分级筛的作用是对颗粒或破碎进行处理，筛去其中过大的颗粒及细粉，提高终产品的质量。使用较多的为配两层或三层筛面的分级筛。

六、膨化

膨化技术今年来发展十分迅速，目前已达到很高的水平。该技术主要应用于宠物饲料、水产饲料及高档乳猪饲料。膨化是将物料加湿、加压、加温调质处理，并挤出模孔或突然喷出压力容器，使之骤然降压而实现体积膨大的工艺操作。按其工作原理的不同，膨化分为挤压膨化和气体热压膨化两种。而根据在膨化过程中是否加水或加蒸汽，又分为干法膨化和湿法膨化两种。目前应用较多的为干法挤压膨化。

1. 膨化工艺

物料经粉碎、配料、混合后进入膨化机的调质器中，调质至水分 25％～30％，进入挤压机，经切刀切割，烘干冷却后即为成品，根据需要可经破碎、加糖蜜、喷涂油脂等处理。

2. 挤压膨化机

挤压膨化机是目前使用较多的膨化设备。挤压机有单螺杆和双螺杆两种类型，单螺杆结构简单，价格较低；双螺杆对物料的作用力强且均匀，但结构复杂，投资大。生产一般饲料选用单螺杆挤压机即可满足要求，一下难以膨化的品种则需要双螺杆挤压机。

七、成品出料

成品出料有包装与散装两种形式。欧美各先进国家由于交通运输比较发达，大量地使用饲料散装车。我国的散装饲料主要是自用，大部分商业性饲料仍采用包装形式。随着运输条件的好转，可以相信散装将成为饲料工业的一大变革。包装又分为手动与自动两种，目前，只有小部分小型饲料厂采用手动包装。选择自动包装系统应注意打包秤的精度、稳定性以及自动缝包机的工作可靠性。

八、电气控制

电气控制系统是饲料厂自动化程度的集中体现。由于生产规模、人工费用与投资能力的不同，各厂的自动化程度表现出较大的差异，但与欧美国家相比，我国饲料厂的自动化程度明显偏低，现阶段只能做到计算机控制配料系统，国内尚无全厂采用计算机自动控制的饲料厂。就配料系统而言，其控制功能也比较单调，这与我国的现状和劳动力价格较低息息相关，但就行业发展而言，我们无疑需加强自动化控制系统的研发工作。美国与欧洲的大型饲料厂在控制方面均有如下特点。

①大量使用压力、温度、速度、流量等传感器，以监控系统的运行状况和实现反馈控制。

②控制计算机与管理计算机实行联网，管理人员可随时监视生产动态和车间工作状况。

③控制室与电机控制中心单独分开，前者趋于简单化，后者趋于合理化，每台电机设一包括空开、接触器和热继电器的独立抽屉，这样不但便于设备维修断电，也为故障诊断和生产管理提供了极大的方便。

④饲料厂中闸门(包括水、汽、料闸门)和三通是控制物料供应和流向的主要设施。其上必须配置可靠的行程开关，以确保提供正确信号，其动力源一般选择压缩空气。而压缩空气的流量必须经过认真的计算，一般空压机的运行率不应高于 60%，以确保诸如脉冲器工作时所要求的大量气量。空压机的压力一般设定为 8 kg/cm^2。

九、除尘系统

饲料厂在生产过程中容易产生大量的粉尘，为了控制粉尘污染、保障操作人员身体健康、维护设备正常运转，合理的除尘系统是必不可少的。除尘系统多采用单点吸风除尘和集中风网组合除尘方式。对于具体采用何种除尘方式，应视具体情况而定。在设计风网系统时，应考虑以下几点。

①尽可能缩短风管(主要是水平风管)的长度，减少弯头数量，避免因压损过大而影响除尘效果。

②在各吸尘点设风量调节门，避免有些风管风速不足，而另一些风管风速过大，产生吸料现象。

③尽量采用吸气式，使系统在负压状态工作。另外，为了调节方便和运行可靠，同一风网

风量不宜太大，吸风点不宜过多。

④在工艺设备布置中，通常把距离相近和产生粉尘性质相同的设备组合在同一风网中，这样既可以缩短风管长度，也便于粉尘的回收利用。

⑤应设计大小形状合理的吸风口，以便有效地控制粉尘。

综上所述，在配合饲料厂的工艺设计中，要考虑单机性能，更要考虑设备的整体配套性、经济性和实用性。以便在实际生产中，使用户以较低的成本生产出高品质的产品，满足市场的需求。

十、典型饲料厂工艺流程简介

1. 5 t/h 的配合饲料厂工艺流程

目前小型饲料厂能进行粉料 5～8 t/h，粒料 2～4 t/h 的生产，其工艺流程见图 6-4。

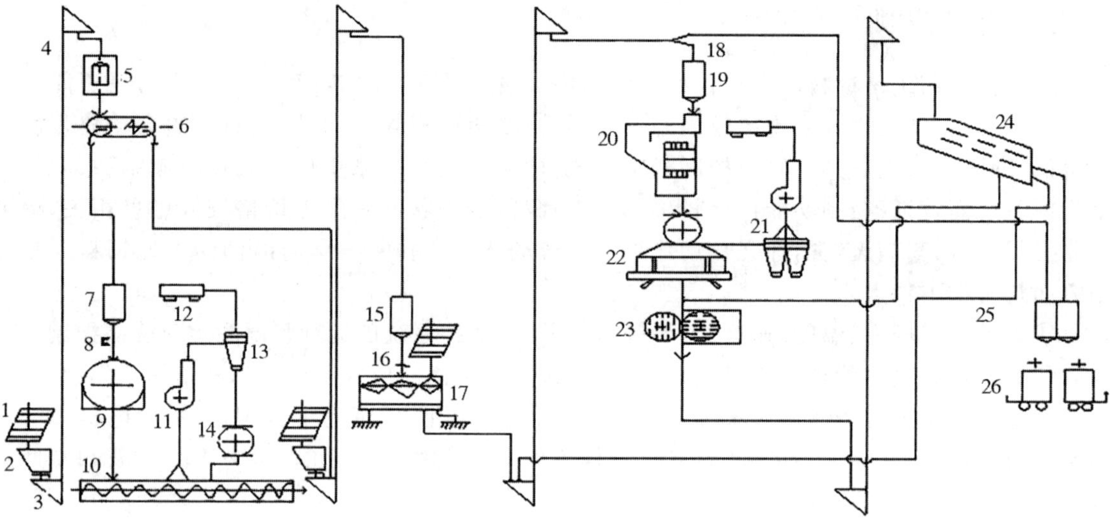

图 6-4　小型饲料厂工艺流程

1. 栅筛　2. 下料坑　3. 手动阀门　4. 斗式提升机　5. 永磁筒　6. 圆筒筛　7. 缓冲仓　8. 磁选　9. 锤片粉碎机　10. 螺旋输送机　11. 风机　12. 风帽　13. 沙克龙　14. 闭风机　15. 待混合仓　16. 电开门　17. 卧式螺带混合机　18. 手动二通蝶阀　19. 待制粒仓　20. 环模制粒机　21. 双联沙克龙　22. 逆流冷却器　23. 颗粒破碎机　24. 振动分级筛　25. 成品仓　26. 打包秤

本工艺流程的优点是：

(1)工艺流程合理。采用先粉碎后配料工艺，实现配方变换较简单、容易。

(2)设备经济合理。较少人力就能运作，机器的利用率较高，可以节约能源，比较适合小型饲料厂、养殖场的少量加工生产。

(3)全套设备为机架组合式结构，布置紧凑合理，占地面积小，适合空间面积较小的小规模饲料厂。

(4)采用多种措施进行防尘和防噪声，各种手动阀门均在地面上操作等，从而改善了劳动条件，有利于劳动生产率的提高。

2. 10 t/h 的配合饲料厂工艺流程

生产能力 8～10 t/h 的工艺流程如图 6-5 所示，适合中等规模配合饲料厂。

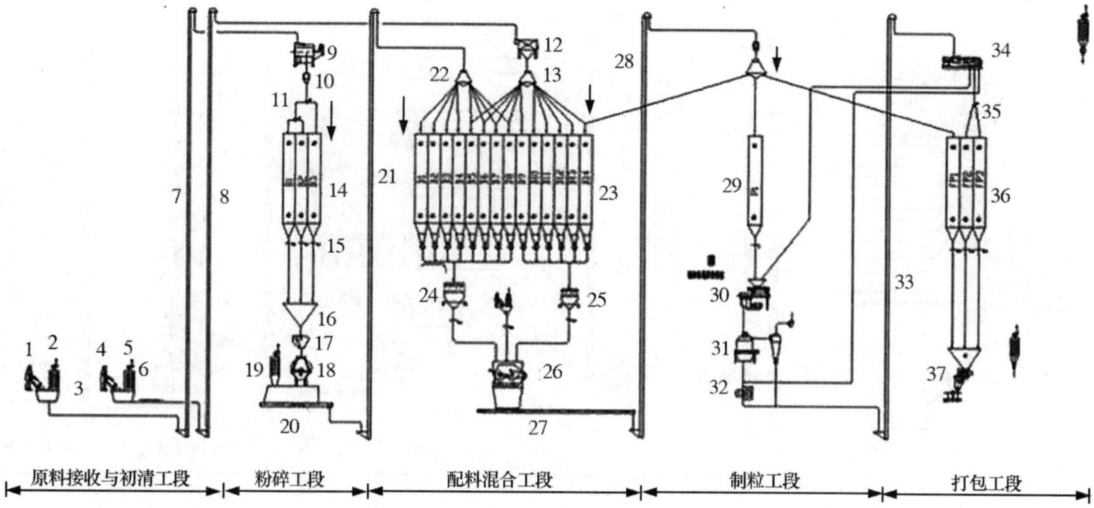

图 6-5 10 t/h 配合饲料厂生产流程

1. 粒料坑、栅筛 2、5. 脉冲除尘器 3、6. 风机 4. 粉料坑、栅筛 7、8、21、28、33. 提升机 9. 粒料初清筛 10. 永磁筒 11、35. 气动三通 12. 粉料初清筛 13、22. 旋转分配器 14. 待粉碎料仓 15. 气动阀门 16. 缓冲斗 17. 叶轮喂料器 18. 粉碎机 19. 脉冲除尘器 20. 闭风螺旋输送机 23. 配料仓 24. 大配料秤 25. 小配料秤 26. 双轴高效混合机 27. 刮板输送机 29. 待制粒料仓 30. 制粒机 31. 逆流式冷却器 32. 碎粒机 34. 分级筛 36. 成品仓 37. 包装设备

该工艺流程的设计比较完善,能生产质量较高的全价配合饲料。其优点是:

(1)采用粉料和粒料分开投料,粉碎机不受后续设备(混合机)生产能力的限制,利用率比较高,且粉碎机稍有故障或更换零件不影响后续设备的工作,物料的各种流向均设有清理设备。

(2)自动化程度高,有较高的劳动生产率。全部生产过程在中央控制室的电子屏上显示,由中央控制室人员集中操作,统一指挥生产。

(3)采用两台不同感量的配料秤,大量成分用大感量配料秤,小量成分用小感量配料秤,从而提高了配料的精度,省去了人工配料的繁重劳动。

(4)配料仓较多,有利于自动控制和频繁变换配方。

3. 50 t/h 的大规模配合饲料厂工艺流程

生产能力 50 t/h,适合大规模配合饲料厂。可以生产高档配合饲料和水产饲料。其工艺流程如图 6-6 所示。

该工艺流程的工艺设计特点是:

(1)玉米储存于立筒内,立筒采用下送上排的方式进行通风,在立筒的底部设置大风量离心通风机向库筒内送风,在库筒顶部安装轴流风机排风。

(2)粉碎工段采用二次粉碎工艺,适合生产高档乳猪饲料及水产饲料。先进行常规粉碎后进行超微粉碎,以减少超微粉碎机的工作压力,并降低粉碎引起的物料升温,提高粉碎效率。采用二级粉碎增加了粉碎工段的灵活性,当生产畜禽饲料时就可单独使用常规粉碎机进行粉碎。

(3)在超微粉碎加工中,增加了吸风系统。吸风系统对粉碎的效能非常明显,它有助于降低电耗,提高粉碎机的产量,控制粉碎粒度,降低物料升温,控制粉尘和粉碎机内的压力。

(4)全部采用圆底刮板输送机进行配料,自动化程度高,有较高的生产效率。采用双轴桨

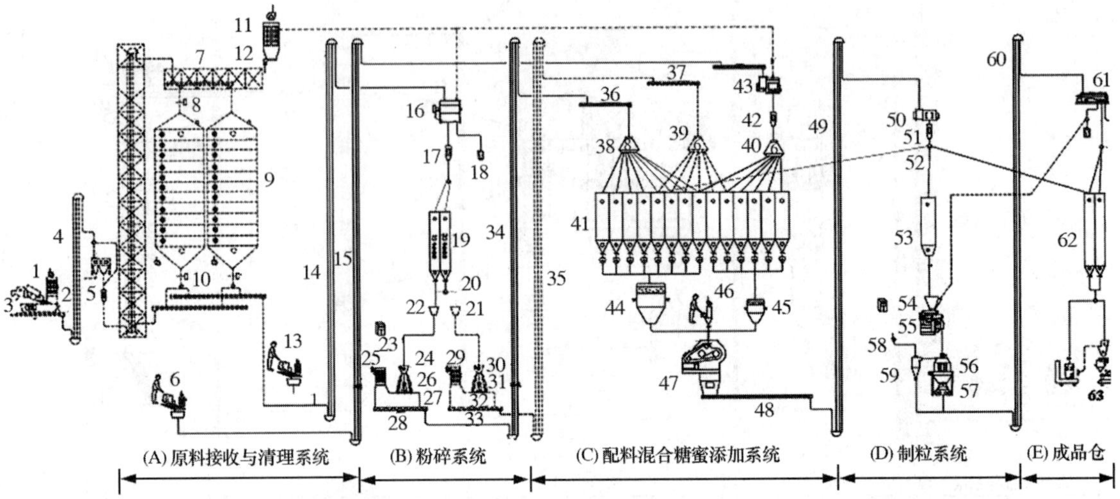

图 6-6　50 t/h 高档配合饲料及水产料工艺流程

1. 汽车接料坑　2. 栅栏格　3. 吸风罩　4、7、36、37、43、48. 圆底刮板输送机　5. 初清筛、永磁筒　6. 粉料投料坑　7. 水平输送机　8、10. 气动阀门　9. 立筒仓　11. 离心风机　12. 脉冲除尘器　13. 粒料投料坑　14、15、34、35、49、60. 斗式提升机　16. 圆筒初清筛　17、42、51. 永磁筒　18、52. 气动四通　19. 待粉碎仓　20. 气动三通　21、22. 缓冲斗　23. 粉碎机现场控制柜　24、30. 叶轮喂料器　25. 脉冲除尘器　26. 锤片式粉碎机　27、32. 缓冲斗　28、33. 料封绞龙　29. 风机　31. 超微粉碎机　38、39、40. 旋转分配器　41. 配料仓　44. 大配料秤　45. 小配料秤　46. 小料投料口　47. 双轴桨叶混合机　50. 成品检验筛　53. 待制粒仓　54. 缓冲斗　55. 颗粒机　56. 气流式冷却器　57. 颗粒破碎机　58. 冷却风机　59. 旋风除尘器　61. 傻瓜式分级筛　62. 成品仓　63. 包装设备

叶混合机，混合能力为每批 4 t，大大提高了产能。

十一、饲料加工的发展趋势

随着饲料产品研究的不断深入及饲料企业之间的激烈竞争，饲料工业逐步向专业化、规模化、产业化方向发展。这对饲料加工技术的要求也越来越高，饲料加工技术的发展主要表现在以下几方面。

1. 饲料加工保真新工艺与设备开发

粒料饲料和膨化饲料的大规模生产已成为世界饲料工业的发展趋势。据不完全统计，现在饲料产品中 70%的产品是经过热加工（调质、制粒或膨化）处理的。经过热加工处理后，能够有效杀死一些有害物质（如沙门氏菌），降低或抑制抗营养因子的含量，改善饲料的适口性等。但这些热加工处理也会使一些热敏成分，如维生素、酶制剂、微生态制剂等受到严重损害。为了降低热加工对热敏性组分造成的损失，一般采用两种保真加工技术：一种是通过“包被”或“微胶囊”处理，另一种是在调质、制粒或膨化后添加液态组分来达到有效成分的保真。

采用“包被”或“微胶囊”技术会增加成本，也不能很好地保证有效成分的活性。有研究认为，当加工温度超过 100 ℃以上时，“包被”或“微胶囊”技术就不能有效保证热敏性组分的活性，且该技术对热敏性组分有负面影响。而采用制粒后液体喷涂技术既可以减少高温短时加工造成的营养成分的流失，又可以避免因前置添加造成的交叉污染。因此，制粒后喷涂是一种较好的加工保真新技术。

2. 连续饲料、混合饲料加工工艺

目前，饲料加工多是一种不连续的生产过程，为了保证生产过程的配料精度，故采用分批配料和分批混合的工艺流程。由于技术发展水平的制约，长期以来配料工段一般采用配料秤来完成配料任务。而配料秤是多种原料的累积计量，需分批进行，这就导致了配料时间过长(3.5～4.5 min)，生产规模越大，累积时间越长，累积误差越大，控制过程也越烦琐，最终限制饲料厂的生产规模。如能实现饲料加工工艺的连续配料和生产，将大大提高同等规模饲料厂的生产效率，节约劳动生产力。连续配料、混合饲料加工工艺是利用现代测试技术，研究开发的在线测量技术，可在同一时刻对多种原料进行在线计量，并能根据分配的比例和原料的特性进行在线调整。用连续配料、连续混合代替传统的分批配料、分批混合，将大大改进当前饲料行业的发展状况，促进饲料行业的产业化和规模化，提高生产效率及行业的科技含量，并可显著改善生产环境，提高经济效益。

3. 配合饲料的专线生产

目前，大部分规模饲料厂都是“全能手”，即水产料、畜禽料均有生产，由于早期设备的限制，多种不同的饲料都在一条生产线上进行。随着饲料生产规模的扩大，这种单一的饲料生产线越来越显示了其弊端，严重影响生产效率和产品品质。因此对于某些特殊的饲料或者销量较高的饲料设置专门的生产线具有较高的实际意义。

(1)提高生产效率，节约人工成本。目前，大部分饲料厂都是教槽料、浓缩料、全价料在一条生产线上进行，而不同阶段的产品加工工艺的要求是不同的。比如，在粉碎粒度方面，乳猪料要求粒度0.8～1.0 mm，小猪料要求粒度1.2～1.5 mm等；在制粒方面，不同阶段的产品对环模和压辊的要求也不一样。这就造成生产不同阶段产品时必须不停更换筛片、环模和压辊，浪费了生产时间，严重影响生产效率和人工成本。因此，在规模饲料厂应根据生产的需要对某些产量较大的产品设置专门的生产线。

(2)提高产品质量，防止交叉污染。不同阶段不同品种的饲料，由于原料的使用不同，在同一生产线上生产容易造成交叉污染，严重影响产品品质。主要表现在两方面：①药物的使用不同引起的交叉污染；②鱼料、鸭料中含较多的杂粕等纤维含量较高的原料，若混入乳猪料中容易引起乳猪腹泻，造成产品品质不稳定。

知识巩固

一、选择题

在设计风网系统时，应考虑以下哪些因素？(　　)

A. 尽可能缩短风管(主要是水平风管)的长度，减少弯头数量，避免因压损过大而影响除尘效果。

B. 在各吸尘点设风量调节门，避免有些风管风速不足，而另一些风管风速过大，产生吸料现象。

C. 尽量采用吸气式，使系统在负压状态工作。另外，为了调节方便和运行可靠，同一风网风量不宜太大，吸风点不宜过多。

D. 在工艺设备布置中，通常把距离相近和产生粉尘性质相同的设备组合在同一风网中，这样既可以缩短风管长度，也便于粉尘的回收利用。

E. 应设计大小形状合理的吸风口，以便有效地控制粉尘。

二、填空题

1. 利用机械将配合粉状饲料经挤压作用而制成颗粒状饲料的过程称为制粒。制粒系统主要由__________、__________、__________、__________、__________、__________、__________设备组成。

2. 粉碎工艺按原料粉碎次数可分为__________和__________。

3. 原料接收工艺一般包括__________、__________、__________、__________、__________、__________、__________。

答案

任务三 配合饲料加工工艺的质量控制

思维导图

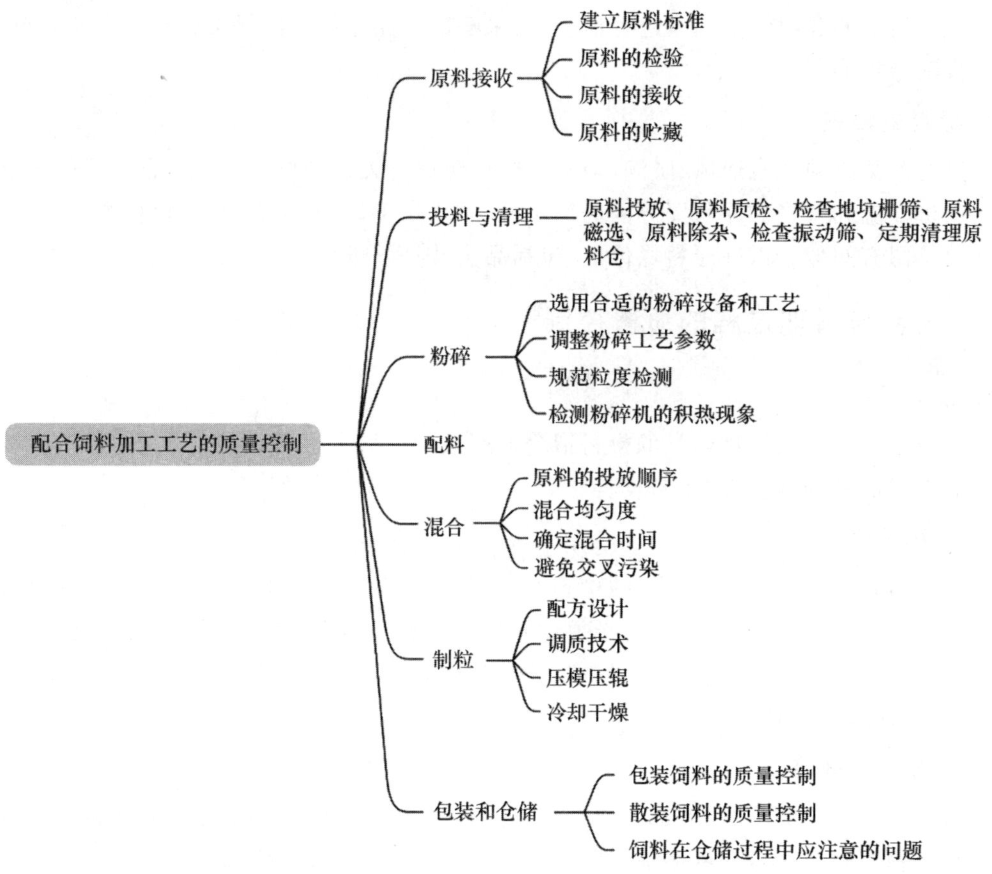

任务实施

一、原料接收过程的质量控制

配合饲料加工工艺的质量控制

原料接收是饲料生产的第一道工序，也是保证生产连续性和产品质量的重要工序。原料接收是将饲料厂所需的各种原料用一定的运输设备运送到厂，并经质量检验、称重计量、初清入库存放或直接投入使用的过程。原料接收的质量控制主要包括以下几个方面。

1. 建立原料标准

合理的原料标准主要包括：原料的接收标准、原料的拒收标准、原料的必检指标和不合格原料的评审和处置。原料的标准应根据国家标准、行业标准、企业经验和当地的实际情况来综合考虑。

2. 原料的检验

原料的检验包括:核对原料信息(生产日期、批次、含量、保质期、批准文号等)、验重、感官检测、理化检测。然后根据原料标准判定是否接收。

3. 原料的接收

原料的接收应建立合格供应商制度,采购渠道不应多变。通过对供应商的既往供货质量记录、价格、供货的及时性等因素进行评审,由采购部和品管部共同提出合格供应商名单,然后提请分管领导批准。

4. 原料的贮藏

原料的贮藏必须注意通风、防潮、防雨、防风、防鼠、防虫、防腐,特殊原料(如维生素、药物)还要注意防高温和避光。原料要分区分类垛放,防止交叉污染,下有垫板,垛位与垛位、垛位与墙壁之间应留有间隙。做好原料垛位卡,包括品名、时间、进货数量、来源。

二、投料与清理过程的质量控制

1. 原料投放

投料人员必须根据控制人员的投料指令进行投料。将原料拖到规定的投料口,看清楚标识牌上的投料品种和数量,防止错投料。

2. 原料质检

原料虽然在入库时进行了严格的检验,但由于贮存环境、时间等的影响,原料的品质还会发生不同程度的变化,因此在投料前必须对原料状况包括颜色、气味、结团、干湿度、杂质进行检查,发现有结团的原料尽量做过筛处理,若有其他异常应停止投料并及时通知质检人员;未经处理,不得转入下一道工序。

3. 检查地坑栅筛

大型饲料厂投入原料时,大都是通过地下刮板输送进入生产线的,所以投料前应检查地坑的栅筛是否安全到位。合理的栅筛间隔是清理原料中大块杂质的前提。

4. 原料磁选

原料中不可避免混有铁质杂质,如有铁质杂质进入生产线,就有可能损坏粉碎机筛网,甚至打坏粉碎机;如进入制粒机(需要制粒的饲料),会损坏制粒机。所以磁选装置的完好是设备维护的关键环节之一。另外,磁选装置必须进行定期清理,一般每班至少清理 1 次。

5. 原料除杂

初清筛用于除去进入生产的原料的杂质,如块状成分、线头、纸屑、木屑等。初清筛必须定期清理,否则易发生堵料现象。如初清筛破损,其作用丧失,进入粉碎机的杂质就会堵塞粉碎机筛孔,造成粉碎能力下降,从而影响生产的正常运行。

6. 检查振动筛

振动筛主要作用是分选投料生产线上的原料,把不用粉碎的原料绕过粉碎机进入下一工序,筛上物进入粉碎机粉碎。振动筛功能的好坏将直接影响加工质量。

7. 定期清理原料仓

原料仓是配料过程中电子秤直接领取原料的缓冲仓，一般根据常用配方中物料使用的多少来确定原料仓的大小。原料仓内的原料不能储存时间太长，特别像膨化大豆、膨化玉米等原料，放置时间太久将出现酸败变质，因此要根据生产需要投放原料。要定期查看原料仓是否有漏料现象，定期对原料仓进行全面清理，以免粘在仓壁或角落的原料发霉结块，影响饲料品质。正常情况下，仓中所存放的原料保持相对稳定，如在某一仓中改放另一种原料时，必须将料仓中原料放净并清洗干净，确认无残留后再放入新原料，杜绝料仓混料。

三、粉碎过程的质量控制

粉碎粒度的大小影响动物的消化吸收、粉碎成本、后续加工工艺和产品质量，控制好物料的粉碎粒度是饲料生产的关键环节。不同的动物品种、饲养阶段、原料组成、调质熟化和成形方式对饲料粉碎的要求不同。粉碎粒度既要满足养殖动物的需求，又要使制粒效果、耗电量和粉碎率都比较合理。

1. 选用合适的粉碎设备和工艺

产品粒度是否合适，很大程度上取决于选用的粉碎设备是否合适，不同类型的粉碎设备适用于不同特性的原料和不同要求的粉碎粒度。粉碎设备选用不当，不仅产品粒度得不到保证，而且粉碎速度慢、耗电量大、筛片破损速度快及料温过高等，会使饲料生产厂家难以接受。当原料和产品的粉碎粒度差别较大时，在一条生产线中串联使用两种类型不同的粉碎机，即先粗粉碎后微粉碎，可以提高产量，降低能耗，产品粒度更有保障。

2. 调整粉碎工艺参数

对于粉碎粒度变化范围大、生产品种变化频率高的生产线，在操作过程中应通过控制加工流程、筛孔尺寸、进料量、风量、转速等多种调节手段来适应粉碎粒度的要求。筛片孔径是决定粉碎粒度的主要因素，应随配方原料的变化而变化，需要通过试验确定。采用组合筛片，避免过度粉碎，提高粒度均匀性。

3. 规范粒度检测

粉碎粒度是饲料产品重要的加工质量指标之一，规范化的检测是这一质量指标的必要保证措施。对产品取样化验，按行业标准进行粒度检测，由测定数据得出粒度是否合格，并及时进行必要的调整。

4. 检测粉碎机的积热现象

粉碎机堵料，粉碎机下口输送设备故障或锤片粉碎能力降低时，会使被粉碎的物料发热。发现粉碎物料积热后应及时解决，否则会毁坏粉碎机或对物料造成不良影响，从而影响饲料质量，有时还会发生火灾。

四、配料过程的质量控制

科学的配方要靠精确的计量、配料来实现。配料精度是决定饲料营养成分含量是否达到配方设计要求的主要因素，直接影响到饲料的质量、成本和安全性。称量准确与否，对饲料厂的质量起到至关重要的作用。目前，国家或行业对配料精度指标没有统一的标准，仅是各生产企业自行规定或相互效仿。预混料生产对各类计量配料设备的准确性与稳定性要求较高，根据成分所占的比例不同，对配料精度的要求也不同，微量成分精度为0.01%～0.02%；中量成分精度为0.03%～0.05%；常量成分精度为0.1%；载体精度为0.25%。对于浓缩饲料和配合饲料生产中，自动配料秤配料精度为静态0.1%、动态0.2%。

目前，普遍采用的配料方式主要有自动配料系统、人工称重配料和人工与自动配料相结合等几种，正确选择高精度配料秤和采取适宜的配料方式是确保配料准确的关键，大中型饲料厂都采用计算机自动配料控制技术，尽可能将人工添加的原料部分减少到最小限度。由于原料配比差异较大，允许配料误差也不相同，应采用大、中、小秤相结合，分别进行配料。“大秤配大料，小秤配小料”，而对于微量成分，采用人工称量添加。计算机控制自动配料时，可采用变频单、双螺旋输送机喂料控制，空中量自动修正等技术来减少配料误差。同时要定期检查、检修、校验各种配料秤，并经常检查喂料装置及控制系统的工作情况。

五、混合过程的质量控制

混合旨在使生产出的饲料中的营养成分和药物均匀分布。饲料成品均匀与否，是饲料产品质量的关键，直接影响动物能否从饲料中获得充足、全面的养分。影响混合均匀的因素包括：原料加入混合机的顺序、混合均匀度、混合时间、混合机的清理磨损程度、残留量等。

1. 原料的投放顺序

在混合机中加入原料时，应当首先加入量大的原料，量越少的原料越应在后面添加，如维生素、矿物质和药物预混剂。如果在空混合机内先投放这些微量成分，它们就可能落到缝隙或混合机死角处，不能与其他原料充分混合。

饲料中需要加入油、水或其他液体原料时，在加入时要经过搅拌机上部的喷嘴喷洒，让液体原料以雾状喷入搅拌机中。这样，可以使液体原料在饲料中分布均匀。在液体原料添加前，所有的干原料一定要混合均匀，然后再将液体原料喷洒在上面，再次进行搅拌混合。若在饲料中需要加入潮湿原料，应在最后添加，这是因为潮湿原料可能使饲料结块，使混合更不易均匀，从而增加搅拌时间。

为保证饲料混合均匀，各种原料的投放顺序十分关键，其顺序为：①先加入量大的原料；②加入微量成分，如添加剂、氨基酸、药物等；③用喷雾嘴喷入液体原料，如油、水等；④加入潮湿原料。

2. 混合均匀度

成品饲料均匀与否是饲料产品质量的关键所在，直接影响动物能否从饲料中获得充足、全面的养分，常用混合均匀度变异系数（CV）来衡量混合物中各种组分均匀分布的程度。若饲料均匀度不好，必将使动物出现某些营养成分过剩，而某些营养成分不足的现象，特别是微量组分的差异就更加显著，必将影响饲养的效果，甚至造成养殖事故（如中毒等）。目前国家或行业对混合均匀度变异系数的要求一般为：配合饲料≤10%；浓缩饲料≤7%；添加剂预混合饲料≤5%。但是对于特殊的水产配合饲料，如牙鲆稚鱼、青鱼、真鲷稚鱼、黑仔鳗鲡、稚鳖、蟹苗等的配合饲料，有的要求≤8%。

3. 确定混合时间

混合时间应以混合均匀为限。最佳的混合时间取决于混合机的类型和原料的性质（粒度、形状、形态及容重)。确定最佳时间十分必要，搅拌时间不够，饲料混合不均匀；混合时间太长，混合均匀度反而降低且浪费时间和能源。

4. 避免交叉污染

所有饲料都要通过混合机，因此避免不同饲料之间的交叉污染十分重要。如果前一批饲料中含有高剂量的药物就会对下批饲料造成污染，因此一般采用次序配料(先加工不含药物或少量残留无后果的饲料)或清洗来避免交叉污染。

六、制粒过程的质量控制

制粒就是把全价混合料或单一原料(米糠、牧草等)经挤压作用而制成颗粒饲料的过程。影响制粒的因素包括配方、调质、压模压辊、冷却干燥等。

1. 配方设计

配方设计要考虑原料的制粒性能。不同特性及配方原料会产生很不同的压制效果。而原料的特性受原料的粒度、密度以及脂肪、蛋白质、纤维、淀粉、水分等含量的影响。

2. 调质技术

猪、鸡饲料一般含有较多的玉米，淀粉含量高，而粗纤维含量较低。颗粒饲料的大小和强度取决于调质技术。用热饱和蒸汽软化原料，可以提高饲料的制粒性能。在调质过程中，饲料中的淀粉会发生部分糊化，糊化的淀粉起黏合作用，提高了饲料的颗粒成型率。

调质时间的长短对制粒的产量和质量也有较大的影响。合适的调质时间使淀粉达到合适的糊化程度，又不会过多地损害维生素等成分。一般来说，虾饲料要求有较长的耐水时间，要求淀粉能充分糊化，因此要求的调质时间最长；鱼饲料次之；畜禽饲料则要求调质时间较短些。一般调质器的调质时间为 10～20 s，延长调节时间，可提高调质效果；要控制蒸汽的压力及蒸汽中的冷凝水含量，调质后的水分在 16%～18%，温度在 75～85 ℃。

3. 压模压辊

压模对颗粒的质量与产量有密切的关系。通常压模越厚，颗粒越硬，生产速度慢；压模越薄，颗粒越软，生产速度快。此外，压模孔径越小，颗粒硬度越大，生产速度慢；压模孔径越大，颗粒越软，生产速度快。制粒的质量和产量还与压模的孔型有关，目前圆柱孔型的压模较多。

压辊间隙是影响制粒效果的重要因素之一。间隙增大，则物料层加厚，挤压工作量增加，消耗的动力也增加，造成挤压区内对物料的压力减小，使压辊出现打滑现象，而降低生产速度；间隙过小则使压入的物料量减小，而降低生产速度。

4. 冷却干燥

由制粒机压制成的颗粒经闭风喂料器进入冷却器，在机内停留一段时间，同时由风机抽风，使冷风穿过料层进行热交换，带走颗粒料散发出来的热量和一定的水分，实现颗粒冷却。冷却器通常采用的是逆流式冷却器，通过冷却器的风从冷却器底部均匀进入，冷却器内的颗粒充分接触空气。工艺设计中，必须保证颗粒料在冷却器中停留 15～25 min，这样才能保证颗粒内外被充分冷却干燥。刚脱模出来的颗粒饲料温度高(60～90 ℃)、质地松散(含水量 13.5%～17.5%)、极易破裂，不适合改变物流方向，需及时冷却。冷却后温度比室温高 5～8 ℃，水分为 12%～13%，冷却时间与颗粒大小及其成分有关。颗粒中脂肪含量越高，颗粒冷却越困难。另外,在制粒后喷涂脂肪时,包在颗粒表面的脂肪层也会使颗粒中的水分难以排除。因此,冷却时间应相应延长,冷却风量不宜过大,否则颗粒表面冷却过快,而内部湿度和水分过高,表面易裂开,降低颗粒的硬度和耐磨性,增加产品中粉末含量。在冷却颗粒时应采用较小风量,延长冷却时间。

七、包装和仓储过程的质量控制

包装和仓储过程是饲料加工和质量控制的最后一道工序。要注意包装饲料和散装饲料的质量控制,饲料在仓储过程应注意分类储藏、仓储的条件和环境等。

1. 包装饲料的质量控制

包装关乎着产品的外观,也就是给客户的最直观的第一印象。如果一个产品的外观都做不好,就很难让客户相信产品的质量。因此,在包装时必须注意以下几点:

(1)确认被包装饲料的品种,检查包装和标签是否相符。

(2)打包前对称量工具进行校正工作,每批料需抽 2～3 包进行称量校对,以保证产品的重量。

(3)从成品仓中放出待包装饲料,质检人员检查饲料的颜色、粒度、气味、颗粒长度、光滑度、成型率等,检验合格后方可进行包装。

(4)每批饲料均要留样,并按公司的检测制度进行抽检。

(5)扎口时注意将内袋扎孔,使袋内气体放出。

(6)缝口时注意封口条正面朝外,尽量保持封口条两端所留长度一致,缝线宽度保持一致,不能有脱线现象,缝线不能留太长(1～2 cm)。

(7)按照规定要求进行校包(每 10 包抽查 1 包),使包装饲料的重量在规定的范围之内,一般误差应控制在 1%～2%。

(8)定期检查成品仓的卫生(每周一次),保持仓内干净。每次更换饲料品种应对成品仓清仓处理。

(9)质检人员应定时抽查检验,包括包装的外观质量和重量。

2. 散装饲料的质量控制

散装饲料的质量控制一般比袋装饲料简单。在装入运料车前对饲料进行外观检查;定期检查卡车地磅的称量精度;检查从成品仓到运料车间的所有分配器,输送设备和闸门的工作是否正常;检查运料车是否有残余饲料;如果运送不同品种的饲料,要清理干净,防止不同饲料间的交叉污染。

3. 饲料在仓储过程中应注意的问题

(1)成品饲料在仓库内应分类摆放整齐,合理安排使用库房空间。

(2)保持仓库清洁,成品摆放时与墙壁之间的距离留出 10 cm,保持成品间的通风。

(3)严格遵循"先进先出"制度,避免先生产的成品应放置时间过长而变质。

(4)检查仓库的顶部和窗户是否有漏雨现象,注意仓储环境。

(5)定期查看饲料成品,发现变质或过期饲料,及时通知有关人员处理。

知识巩固

一、选择题

1. 为保证饲料混合均匀，各种原料的投放顺序十分关键，其顺序为(　　)。

A. 加入量大的原料

B. 加入微量成分，如添加剂、氨基酸、药物等

C. 用喷雾嘴喷入液体原料，如油、水

D. 加入潮湿原料

2. 饲料在仓储过程中应注意的问题有(　　)。

A. 成品饲料在仓库内应分类摆放整齐，合理安排使用库房空间

B. 保持仓库清洁，成品摆放时与墙壁之间的距离留出 10 cm，保持成品间的通风

C. 严格遵循“先进先出”制度，避免先生产的成品应放置时间过长而变质

D. 检查仓库的顶部和窗户是否有漏雨现象，注意仓储环境

E. 定期查看饲料成品，发现变质或过期饲料，及时通知有关人员处理

二、填空题

1. 原料接收的质量控制主要包括以下几方面：__________、__________、__________、__________。

2. 制粒就是把全价混合料或单一原料(米糠、牧草等)经挤压作用而制成颗粒饲料的过程。影响制粒的因素包括__________、__________、__________、__________等。

答案

任务四 饲料品质与动物健康的关系

思维导图

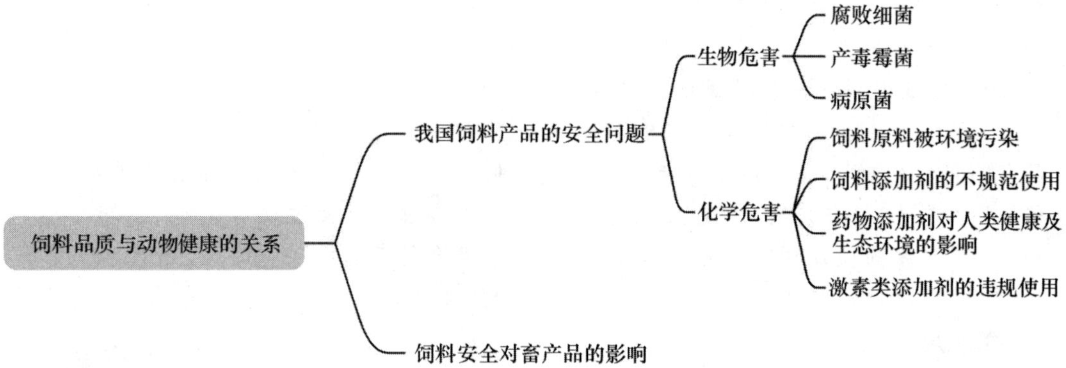

饲料品质与动物健康的关系

任务实施

饲料产品品质的好坏与动物的健康息息相关，特别是饲料产品的安全性是评判饲料产品品质的一个重要指标。要保证饲料安全，就要保证饲料产品（包括饲料和饲料添加剂）一般的卫生指标（铅、砷、氟、黄曲霉素B_1等）在国标范围内，不含有对饲养动物健康造成实际危害，或在动物体内的残留造成整个食物链的安全隐患，以及畜禽粪便排出后对生产环境及使用环境造成污染的有毒、有害物质或因素。下面具体分析饲料品质与动物健康的关系。

一、我国饲料产品的安全问题

1. 生物危害

在畜牧生产中生物危害主要指腐败细菌、产毒霉菌和病原菌三类。

（1）腐败细菌。饲料中有许多细菌可以造成饲料腐败并通过腐败饲料使畜禽产生疾病，如沙门氏菌、肉毒梭菌等，同时细菌的繁殖也使某些饲料的营养成分发生腐败作用。当非致病菌寄生在饲料中时，会消耗饲料中养分，浪费饲料营养价值。

（2）产毒霉菌。霉菌在自然界中分布十分广泛，从原料的储存、运输、生产到成品配合饲料被动物食用的整个过程，每个环节都有可能被霉菌感染。研究证明，常见的产毒霉菌多为曲霉属、青霉属、镰刀霉属三类。在一定条件下，可以使饲料原料和成品发生霉变，产生霉菌毒素，将直接引起动物病理变化或生理变态。

（3）病原菌。许多动物的传染疾病可以通过原料和配合饲料传播，如疯牛病、口蹄疫等。目前，主要是通过加强防御管理、注重动物检疫及疫区的严防、严控等阻止病原菌的传播和扩散。

2. 化学危害

（1）饲料原料被环境污染。原料的质量是产品质量得到保证的前提，天然原料同样存在不安全因素。在农作物生长的过程中，由于受到工业“三废”污染和过量使用含重金属的农药化肥等，许多有毒有害的物质在作物中产生生物富集作用，导致原料中重金属、硝基和环芳烃类有机化合物、农药、化肥等超标。

(2)饲料添加剂的不规范使用。

①饲料中高铜和高锌的使用。适量的微量元素能够补充动物营养需求的不足，有效改善动物的生产性能和胴体品质。铜可以明显促进牲畜的生长；锌在仔猪饲养中可以防止腹泻；自从国外报道微量元素具有上述效果外，饲料中铜、锌和砷等的添加量就日渐增高。实际上，这些微粒元素只有小部分被吸收，大部分以粪便的形式排放到环境中。而土壤对于重金属的吸收是有限的，这就成为一个比较严重的水土污染源，甚至还导致畜禽产品中铜和锌大量蓄积，危害人体健康。

②有机砷制剂的使用。砷是自然界广泛存在的元素，人们知道砷有毒已有几个世纪的历史。饲料中常用的有机砷制剂有氨苯胂酸(商品名为阿散酸)和硝基羟基苯胂酸(商品名为洛克沙砷)。砷作为饲料添加剂具有抑制病原微生物、促进动物生长及改善动物外观与畜产品颜色的作用，尤其能使猪表现出皮红毛亮，以至于不少养殖户错误地认为这样的饲料是质量好的饲料，致使有机砷制剂的应用越来越广泛，且添加量日趋增高。但砷在动物性食品中的残留问题不容忽视，畜禽粪尿长年累月地向畜牧场周围排放各种砷化物，其后果堪忧。给予畜禽洛克沙砷后，绝大多数以原形随粪便排出动物体外，随后进入土壤、地表水和地下水中。按美国食品和药物管理局(FDA)允许使用砷制剂用量测算，一个万头猪场连续使用含砷加药饲料，如果不在粪便处理方面采取相应的有效措施，5～8年后将可能向猪场周围排出1 t砷，16年后土壤中含砷量可增1倍。可见，生态系统中砷含量升高不仅危害畜禽，更重要的是直接关系到人类的安全。

(3)药物添加剂对人类健康及生态环境的影响。饲料中药物添加剂的使用对预防疾病、提高饲料利用率和畜禽生长速度起着很大的作用，但若不严格遵守使用原则和把握使用对象、安全用量及停药时间，就会造成抗生素耐药性的产生和转移、药物残留、细菌致病性的突变及环境污染等问题。2020年起我国已全面禁止在饲料中添加抗生素。

(4)激素类添加剂的违规使用。近年来，有关“瘦肉精”中毒的报道屡见报端，受利益驱动一些养殖业者甚至是饲料企业使用违禁和未被批准使用的激素类药物，最终造成这些药物在肉、蛋、奶等动物源食品中残留，危害人类健康。目前，农业农村部、国家卫生健康委员会和国家药品监督管理局发布的禁止在饲料和动物饮用水中使用的药物品种目录中共有5大类51种，包括肾上腺素受体激动剂、性激素、蛋白同化激素、精神药品和各种抗生素滤渣等。

二、饲料安全对畜产品的影响

近年来，由饲料和畜产品引发的食品安全问题不断发生。饲料产品中含有的有毒有害物质在动物体内的残留和富集，或者通过粪尿排泄污染环境，直接或间接地影响着人类的食品安全，最终危害人类的健康和生态环境。生态环境的破坏不仅影响饲料原料的生产，更为严重是影响人类赖以生存的土壤、水资源等，其后果不堪设想。目前，我国养殖产品总量已达到相当大的规模，其中禽蛋、肉类产量已步入了世界生产大国行列，解决饲料安全问题势在必行，意义重大。我国是动物源性产品的生产大国，但出口量却不到生产量的1%，其关键原因在于我国畜产品的质量卫生问题。因此，要提高动物源性产品的质量，就必须从食物链的源头上开始控制，减少动物产品药物残留、保障养殖产品安全，提高我国动物源性产品在国际市场上的竞争能力。饲料是发展畜牧业的物质基础，饲料所含的营养物质及有害物质直接影响畜产品的质量，进而影响人类健康、养殖业的生产效率和经济效益。因此，保证饲料产品安全，是促进饲料工业和养殖业健康可持续发展的关键。

饲料安全的核心是安全评估和风险控制。任何一种技术和产品都不可能100%安全，对产品的需要不同就会造成各种添加剂的使用要求不同，这就需要制定一系列相关法规，保障我国饲料质量安全。在现代饲料技术条下，只有牢固树立科学的饲料安全观，并以此为指导制定科学、客观、严密的产品质量标准和生产技术规程，健全有效的安全保障体系，才能真正保障饲料安全，促进饲料工业健康发展。在生产过程中，饲料加工企业必须实行HACCP(危害分析和关键控制点)管理制度，对饲料生产的全过程进行监控。另外，国家应完善法律、法规，加强执法力度，严肃处理违法、违规行为，保证饲料安全。

饲料安全是目前世界广泛关注的课题，在解决这一问题上，世界各国几乎站在了同一起跑线上，今后的发展结果将取决于各国的决策。饲料安全是饲料工业发展的基础，是畜产品安全的源头，是关系人类健康和生态平衡的关键环节。为了始终保持饲料工业发展的正确方向，应积极加强国际交流，完善饲料安全生产管理体系，加强饲料添加剂的更新换代研究，培养饲料工业的高级技术人才。还应充分了解和掌握世界范围内正在实行的食物安全保障体系的内容及其发展，改变旧的传统观念，把握目前资源经济全球化的起始机遇，研究开发高效利用饲料资源的技术措施，努力使我国从饲料大国发展成为饲料强国。

知识巩固

答案

一、选择题

1. 我国饲料产品的安全问题包括(　　)。

A. 生物危害　　B. 化学危害

C. 病毒感染　　D. 细菌性耐药

2. 在畜牧生产中生物危害主要指(　　)。

A. 有害细菌　　B. 产毒霉菌

C. 病毒感染　　D. 病原菌

二、填空题

1. 我国饲料产品的安全问题中化学危害主要包括：________、________、________、________。

2. 饲料安全的核心是________和________。

任务五 配合饲料的饲喂技术

思维导图

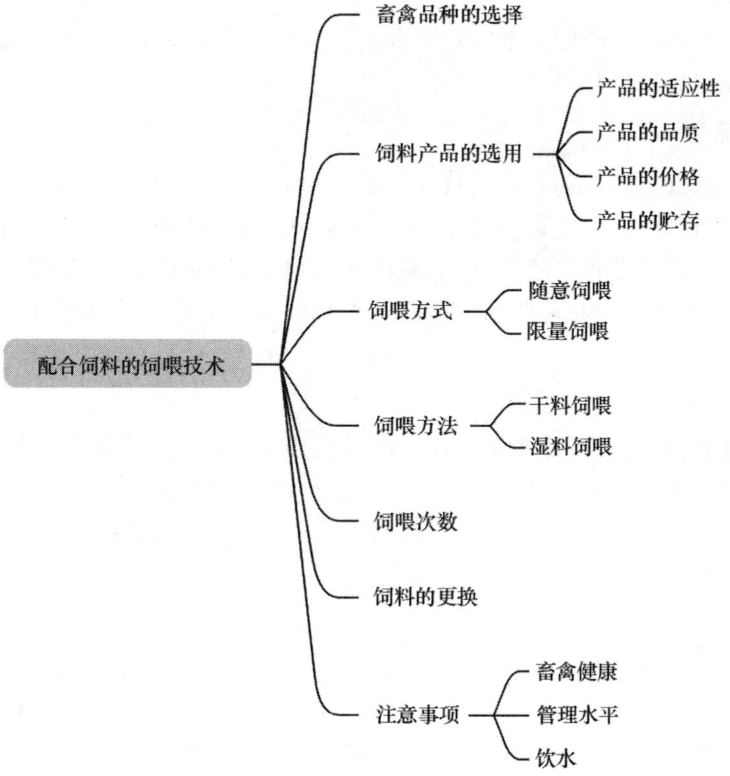

任务实施

全价配合饲料饲喂技术是工业饲料产品和科学饲养得以广泛推广与应用的关键。我国工业饲料产品主要有全价配合饲料、浓缩饲料、复合预混料、精料补充料等四种；此外，还有配(混)合饲料、添加剂预混料、微量元素预混料、维生素预混料和加药预混料等。有的可以直接饲喂，有的则需稀释混合均匀再饲喂。除精料补充料外，其他工业饲料产品皆可看成是全价配合饲料的组成成分，即在使用时，可据说明配制成全价配合饲料饲喂。因此，全价配合饲料的饲喂技术具有代表性。

畜禽全价配合饲料饲喂技术可归纳为以下七个要点。

一、畜禽品种的选择

在同一条件下，全价配合饲料饲喂畜禽的报酬受品种影响，良种畜禽要高于普通品种；杂交品种要高于一般地方品种。如罗斯褐鸡，年产蛋量 300 枚左右，蛋料比为 1∶2.36，而土鸡年产量仅 100～130 枚，蛋料比为 1∶4.5；鲜肉型杜洛克猪，料重比为 2.91∶1，而鲜肉型哈白猪料重比为 3.7∶1。因此。选择良种畜禽是体现全价配合饲料饲喂优点的重要一环。

二、饲料产品的选用

为了提高饲料报酬，获得更高的经济效益，在选用全价配合饲料时，应注意以下几方面的问题：

1. 产品的适应性

不同品种和不同生长阶段的畜禽对营养需要量及要求不同，因此要根据饲养的畜禽品种和阶段，选购或配制相应的全价配合饲料。

2. 产品的品质

饲料产品的品质优劣即饲料产品营养价值高低，直接影响畜禽饲养的经济效益。营养价值高的全价配合饲料产品应具备的要素：①营养成分足量而且平衡；②所用的原料不含或极少有阻碍畜禽对营养消化吸收的化学成分（如抗胰蛋白酶、血凝因子、单宁酸、皂苷等）和有毒有害物质（如游离棉酚、氢氰酸、黄曲霉毒素、铅、无机砷等）；③加工工艺科学，粒度适当、混合均匀；④适口性好。

3. 产品的价格

科学饲养畜禽，既要使畜禽多生产优质高量的产品，又要尽量降低饲料成本，以获得最佳报酬。降低饲料成本方法较多，如科学利用本地价廉的优质饲料原料代替外购原料（如用贝壳粉代替骨粉、酵母粉部分代替鱼粉），加工配制全价配合饲料；购买商品饲料时，在相同质量前提下，用户应选择就近价廉的原料，以节约费用。

4. 产品的贮存

随着全价配合饲料贮存时间的延长，各种营养物质都会有不同程度的下降。维生素最易受破坏。此外，脂肪酸败、细菌污染、潮湿霉变都会降低饲料品质。因此饲料应在短期内用完。商品饲料都会标明保质期。应在保质期内尽快使用。贮存期间要包装完好，置于空气流动、干燥、低温、避光、无鼠的室内。需贮存时间较长的饲料，应含有防腐抗氧化剂。

三、饲喂方式

不同品种、不同生长阶段、不同用途的畜禽，生长特性、生理状况不同，应采用不同的饲喂方式。一般有随意饲喂和限量饲喂两种。

1. 随意饲喂

将根据畜禽营养需要量和采食量所配制出的全价配合饲料投入自动饲槽内，不加限制地任畜禽随时自由采食，故称自由饲喂。这种饲喂方式优点是：可充分发挥畜禽潜在的生长优势，并可避免畜禽群体争食和采食不匀的弊病，保证整个畜禽群饱食。此外，还可减轻饲养人员的劳动强度，提高劳动效率。缺点是饲料报酬低。畜禽饲养用途不易控制。

2. 限量饲喂

这种饲喂方式的特点是：如果定量合理（一般为随意采食量的 70％～85％），则畜禽食欲旺盛，采食均匀，可获得较高的增重和饲料报酬，容易达到饲养目的（如控制蛋鸡开产时的体重、猪的脂肪沉积即胴体品质等）。然而，若饲喂掌握不当，会出现剩料或少料现象，影响畜禽的健康和生长；群饲畜禽会出现争食现象，造成采食不均，长势不均。因此，必须注意合理定量，饲喂定时，使畜禽养成稳定的采食习惯，形成条件反射，每到饲喂时间就会分泌大量消化液，从而增进采食和消化。每次饲喂的饲料量应一致，不可任意增减。饲喂时，不要将一餐的喂量全部倾入饲槽，应分 2～3 次饲喂。开始先给全量的 60%～70%，待食尽再将剩余的 30%～40%倒入饲槽，这样可促进畜禽的食欲和消化。

肉脂型生长肥猪，采用随意饲喂方式可大大缩短肥育期，但每千克增重饲料消耗略高于限量饲喂。瘦肉型猪采用随意饲喂方式，可充分发挥机体的生长潜力，体躯长度和肌肉得到充分发育，但当体重达到 40～50 kg 后，应改用限量饲喂方式，以防止体内沉积过多的脂肪，降低胴体瘦肉率。母猪则应采取两种饲喂方式交替的办法，即空怀期限量饲喂，配种前一周和配种后随意饲喂，妊娠初期限量饲喂，妊娠最后 1/3 时期改为随意饲喂。按照这种办法饲喂，既可满足母猪各个生理阶段的营养需要，提高受胎率和仔猪初生重，又可防止母猪过肥而降低饲料消耗量(可达 20%)。鸡的饲喂方式类似于其他畜禽。肉用仔鸡可采用随意饲喂方式，但最好在 6 周龄以上采用限量饲喂。蛋鸡，生长鸡 15 周龄以前随意饲喂，16～20 周龄限量饲喂，21～67 周龄之后随意饲喂，在产蛋后期最末 5 周内限量饲喂。肉用种鸡，在 0～4 周龄随意饲喂，之后采用限量饲喂方式，并定期抽测鸡群体重以决定和调整饲喂量。

四、饲喂方法

全价配合饲料在料型上一般分为粉料和颗粒料(此外还有碎粒料)，饲喂时均要求喂生料，禁同其他工业饲料并喂。在实际饲养中，饲养者应根据料型和畜禽采食情况等，决定采用干料饲喂或湿料饲喂。

1. 干料饲喂

饲料不需掺水直接饲喂，一般多采用此喂法，尤其是颗粒料。其优点：降低浪费，节约料耗，减少劳力，提高工效。据试验，干料饲喂的猪与湿料饲喂的猪增重差异不显著。

2. 湿料饲喂

在饲料中掺水调拌后饲喂。其优点是便于畜禽采食。调制湿料，通常料与水的重量比应保持在 1∶2.5 左右。料水比过大，致使湿料过稀，畜禽食后不经咀嚼即行吞咽，会使消化液稀释，从而影响营养物质的消化和降低消化率。

五、饲喂次数

限量饲喂方式要求合理定量，饲喂定时，饲喂次数得当。才能获得好效果。一般仔猪每日喂 4 次，中猪、大猪每日喂 3 次；常年舍饲的奶牛，每日喂 3 次(半舍半放牧的，每日早晚各补饲精料补充料 1 次)；鸡在 40 日龄以内的幼雏每日喂 6 次，中雏、大雏和产蛋鸡每日喂 4 次为好。

六、饲料的更换

畜禽对新的饲料营养物质的吸收，对饲料的形、香、味等都有一个适应过程。当全价配合饲料需按畜禽生长阶段更换产品时，应逐渐进行，不可骤然改变畜禽采食原饲料的习性；否则，会影响食欲，扰乱消化机能，引起便秘或腹泻，影响畜禽的生长和健康。

七、注意事项

1. 畜禽健康

饲料的营养消化、吸收、转化,只有在畜禽健康状态下才能进行。畜禽患病或体内外有寄生虫时,机体对饲料营养的吸收转化率也低。因此,必须做好畜禽的免疫、驱虫和及时治疗疾病,确保畜禽在整个饲养期有最佳的健康水平。

2. 管理水平

圈舍建设、环境卫生、舍内温度、湿度、空气新鲜度、饲养密度、食槽或饮水器的装置、各种应激因素的预防、兽医卫生制度等,都将影响畜禽的饲养效果。如在温度 18～23 ℃、湿度 60%～70%环境中,鸡的生产性能发挥最佳;若气温上升 1 ℃,采食量减少 1.5%,蛋重减少 0.5 g。畜禽如经常受到噪声干扰、惊吓,将导致消化机能紊乱,引起食欲减退,消化和吸收率降低。

3. 饮水

充分满足畜禽饮水需要,是保证畜禽健康生长的重要措施。畜禽需水量随畜禽生理状态、饲料性质和饲喂方法及气候条件等不同,供水量应做相应变化。如哺乳母猪需水量多,肥育猪则需水较少;干料饲喂需水较湿料饲喂要多;夏季炎热畜禽蒸发水分多,需要大量饮水;冬季寒冷水分蒸发少,饮水需要量降低。

知识巩固

一、选择题

1. 为了提高饲料报酬,获得更高的经济效益,在选用全价配合饲料时,应注意(　　)。

A. 产品的适应性

B. 产品的品质

C. 产品的价格

D. 产品的贮存

2. 营养价值高的全价配合饲料产品应具备的要素有(　　)。

A. 营养成分足量而且平衡

B. 所用的原料不含或极少有阻碍畜禽对营养消化吸收的化学成分

C. 加工工艺科学,粒度适当、混合均匀

D. 适口性好

答案

3. 饲喂方式包括(　　)。

A. 随意饲喂　　B. 干料饲喂　　C. 限量饲喂　　D. 湿料饲喂

二、填空题

畜禽全价配合饲料饲喂技术可归纳为七个要点:________、________、________、________、________、________、________。

项目小结

本项目首先从饲料法律的角度出发概述了目前我国饲料工业现行的法律法规和标准；其次着重阐述了配合饲料生产的工艺流程及质量控制，并结合当前较典型的几种不同规模的生产工艺流程图进行整体讲解和分析；再次从饲料品质出发，分析影响饲料品质的原因，呼吁人们树立安全意识，加强饲料品质安全；最后简单介绍了配合饲料的饲喂方法，指导人们科学饲喂。

思考与拓展

1. 影响饲料制粒的因素主要有哪些？

2. 如何控制配合饲料的品质？

项目七

分析与处理客户投诉

知识目标

1. 熟悉客户投诉的原因。
2. 了解处理客户投诉的意义。
3. 掌握常见客户投诉问题的处理方法。

技能目标

1. 能对客户的投诉的类型进行识别。
2. 能快速有效处理客户投诉。

项目导读

饲料企业的客户投诉一般是指用户或经销商因对企业产品质量或服务等某方面不满意而向企业或相关管理部门提出口头或书面上的意见、质疑与抱怨，并要求解决问题或因损失而引起纠纷和索赔的行为等。

在现代市场经济中，随着用户的消费意识越来越强，投诉的发生频率越来越高，这是社会进步的表现。它可促使用户与企业的关系逐渐走向和谐，让饲料市场逐渐走向成熟，让养殖产业链更加全面健康发展。

任务一　客户投诉的识别

思维导图

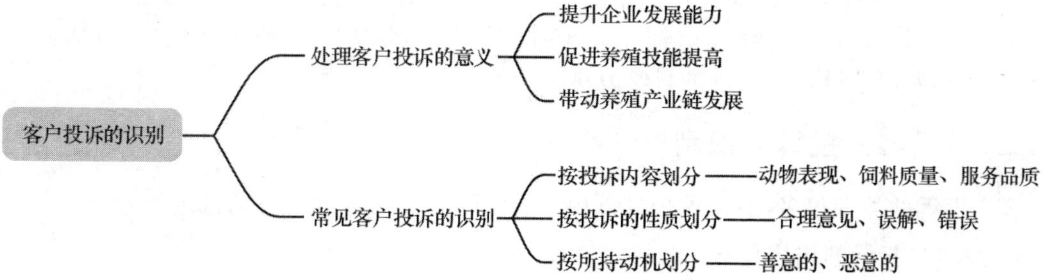

任务实施

饲料企业积极、正确、有效地处理客户投诉，对于保持自身的永续发展能力，促进养殖生产企业走向全面的科技新高度，带动整个养殖产业链的提升，达到多方共赢具有重要的深远意义。而有效处理客户投诉，就必须对客户投诉进行准确的识别，才能避免误入歧途，达到快速、顺利处理的目的。

一、处理客户投诉的意义

1. 提升饲料企业的永续发展能力

饲料企业只有处理好客户投诉并避免重犯，企业的产品及服务才能得到客户的认可、使用和宣传，才能在用户中树立信誉形象和构建产品品牌，不断地扩大市场销售份额并从中获得利润和进行扩大再生产。若一个饲料企业对客户的投诉不予解决，其品牌形象就无从谈起，就会在竞争中不断衰落直至消亡。

客户投诉虽是一种表示不满意的行为，但也是最能及时体现用户与市场的需求，是最好的产品市场调查报告和商业情报。只有企业产品和服务品质随着养殖业和消费市场的不断发展，与时俱进地满足市场的合理需求，才能使企业从追随别人走向自我创新直至引领养殖市场，才能从产品导向走向客户导向，最后走上市场导向的战略高度。

2. 促进养殖生产技能的提高

我国的规模化养殖生产起步较晚，以中小型养殖场为主。大部分养殖户的生产理念、养殖工艺、专业技能都比较陈旧和落后，而饲料企业往往汇聚一批养殖技术人才。因此，饲料企业有责任凭借自己的技术优势，以技术服务和处理投诉为契机，不仅向用户提供优质饲料产品，还向用户传授养殖新理念、新工艺、新技能。通过企业与用户的真诚配合和积极互动，让用户明白要提高自己的养殖水平，必须选择优良的品种、提供优质的营养、营造适宜的环境、实施严格的疫病防控措施，将科学的管理贯穿于生产经营的全过程；让用户明了只有利用优质的饲料并辅以科学的使用方法，动物才能获得合理的营养。

3. 带动养殖产业链的全面健康发展

养殖行业是由饲料生产企业、动物养殖场、生物药品厂、动物产品加工和销售等环节组成的完整动物性食品产业链，它们彼此联系又相互制约。产业链的上下游企业都存在客户投诉和售后服务的问题，大家要站在“利国、利民、利企业”的立场上，找到自己产品和服务的正确定位，使自己的产品与产业发展同步；要站在社会与消费者的立场上，正确地识别客户意见，不能盲目服从和违法操作，应积极遵守国家法规，维护消费者和社会的利益。通过大家的辛苦努力，使行业为消费者提供“健康、安全、有滋有味”的食品，实现“人以食为天，食以安为先”的消费目标，让养殖产业链沿着正确的科学发展方向全面健康持续发展。

二、常见客户投诉的识别

客户投诉的类型很多，通常可按投诉内容、性质、责任对象和所持动机进行划分。

1. 按客户投诉的内容划分

常见的客户投诉内容主要针对动物表现、饲料加工质量及企业服务品质等感官表现，即通过客户的眼（视觉）、耳（听觉）、鼻（嗅觉）、舌（味觉）、身体（触觉）等容易感受到的不满意现象。

（1）动物的表现。客户在养殖过程中最容易产生抱怨的动物表现主要有生产性能差（如生长速度慢、繁殖力低、产蛋率下降、饲料报酬差等）、外形性状不佳（如猪的体形和皮毛不佳、肉禽的皮肤及冠的颜色不符合消费者要求等）、终端产品的品质不好（如肉色苍白与保水力差、蛋的形状异常和大小不满意、蛋黄色泽偏白、蛋白稀薄与异味、奶的色泽与浓淡等）、动物异常行为（如猪的咬尾和打架、母猪不发情或发情不明显、公猪性欲不强、家禽啄毛与啄肛、动物采食量减少和粪便异常等）等方面。

（2）饲料质量问题。饲料质量一般指客户容易感觉到的外在感官指标，如色泽变化、发霉、变质、结块、异味、杂质、虫害及成品（粉料）粒度不达标、混合均匀度差、颗粒料粉化率高、颗粒大小不均，以及水产饲料的水中稳定性差（溶失率高）等。

（3）服务品质。客户对饲料企业的服务品质不满意的投诉主要表现在售货和技术服务方面。如销售政策、售货流程、供货准时性、营业时间、后勤接待，以及服务内容、态度、频率和品质等。

2. 按客户投诉的性质划分

按客户投诉的性质可划分为合理、误解、错误三种情况。

（1）客户的合理意见。此类意见一般是产品质量不合格和服务不满意。如产品的感官、水分、加工质量、营养成分、卫生等指标不合格；企业售货及技术服务不到位，工作人员态度不好等。对此类投诉，饲料企业应严格自查，尽快在短期内解决。

（2）客户的误解。客户因认识与分辨能力的局限而对诸多生产问题的发生原因误解为是饲料产品造成。如因饲料原料的采购、配制及用法不当及饲养管理不到位、疾病控制不科学所造成的饲养效果不良、采食量下降、母猪乏情、猪只腹泻等问题。面对此类投诉，饲料企业应耐心宣传普及畜牧养殖科学技术，让用户在养殖实践中不断总结并提高自我分辨技能和养殖水平。

（3）客户的错误意见。此类意见一般是因某些经营企业或个人受利益驱使而诱导用户及消费者，也有人明知故犯。如有的养殖户认为仔猪皮红毛亮卖价高，要求饲料企业使用砷制剂、铜制剂，为了肉猪卖相好，要求饲养企业加入“瘦肉精”等。近几年动物食品市场出现的“毒牛奶”“砒霜鸡”“苏丹红”及药物残留超标等事件均因此类错误造成。对此，除了相关企业应严格自律以外，还应加强政府监管执法力度和正面的舆论宣传引导。只有全社会的共同努力及自觉遵守政府法规，才能避免侵犯消费者利益。

3. 按客户投诉所持动机划分

客户向饲料企业投诉时一般有两种动机，大部分客户是善意的，极少数客户怀有恶意。

(1)善意的投诉。善意的投诉一般是指经销商或用户在经营和使用产品过程中，因各种原因确实造成经营或养殖过程的阻碍和损失，从而对饲料企业投诉。其特点，一是实事求是，客观反映情况；二是双方积极配合，求得问题的解决。善意的投诉有可能是饲料生产企业引起，也有可能是客户本身造成。

(2)恶意的投诉。恶意的投诉是指客户在经营和使用产品过程中为了达到某种不良目的(如不付或少付货款、骗取赔偿甚至为了诋毁厂家信誉)而对饲料企业提出不合理的投诉。其特点，一是无中生有，夸大事实，不讲道理，别有用心；二是要挟、威胁、不配合，甚至采用不正当手段。恶意的投诉有可能是饲料企业引起的，也有可能是因客户本身的过失造成的，客户为了弥补自身损失而无理取闹。

知识巩固

一、填空题

客户投诉的类型很多，常见的客户投诉内容有__________、__________及__________等。

二、问答题

简述饲料企业正确处理客户投诉的意义。

答案

任务二　有效处理客户投诉的基本方法

思维导图

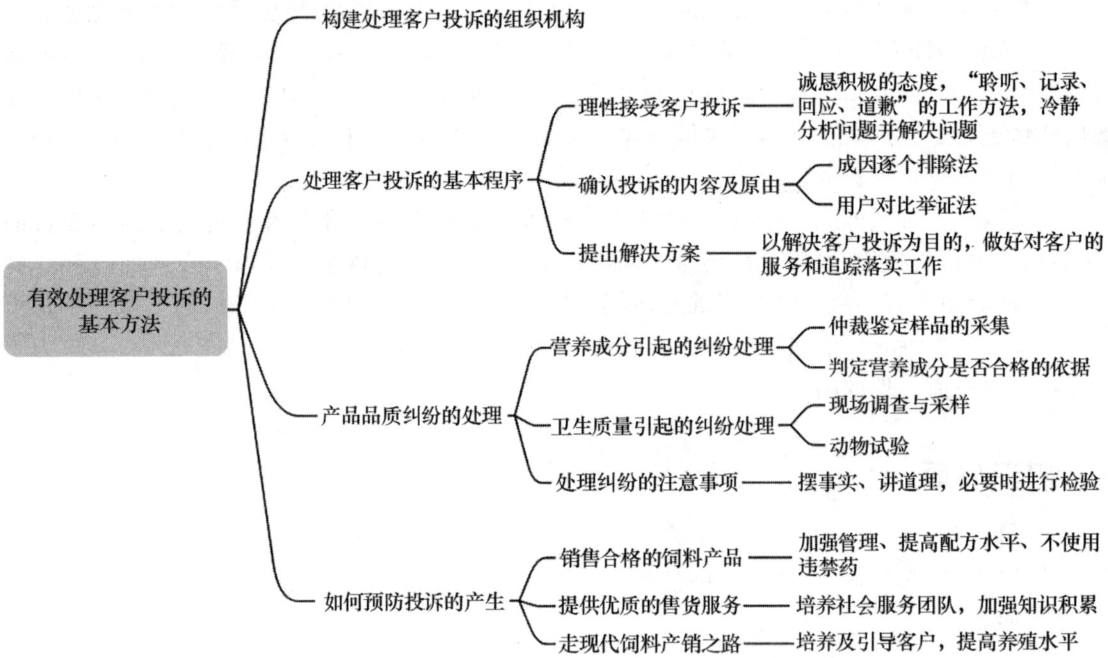

任务实施

面对千差万别的客户群体和错综复杂的市场背景，饲料企业遇到各种各样的客户投诉是正常现象。饲料企业只有娴熟地掌握处理客户投诉的基本方法，才能在市场竞争中掌握主动，使企业不断发展。

正确地处理客户投诉是企业一件既重要又棘手的事务，首先企业要有一支精干、熟练业务、勇于担当、善于协调的人员与机构；其次要能准确分析引起投诉的原因、责任对象及提出解决方法；最后要未雨绸缪，防患于未然。

一、构建处理客户投诉的组织机构

饲料企业欲快速、有效地解决客户的各种投诉，就应构建相应的组织机构和汇集一支有技术、有经验、有足够的责任心和使命感的专业队伍。企业受理人员要熟悉销售业务和养殖专业技术，既要懂得动物养殖、疾病诊治与动物营养知识，还要熟知公司各类产品的生产流程、营养指标、使用方法、饲养效果及饲料销售各环节有关的注意问题，同时还要具备一定的法律法规知识和待人接物经验。

企业可以依照自身的规模构建专职或兼职的处理客户投诉的组织机构，其归属部门要明确，主管要有较强的组织协调能力。从目前我国饲料企业的实际情况出发，以工作在市场第一线、与客户经常接触、对客户和市场最了解的业务服务部门和技术服务部门比较合适。机构的人员要分工明确，权职分明，责任到人。一般的客户投诉可由一线业务人员就地处理，较复杂的客户投诉由一线人员报主管协调处理。若遇重大的客户投诉，可由部门主管报请公司主管调集生产、销售、品管、采购、技术等相关部门的联席会议解决。

二、处理客户投诉的基本程序

1. 理性接受客户投诉

接受客户投诉是处理客户投诉的第一步。开端的好坏将影响到下步处理过程的快慢与难易。客户对饲料企业的投诉一般不是没事找事，而是源于对产品表现或服务品质的不满情绪，对企业的信任有动摇，所以，企业受理人员应感同身受，树立“客户至上”的观念，采取诚恳的积极的态度，运用“聆听、记录、回应、道歉”的工作方法来分散、淡化、平息客户的不满。接受投诉时受理人员首先在第一时间到达第一现场，努力挽回客户对企业的信任，与他们促膝谈心，消除疑惑，冷静分析问题和找到解决办法。

2. 确认客户投诉的内容及缘由

当客户平心静气后，受理人员可运用引导、提问和实地考察等方法，把客户的情绪带入事件的深入调查中，让用户客观地讲述事实、如实提供资料，并结合细致的现场调查，确认投诉内容的真实性及客户的损失程度。

当客户投诉的内容和损失得到确认后，紧接着的中心工作就是分析事件的缘由和引起事故的责任对象。客户投诉一般是针对某一种现象，但其深层次的原因比较复杂，通常是由因饲料企业、用户或经销商的某种过失造成。对客户投诉的原因分析一定要深入、细致、认真，才能去伪存真、分清是非，让双方信服，并在事件中总结经验，引以为戒。对于饲料品质的投诉，常用的调查分析方法有两种。

（1）成因逐个排查法。动物在养殖过程中的形形色色表现都受到各种各样的因素影响，如遗传（不同品种与个体）、营养（饲料品质、饲喂量及水质、饮水量）、环境（温度、湿度、卫生条件、空气质量、饲养密度、噪声、光照等）、保健、疾病、管理等。因此，当用户对某种饲料提出品质投诉时，受理人员应运用自己的专业知识和经验，从各种复杂的原因中逐个分析与排除，查出导致事故发生的最主要原因和责任对象。

（2）用户对比举证法。作为饲料企业，每批饲料的生产量一般有几吨、几十吨至上百吨。因此，同一批饲料会有多家用户在同一时间段使用。若饲料品质有过失，就有可能多家用户同时发生类似的问题。所以，受理人员可以根据生产和销售档案，跟踪调查其他用户的使用情况，以便更准确地分析事故原因和责任对象。

3. 提出解决方案

分析事件的发生原因和责任对象后就应及时提出解决方案。不管事件的责任在哪方，饲料企业都应以解决客户投诉为目的，做好对客户的服务和追踪落实工作。

若因用户的过失引起的事故，饲料企业虽不承担责任，但应做好充分的释疑解惑工作，让客户心服口服，并共同商议今后切实可行的防范措施，以杜绝此类问题的再次发生。

若事故是由饲料企业的过失引起，企业应主动承担责任并征求用户意见，然后根据用户的损失程度和意见提出企业的解决方案。企业的解决方案一定要切实可行并尽快落实，不能失信于用户。对有质疑的饲料应就地处理，不宜退料或换料，避免出厂的饲料受到外界的污染。

三、饲料产品品质纠纷的处理

饲料品质纠纷常在用户使用产品后出现动物较大数量的发病、死亡或减产等现象，用户和饲料生产厂家对事件的原因和责任又存在较大分歧，经协商无法解决时发生。此类纠纷一般可通过相关的仲裁单位或国家司法机构进行解决。常见产品品质的纠纷主要有因动物生长性能表现未达预期效果而对饲料产品营养成分有怀疑和因动物较大数量发病或死亡而对产品卫生质量有质疑两大方面。

1. 饲料产品营养成分引起的纠纷

(1)仲裁鉴定样品的采集。仲裁鉴定单位应主持双方当事人共同采样、签封后送检。样品采集方法和数量由质量检测部门依需要而定。样品必须等分两份，一份供检验，另一份存档备查。采集的对象为怀疑有问题的饲料产品，必要时可检查饲料企业相应的留存样品。

(2)判定产品营养成分合格与否的依据。我国饲料产品标准有国家标准、行业标准以及依法制定的企业标准。因此，判定饲料产品质量是否合格的依据为该产品是否与其标签所标示的执行标准相符。

检验结果如有指标不合格，应重新取样复验，再不合格者即判定为不合格产品。在监测与仲裁判定各指标是否合格时，还必须考虑分析允许误差，其范围在各有关产品标准中有相应规定。例如：中华人民共和国国家标准《仔猪、生长肥育猪配合饲料》(GB/T 5915—2020)仔猪(前期)配合饲料粗蛋白质含量的标准规定值为≥20.0%，分析允许绝对误差为0.8%，即判断该产品粗蛋白质的合格含量下限为19.2%。

2. 饲料产品卫生质量引起的纠纷

用户对饲料产品卫生质量的纠纷常见于质疑饲料中存在有毒有害物质而导致动物发病或死亡。

(1)现场调查与采样。仲裁鉴定单位应主持双方当事人共同参加现场调查及采样。应请在当地有资质的执业兽医师进行动物病史了解、临床症状分析，病理剖检。必要时将动物组织样品送至有关单位进行化学和生物学检验、病理组织学检查。若怀疑有饲料中毒的可能还应采集怀疑有毒有害的典型样品进行可疑毒物检验，送检样品要有尚未用完的饲料、动物吃剩的饲料、同批未打开的完好饲料、患病动物的胃肠内容物等。采样方法和数量按相关检验机构规定执行。由执业兽医师出具临床诊断报告。检验报告和临床诊断报告等可作为仲裁依据。

(2)动物试验。对饲料产品卫生质量有怀疑时，还可在仲裁机关主持下组织双方人员进行动物试验，即用同批剩余的完整包装的产品饲喂同种同阶段的健康动物，观察是否有同类型的现象出现来加以判断。

3. 处理客户纠纷的注意事项

(1)饲料企业与客户对产品品质的纠纷，应本着“和为贵”“和气生财”的中国文化理念，尽量摆事实、讲道理和充分协商，以减少对双方的伤害。

(2)进行饲料产品仲裁鉴定或动物试验时，必须委托权威、专业、对口的法定检验机构主持。

(3)对检验结果有异议时，有异议者可在收到检验结果之日起15个工作日内向上一级技术监督部门提出书面复验申请。技术监督部门应在收到复验申请之日起10个工作日内指定有关产品质量检验机构进行复验。

(4)饲料产品营养成分和卫生指标的检验结果只是判定该批饲料合格与否的依据，其对养殖户的动物生产、疾病、死亡的影响程度，双方应客观地、实事求是的分析与判断，不应夸大与纠缠不清。

四、如何预防客户投诉的产生

饲料企业只有将隐患发现在前，解决在先，才能防患于未然，最大限度减少客户的投诉。

1. 销售合格的饲料产品

饲料产品受到原料品质、饲料配方、工艺设备、品质管理及经营管理等因素的影响。作为饲料生产企业应全方位加强管理对设备及时更新换代，提高配方技术，严禁伪劣原料和违禁药物的使用，不合格的产品绝不出售，出厂前的产品应实行留样制度(保留期2～3个月)。

2. 提供优质的售货服务

企业的业务与技术服务是今后市场竞争的重要手段，客户想得到的产品服务要想尽办法做到，客户没想到的服务，企业也要替客户想到。企业做不到的服务不要承诺，承诺了就要坚决做到。

企业要通过企业文化及激励机制培养和凝聚一支工作态度积极、作风正派和经验丰富、能有效解决客户所需业务和技术的专业服务队伍。企业除了要尽最大能力给客户提供售后服务，如饲养管理技术、疾病防治技术、原料选购知识、产品贮运和饲料配制技术等，还应不断向客户提供新理念、新技术、新产品等。只有提高客户正确选择与饲喂饲料及养殖过程中可能出现的问题的分辨和处理能力，并积累了一定经验，客户的投诉才会自然减少。

3. 走现代饲料产销之路

客户投诉通常发生在生产设备简陋、技术力量薄弱、售后服务缺乏和以依靠赊销、低质、廉价为促销产品手段的饲料企业。他们的用户群一般养殖观念比较落后，养殖环境差和技能滞后，容易买到假冒的劣质饲料和药物，对投诉事件的辨别能力又差，因此生产问题较多，投诉自然就多。所以要预防客户投诉，首先要筛选志同道合、文化理念相似的客户，以企业的优质产品和服务为促销手段，从提高“性价比”入手，帮客户获得更大的利益。最后，饲料企业要引导、转变用户的落后观念，提高他们的养殖水平。

知识巩固

问答题

1. 处理客户投诉的基本程序是什么?
2. 饲料企业如何减少客户投诉?

答案

任务三　常见客户投诉内容分析

思维导图

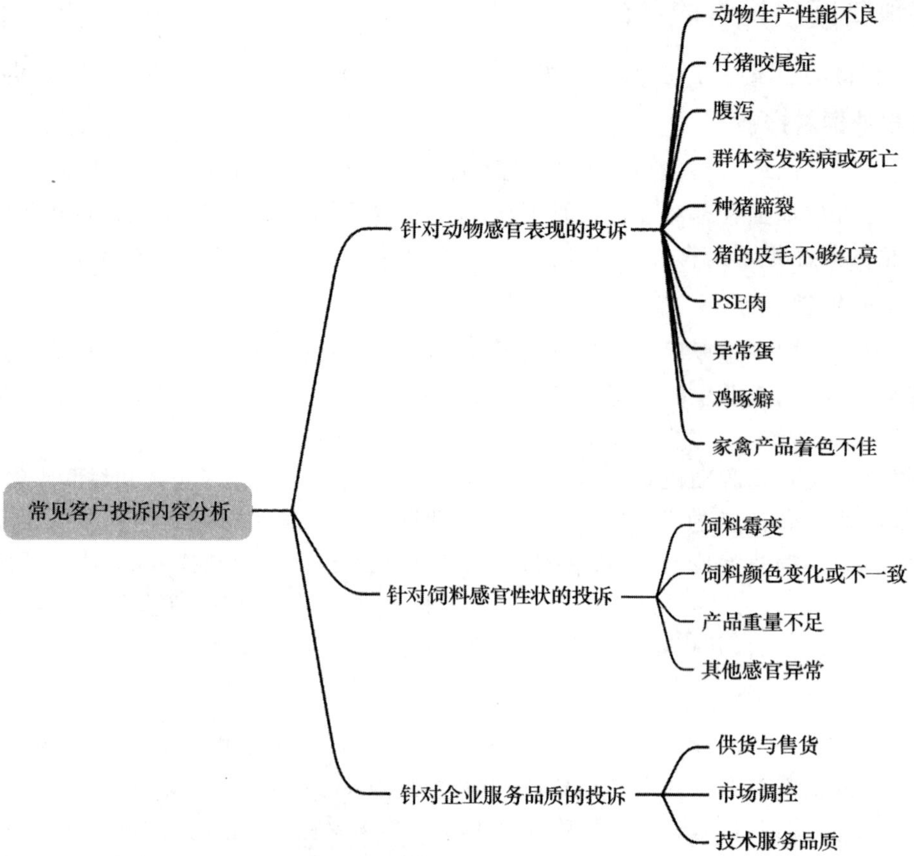

任务实施

饲料企业想要有效地处理客户投诉，就要对客户的投诉内容加以确认，不要被表面现象所误导，要对投诉内容的形成原因有全面充分的认识，围绕成因深入调查，才能在分析排查中辨别是非与真假，找出事故的源头并有效地解决。

客户的投诉内容五花八门，原因林林总总，主要集中在用户对所养殖的动物、所使用的饲料和企业服务三大方面。

一、常见针对动物感官表现的投诉

(一)动物生产性能不良

动物生产性能不良是指客户使用企业生产的配合饲料或预混料、浓缩料自配的饲料后，动物生长速度或繁殖性能达不到企业所宣传的指标、达不到其他厂家产品或不如以前的效果。

1. 主要成因

动物的生长速度和繁殖性能受到诸多综合因素的影响，如品种与个体、饲料与饲喂方法、饲养环境（如季节、温湿度、饲养密度、空气质量等）和疾病控制情况等。

2. 重点调查分析内容

(1)品种与个体。优良的品种或杂交组合及健康的个体是动物生产性能良好的前提。不同来源、品种、胎次和血源，其生产性能有很大的差别。从不同种畜禽场购买的畜禽，其表现各异。

(2)饲料与饲喂方法。选用优质的饲料并结合科学的饲喂方法是满足动物的营养需要、保证动物生长和生产性能的基础，应根据动物的品种和生长阶段选择相应的饲料；用预混料或浓缩料配制饲料时，原料选择要达标，基础配方不能随意变动，原料计量要准确，搅拌要均匀；掌握正确的饲喂方法才能充分发挥饲料的功效，通常肉用畜禽最好是自由采食，种用动物应根据生产实际情况决定饲喂量；同时栏舍饲槽、水槽的位置和数量要合理，动物饮水要质优量足等。优良的品种选用低档饲料、前期的动物选用后期的饲料饲喂，都会造成长速不良；饲料不新鲜，超过保质期使用会影响饲料的品质和饲养效果；饲养员与技术员更换，其责任心和饲喂方法不同，都会直接影响饲喂效果。

(3)饲养环境。栏舍内适宜的温湿度、良好的卫生和空气质量、合理的饲养密度是动物生长良好的保证要素。不同的季节和饲养密度对动物的生长影响很大。天气热、密度大，导致动物采食量减少，生产性能就会受影响；天气冷，动物为了御寒需增加营养消耗，其饲料报酬就会差。用户频繁投诉动物生产性能不佳，往往是由饲养环境不良造成动物应激引起。

(4)疾病。疾病是引起当前养殖业发展危机的主要因素。用户的投诉常常集中在亚健康、消耗性或温和型疾病的动物群。这些动物往往临床症状不明显、体温基本正常，采食量变化不大，但动物生产性能下降、生长均匀度不好、出栏时间延长和饲料报酬差等。

3. 对策要点

①向用户宣传灌输“养殖产出＝(遗传＋营养＋环境＋防疫)×管理”的整体科学理念，提高用户养殖技能。

②在养殖区域内选择和培养一个或几个有适当规模、有影响力、有代表性的养殖户做示范，以其真实数据验证饲料产品的性能，带动其他养殖户的同步发展。

(二)仔猪咬尾症

指群居的仔猪发生相互咬尾的异常行为。因其影响猪只的采食、休息等群居生活而妨碍生长，有时还会因失血而发生贫血及伤口感染甚至死亡。

1. 主要成因

猪咬尾的异常行为又称“不适综合征”，是猪对不良管理、环境、饲喂技术、营养和疾病等的综合反应；这些影响因素会互相促进，加重异常行为的发生。

2. 重点调查分析内容

(1)管理不当。由于转群、并栏后猪只需重新建立群居次序，重新熟悉料槽、水槽、栏内各种设备及适应新环境。所以，转群、并栏的方法不当或过于频繁，猪只表现十分活泼好动，常诱发咬尾和打架。

由于猪的群体或密度过大，猪只之间接触机会增加，加上栏圈空间过于狭小，猪只对居住空间的竞争增多，从而引起打架与咬尾。一旦出现咬尾，猪只会互相模仿，容易引起大群暴发而难以制止。

料槽不够，喂料时弱小猪只竞争不到料位，就会因急躁而寻找食物满足食欲，这时其他甩动的猪尾巴往往成为"诱食品"。有时饲料洒在猪身上，也会引起其他猪舔料而诱发咬尾。此外，因喂料量不足、饲喂时间间隔过长，猪也会因饥饿诱发咬尾。

注射、称重、抓猪、猪只窜栏及不同猪源、年龄、强弱、品种、肤色的猪混养或变更饲料和管理方法等也会诱发咬尾症。

(2)环境不良。由于猪有探究的生物习性，若生活环境过于单调和寂寞，猪的注意力很容易被摆动的尾巴所吸引从而诱发咬尾。

不适宜环境或突然变化的环境会影响猪只休息，使猪群烦躁不安而诱发咬尾。常见的环境不适有：气候变化较大，如温度、晴雨、台风以及高温、高湿、闷热等；周围噪声过大、舍内光线太强；舍内氨气、硫化氢、二氧化碳等有害气体过多；猪场突然停电或其他强烈刺激等。

通常漏缝地板比水泥地面咬尾发生率高，这可能与粪尿中的污浊气体容易从漏缝上升到地面，促使舍内环境恶化有关。

(3)疾病。猪只因胃肠炎、消化不良、贫血、佝偻病、气喘病、伪狂犬病等发出异味能引起其他猪只的排斥而促进打架和咬尾行为；因体表虱子、疥螨等寄生虫引起皮肤发痒，猪只摩擦墙壁，导致渗出物和出血而吸引其他猪只来舔咬；体内寄生虫产生的内毒素的刺激也会使猪只更具攻击性。此外，在饲料中长期添加药物，如喹乙醇、氧氟沙星也会促进咬尾。

(4)营养不良。营养缺乏和采食量不足会加剧咬尾程度。比如蛋白质偏低、必需氨基酸缺乏、蛋能比不平衡造成猪的蛋白质代谢紊乱，猪只就会表现行为异常，包括咬尾与打架；日粮中矿物元素不足或不平衡，缺乏钙、磷、食盐及其他元素，猪只会出现异嗜、惊厥、舔咬，诱发咬尾；饲料中维生素缺乏也会使味觉异常，猪只兴奋而促使咬尾。

(5)其他诱发因素。不同性别的猪咬尾的发生频率明显不同。通常去势的小公猪比小母猪发生率高而且严重。

咬尾在猪群中也有明显的品种与个体差异。如杜洛克猪的杂交后代咬尾现象较严重；对应激敏感和好斗的猪也容易发生咬尾。

咬尾多发于断奶仔猪及小猪，大猪相对较少些，种猪几乎不发生。

3. 对策要点

①仔猪咬尾症的防治重在预防。平常应加强饲养管理，尽量减少各种应激，为猪群提供良好的福利条件，营造一个清洁、安静、舒适、稳定的环境。

②正确地为初生仔猪"断尾"是目前养猪场最常用的简单有效的防控措施。

③发生咬尾症的仔猪应及时发现和处理。首先应将被咬和好咬的猪隔离，用气味浓烈的无毒液体(如白酒、来苏儿溶液等)喷洒猪体及圈舍，以干扰猪的嗅觉。被咬伤猪只的患部及时止血和用碘酊、紫药水或黄连软膏消毒，对咬尾的猪只可肌内注射镇静药，以减少攻击。在猪群中投饲优质青绿饲料、电解多维，地面垫草、放球状石块、悬挂铁链等也能缓和咬尾行为。

(三)腹泻

腹泻是指客户使用配合饲料或用预混料、浓缩料自行配制的饲料饲喂动物期间，出现程度不一的粪便不成形现象。由于腹泻会影响动物的生长、饲料报酬和清洁卫生等，因此常受到客户的投诉。

1. 主要成因

腹泻可因疾病、环境、饲料、饲养技术与特殊生理阶段等原因造成，这些因素又能彼此影响动物的腹泻程度。

2. 重点调查分析内容

(1)疾病。疾病引起的腹泻，一般程度较严重，发病率较高，还会伴随其他症状，如体温升高、粪便恶臭及采食、呼吸、体表、行为等异常表现。常见的疾病有病毒性腹泻、猪瘟、伪狂犬病、大肠杆菌病、沙门氏菌病等传染病，蛔虫病、球虫病、隐孢子虫病、小袋纤毛虫病等寄生虫病及饲料霉变、气温突变等导致的普通内科肠道病等。长期使用抗微生物制剂不当会引发肠道内环境紊乱，造成腹泻。

(2)环境不良。猪舍卫生脏、乱、差及环境温差大、过冷过热(幼年动物尤其敏感)、阴雨、潮湿、饲养密度太大、空气质量不良等都会诱发动物的腹泻。

(3)饲料与饲养技术不当。饲料与饲养技术不当导致的腹泻大都因消化不良引起。表现为软粪(粪便不成形，但不流动)和轻度腹泻。一般发生于抢吃、过食和病弱猪只，发生率不高，仔猪粪便不太臭，采食量影响不大，无其他临床症状。

因饲料原因导致的腹泻常见有：客户使用预混料、浓缩料配制饲料时，因采购到伪劣变质原料或随意变更饲料企业所提供的推荐配方、粉碎不合理、搅拌不均匀等；有些饲料企业疏于原料或产品的质量把关以及配方技术不成熟、生产设备简陋等；对原料或饲料贮运不当或超过保质期造成饲料变质等。

养殖户的饲养技术过失也会引起动物腹泻。如不按企业产品标签规定的适用对象使用，尤其是将低档的饲料用于优良的品种或将后一阶段的饲料提前到前一阶段使用；变换饲料没有适当的过渡；饲喂工具不合理造成动物争食、过食或饲料污染变质；动物饮用水的水质不良；动物没有按品种、大小、强弱分栏饲喂等。

(4)特殊生理阶段。动物在哺乳期、断奶初期或幼年期最容易发生腹泻，这是由其自身的生理机能发育还不完全造成，尤其是消化与免疫抗病机能不健全，容易受到母乳质量、饲料质量和外界环境(温度、湿度、空气质量)的影响而腹泻；断奶初期的动物由于母子分离的心理应激，由依靠母乳转为依靠配合料的营养应激，由分娩栏饲养转至保育舍的环境应激，均容易诱发动物腹泻。

3. 对策要点

①因疾病引起的腹泻，应请兽医人员进一步确认，从防疫、用药和护理等综合措施加以防治。

②“三分治，七分养”，单纯的动物消化不良性腹泻离不开科学的饲养护理，尤其要注意按动物强弱分群饲养，注意栏舍的保温和干燥，预防饲料变质和污染，对消化不良动物进行隔离保健，对特殊阶段的幼年动物施以特别护理等。

③根据养殖品种、生长发育情况、生产阶段及饲养管理环境选择合适的优质饲料，并辅以科学的饲喂方法。如哺乳仔猪阶段要选择优质饲料进行教槽；转换饲料时要充分过渡等。

（四）群体突发疾病或死亡

指用户用同一种饲料饲养的动物，在短期内发生成群发病或死亡，从而怀疑饲料中毒所引起的投诉。

1. 主要成因

引起动物在短期内成群发病或死亡的主要原因有饲料中毒、药物中毒、传染病三种。此外，有毒气体（如一氧化碳）中毒和气候剧变引起的内科病（如中暑、感冒）也时有发生。

2. 重点调查分析内容

（1）区别饲料、药物中毒与传染病。饲料与药物中毒，特别是急性中毒的共同特点是：动物疾病的发生与采食同一种饲料、药物有密切相关，采食量大的动物发生得越早越明显，成群突发或短期内相继发病；动物体温一般不升高，并有特定毒物中毒的相应特征症状；无传染性，若将可疑的有毒有害的饲料或药物停喂后，就不再有新的病例出现。

（2）饲料或药物中毒有可能是饲料企业或用户过失造成。常见原因有：

①错误用药。如在饲料或饮水中加药时没有详细查明药物含量和用量而超大剂量使用；不溶于水的药物通过饮水加药；不同商品名但同一种药物的使用；没有注意药物的配伍禁忌。

②原料选择或加工不当。原料变质或有毒有害物质含量偏高，饲料加工过程中计量不准、搅拌不均都有可能造成中毒。

③其他原因。如动物误食喷洒过农药的作物或有毒植物；饲草被工业“三废”污染；动物饮用有毒有害物质污染的水；饲料与农药堆放在一起而被污染；水产养殖场水质不良，如水温、盐度、环境、含氧量不适宜及存在有毒有害化学物等；人为投毒。

若怀疑是饲料企业过失造成，应重点调查使用同批饲料的其他用户是否发现类似情况，同时请权威的执业兽医师现场调查和鉴定。

3. 对策要点

①若怀疑饲料或药物中毒应马上停喂该批饲料或药物，并采取必要的解救措施。

②对疾病引起的事故，饲料企业应积极配合诊治，以减少用户的损失。

③双方争议不下时应委托相应仲裁或法定机构进行动物试验和产品检验。

（五）种猪蹄裂

圈养条件下饲养的良种猪产生蹄裂的现象较多，种猪因裂蹄引起运动障碍甚至失去种用价值而淘汰。因此，蹄裂成为养猪业者困惑和关心的问题。

1. 主要成因

种猪裂蹄的原因比较复杂，主要有遗传、气候、营养、疫病及圈舍地面环境等方面，由于多种因素交叉影响，使肢蹄软弱、蹄壁角化不良以及损伤、感染等导致裂蹄。

2. 重点调查分析内容

（1）遗传因素。肢蹄细弱、生长速度快和高度选育的瘦肉型猪及其杂交后代，因其对各种应激环境因素更加敏感而易患。如国外引进的瘦肉型猪常发，我国地方品种及其与外来品种的杂交后代少患。

（2）气候因素。低温、干燥和起风的气候易诱发裂蹄（此时也是人类易发皮肤皲裂的季节），特别是天气由暖转寒时，猪只进行适应性调节，体表毛细血管收缩，脂类物质分泌减少，导致蹄壳变脆，造成裂蹄。

(3)圈舍地面因素。猪舍地面太粗、太硬、太滑、太陡、积水及漏缝地板边缘锋利、间隙不合理等可导致种猪蹄部长期负重不均、撕裂、变形、擦伤、感染、角质浸水变软而诱发裂蹄；圈舍地面不洁、消毒药使用不当(如用石灰、强碱或消毒药浓度过高)和新建猪舍等，导致地面具有腐蚀性，易造成蹄部受损而开裂；限位栏饲养的种猪因缺少运动、肢蹄软弱，相比水泥地面散养的猪只更容易裂蹄。

(4)疾病因素。口蹄疫、腐蹄病、蹄叶炎，蹄部外伤、破损、变形、角质疏松，以及腿虚弱综合征等肢蹄疾病均会诱发种猪裂蹄。

(5)营养因素。首先是饲料配方不合理、原料选择不适当、原料品质不良(如发霉、酸败、久存、掺假、低劣等)、饲料搅拌不均、计量不准确等原因导致营养失调和缺乏。如钙、磷不足或比例不当，易造成肢蹄不正和蹄底裂；缺乏维生素 D 影响骨骼发育，发生软骨病、肢蹄不正和关节肿胀，造成肢蹄受力不均，导致裂蹄；缺硒可引起脚变形、脱毛、关节炎；缺锰多呈横裂；缺锌则显蹄底裂或侧裂；生物素缺乏会使蹄的角质层变软易磨损，呈蹄壳皲裂、横裂和脚垫裂缝出血。此外，饲料缺少油脂会影响脂溶性营养活性物质的吸收，降低蹄壳对不良环境的抵抗力。

其次，猪的采食量不足造成营养不良；某些胃肠道疾病引起营养吸收障碍；长期使用某些抗生素、磺胺药、杀虫剂等，影响和破坏某些维生素(如生物素)的吸收、合成和活性；复合预混料中的微量元素、矿物质、氯化胆碱等会使维生素的效价降低或失效；公猪因经常饲喂生鲜蛋品(含有抗生物素物质)而降低对生物素的利用率。

3. 对策要点

①选育肢蹄结实健壮的个体作为种猪。

②改善猪栏圈舍地面结构和质地。

③选择品质优良的配合饲料，用预混料或浓缩料自配的饲料应注意原料的选择、计量和搅拌均匀度，建议饲粮中适当添加豆油或膨化大豆及生物素，以增加亚油酸与生物素含量。

④对已发生裂蹄的种猪应及时进行外科处理，以防继发感染。如用过氧化氢水溶液清洗患蹄，擦干后涂抹油性消炎抗菌软膏或含碘消毒药，同时注意保持圈栏卫生、干燥。

(六)猪的皮毛不够红亮

有些养殖户认为猪只皮毛红亮预示健康、快长、卖相好，甚至把猪的皮红毛亮作为评定饲料好的标准，尤其是以饲养白毛猪种和卖小猪为主的养殖户。

1. 主要成因

正常的猪只皮毛红亮程度与猪的健康水平、营养、饲养管理和遗传等因素有关。

2. 重点调查分析内容

(1)疾病因素。许多慢性、消耗性、胃肠道疾病会引起长期采食量不足、消化吸收不良，导致营养缺乏而造成皮肤苍白、被毛粗乱。如寄生虫病、仔猪缺铁性贫血、胃溃疡及猪附红细胞体病等疾病。

由于猪的疾病复杂，养殖户长期滥用药物，引起慢性药物中毒、消化道损伤和药物性肠炎等，也会降低动物对养分的吸收利用，影响皮毛色泽。

(2)营养不良。饲料中某些营养素缺乏或配比不平衡，会影响猪的健康和皮毛色泽。如铁、铜、锌、硫等微量元素缺乏会引起猪贫血，皮肤及眼结膜苍白、被毛粗乱；生物素、泛酸及维生素A、维生素D_3、维生素B_2、维生素B_6缺乏会导致猪的表皮粗糙、被毛无光泽等；饲料中脂肪含量不足会影响脂溶性营养物质（如脂溶性维生素）的吸收，影响皮毛色泽。动物因营养不良引起的皮肤苍白、被毛粗乱，往往还伴随其他的临床症状，如生长速度下降等。

猪的采食量不足、猪舍光照不够以及环境应激都会影响猪的总体健康水平，造成皮毛状况不佳。

(3)遗传因素。不同品种和个体的皮肤被毛状况不同会影响猪体皮毛色泽。如皮细薄毛稀短的猪一般皮毛比较红亮。

3. 对策要点

①皮毛红亮并不是饲料好的标志。应在养殖户中宣传普及正确的养殖理念，即猪只健康、生长快、饲料报酬高才是优质饲料的评判标准。

②为了保持猪的皮肤正常健康红润，饲料企业和用户应采用综合调控技术。如配制营养全面、平衡、充足的饲料；加强猪场的环境和饲养管理，减少动物的应激和做好疾病防控措施等。不应为达到皮毛红亮的目的而违法添加药物，危害动物健康及食品安全。

(七)PSE 肉

颜色灰白(pale)、质地松软(soft)和渗出汁液(exudative)的猪肉，国外简称PSE猪肉。目前，改变此现象仍是养猪业一个世界性难题。在我国，随着瘦肉型猪种的大量引进和推广，这一问题日渐突出。

1. 主要成因

目前对PSE猪肉的发生原因还没有完全研究清楚。大部分研究者认为以内在的遗传因素为主，外在的屠宰技术不当、宰前应激及环境、营养不良等为触发诱导因素。

2. 重点调查分析内容

(1)内在遗传因素。研究表明，某些品种（如某些高度培育的瘦肉型猪种）和个体的猪只由于带有氟烷敏感基因（容易引起猪应激综合征）、MHS基因（恶性高热综合征）、酸肉基因（RN基因）等易发生PSE猪肉。此类猪只在应激条件下加速、加强宰后肌肉的糖原降解过程，大量地生成乳酸，使宰后胴体pH下降，肌肉亲水力下降，汁液渗出，肌红蛋白损失，促使肌肉颜色苍白、松软、渗水。

带有这种不良遗传基因的猪体只有通过基因检查才能确定。在养猪生产中，这类猪只常常表现肌肉极发达、极易兴奋、好斗，后躯与尾根发生特征性颤抖，追赶和运动时呼吸易急促，心跳亢进，皮肤有充血斑、紫斑，眼球突出，目光锐利，易发生咬尾症等。

(2)外在环境诱发因素。产生PSE猪肉的外在因素主要是各种物理和机械的刺激。如高温环境，不合适的运输工具，运输车内温度太高与运猪密度太大；猪只宰前经历过食、咬斗、驱赶、惊吓、移栏、混群、装卸、饥饿、疲劳或抓捕不当、剧烈运动后无充分休息等。屠宰技术和设备对诱发产生PSE猪肉有很大影响，如放血前的致昏猪方式，电击所用电流、电压、时间，击晕后的放血速度，放血是否完全，屠体浸烫时间和温度，屠宰速度的快慢，宰后屠体冷却和处理技术等。

(3)营养因素。营养因素对PSE猪肉的形成也有一定的影响作用。如饲料的各种营养配比不当，尤其是脂肪的性质、维生素C、维生素E、维生素D_3、维生素A的含量及镁、硒、铬、铁等矿物质的配比等会诱发产生PSE猪肉。

3. 对策要点

①应用现代基因测定技术淘汰不良肉质的种猪，如氟烷测定、MHS 基因检测及 CK 测定等方法，也可根据生产记录档案及时淘汰不良公、母猪。

②减少宰前应激，尤其尽量避免饱腹、斗咬和强烈驱赶。宰前 12～18 h 绝食和充分休息并给予自由饮水都有利于肉质的改善。

③采取先进的屠宰手段和设备。据报道，用 CO_2 麻醉法屠宰的猪和现代化标准设备的屠宰场较少产生 PSE 猪肉。

④据报道，在饲料中添加甜菜碱、肉毒碱、肌肽、有机铬、螯合硒、维生素 C、维生素 E 及肥育后期适当的限饲对防止应激和改善肉质均有一定作用。

（八）异常蛋

主要表现为蛋壳、蛋清和蛋黄的异常，如畸形蛋、蛋清与蛋黄变色、变味、有异物等。本文以鸡蛋为例说明，也可供其他蛋禽参考。

1. 主要成因

异常蛋的产生与疾病、饲养管理、药物、饲料等因素有关。

2. 重点调查分析内容

（1）疾病因素。在饲养过程中，多种疾病都可以引起异常蛋的产生。如新城疫、马立克氏病、传染性支气管炎、传染性喉气管炎、减蛋综合征等均会不同程度使蛋壳变薄以及使蛋白变稀，甚至产软壳蛋；减蛋综合征、鸡白痢、卡氏住白细胞虫病、呼吸系统有关的多种疾病等会使鸡体电解质流失（包括铜、锌、锰等），从而影响蛋壳质量和颜色，甚至使褐壳蛋鸡产白壳蛋；输卵管部感染病毒或细菌使子宫部上皮细胞受到破坏，导致沙壳蛋、皱纹蛋、血斑蛋、肉斑蛋、无黄蛋等的产生。

（2）饲养管理因素。应激是饲养过程中造成家禽产异常蛋的最常见的因素，无论何种应激均会引起产异常蛋，如噪声（特别是高分贝噪声）、惊吓、转舍、换羽、运输、免疫等。若鸡舍温度太高、长期通风不良导致有害气体过多等，会使蛋壳变薄，蛋壳颜色变浅；急性应激则会产生沙壳蛋、双黄蛋、皱纹蛋、软壳蛋等多种异常蛋；饲养密度过大、过早开产、育成鸡培养不当等会造成异常蛋的产生。

（3）饲料因素。饲料中营养不平衡是产生异常蛋的重要因素。如饲料中钙含量不足，2 d 内蛋壳质量就会下降；钙磷比例失调，使蛋壳质量下降，还会发生鸡佝偻病；钙过量而磷不足时，蛋壳上发生白垩状物质沉积，使蛋壳两端粗糙如沙；锰缺乏或过量，影响蛋白质和黏多糖合成过程，间接造成薄壳蛋；缺锌使碳酸酐酶活性降低，导致蛋壳钙沉积不匀不全；铜缺乏使胶原蛋白和弹性蛋白的交联减少而使蛋壳膜缺乏完整性、均匀性，在钙化过程中导致蛋壳起皱褶；维生素 A、维生素 D_3 缺乏时，蛋和蛋黄明显变小，蛋壳粗糙变薄无光泽，产蛋率下降；维生素 D_3 不足影响 Ca 吸收，产蛋率和蛋壳质量下降；饲粮的能量、亚油酸及蛋白质、氨基酸（尤其是蛋氨酸）供应不足会降低蛋粒重量。

饲料配制因选料不当会引起蛋黄变色变味。如棉籽饼含量过大，其所含棉酚可与蛋黄中 Fe^{2+} 结合形成复合物，使蛋黄色泽降低，经贮藏后还会产生黄绿色或暗红色，甚至出现斑点；劣质鱼粉会导致蛋内容物有异味；饲料霉变或霉菌毒素也可能出现异常蛋。此外，水中 Fe^{2+} 含量过高也会使蛋白变红。

（4）自身生理特点。蛋壳的质量与颜色随着家禽的产蛋日龄、产蛋率的不同会有一定的变化。一般产蛋初期蛋壳颜色深，随着日龄增加逐渐变淡；产蛋率高时蛋壳颜色较淡，反之较深。

3. 对策要点

①养殖场应选在远离其他养殖场、交通主干道和人员流动量少的僻静地方。

②加强疾病控制管理，特别是呼吸道疾病，并且注意合理使用药物。

③加强饲养管理，减少应激。

④使用优质配合饲料。

（九）鸡啄癖

大群饲养的鸡常发生啄肛、啄羽、啄蛋等恶癖。生产上以啄羽最为常见，啄肛危害最大，啄蛋较少见。养禽生产中不仅鸡有啄癖，鸭、山鸡、鹌鹑等禽类都有此类现象，以下以鸡的啄癖为例加以阐述，其他家禽可以参考。

1. 主要成因

啄癖是由错综复杂的外界及内部诱因引起鸡只不适的行为异常，大致与饲养管理不当、疾病和营养不良三大方面有关。啄羽以雏鸡、青年鸡及换羽期多发。

2. 重点调查分析内容

（1）饲养管理不当。鸡群饲养密度过大，采食和活动空间小；光照突然增强或多日阴天后突然转晴；鸡舍潮湿和温度过高；通风不良、气味过浓、粉尘过大导致鸡不适，烦躁不安；栏舍缺少垫料，鸡终日闲极无聊及鸡舍的料槽、水槽不足导致鸡群争食，或转换饲料时没有适当过渡等，均会诱发啄羽等恶癖。

蛋鸡开产前若光照时间太长、光线太强，会导致后备蛋鸡早熟，提前开产，因骨盆尚未发育完好，产道狭窄，产蛋时容易发生泄殖腔脱垂而诱发啄肛；蛋鸡育成期管理不善，过肥的鸡因肛门周围组织弹性降低，产蛋后影响脱出的泄殖腔正常复位而诱发啄肛；产蛋初期蛋太大或双黄蛋会导致肛门破裂，泄殖腔复位慢而诱发啄肛与啄蛋。此外，平养的产蛋箱太少，容易受其他待产蛋鸡的骚扰，产蛋箱太大，几头鸡同时在箱内产蛋等情况都会造成产蛋后泄殖腔外翻尚未复位时被其他鸡只啄咬。

（2）营养不良。饲料没有按阶段饲喂，仔鸡前期饲料喂养时间过短，后期饲料提前饲喂等导致营养不足；不当的限制饲喂使鸡群处于饥饿状态。此外，日粮配比不当也易诱发啄羽癖，如缺乏食盐，鸡就寻求有咸味的食物；饲料中含硫氨基酸不足、某些微量元素和维生素缺乏、粗纤维含量低等均容易诱发啄癖。

（3）疾病。虱、螨等寄生虫以及鸡只腹泻、糊肛、霉菌感染等均容易诱发鸡只啄癖。

3. 对策要点

①断喙是目前最有效的预防措施，但不能根治，只能减少。一般在 7～10 日龄进行，70 日龄左右再修喙一次。蛋鸡也可在开产前进行修喙。

②啄癖的诱因大多是环境不适、饲养管理不当和营养不良。因此，应从饲养管理角度全面加以改善。提供合适的饲养管理和环境条件、均衡的营养就能减少鸡只的啄癖。

③定期驱虫，防止饲料、饮水和空气中的霉菌感染及控制肠炎、寄生虫病等疾病的发生。

④当啄癖发生时可在鸡舍或运动场设置砂浴池，悬挂青饲料借以转移鸡群注意力，增加活

动量，减少互啄机会；在饲料中添加1.5%左右食盐，连续饲喂3 d左右，具有一定的控制效果，但必须保证有充足的饮水，以防食盐中毒；饲料中加入2%生石膏粉或0.1%～0.2%蛋氨酸饲喂10～15 d，可有效控制啄癖。

对被啄伤的鸡只要立即挑出，伤口用2%龙胆紫溶液涂擦后隔离饲养。患有啄癖的鸡只要单独饲养，以免扩大危害。

(十)家禽产品着色不佳

在我国，特别是南方各省，人们对家禽的皮肤、脚胫以及蛋黄的色泽有特殊的嗜好，如肉禽的皮肤与脚胫要黄，蛋黄颜色要介于金黄色和橙黄色之间等。养殖户往往会抱怨使用饲料后家禽的皮肤、脚胫或蛋黄着色不好。

1. 主要成因

家禽产品的着色是通过类胡萝卜素(包括胡萝卜素、玉米黄素、叶黄素和番茄红素等)在家禽的皮肤、脂肪、脚胫和蛋黄等组织中沉积而形成。家禽体内不能自行合成这类物质，必须从饲料中摄入。家禽产品着色的程度受到遗传、日粮成分、健康状态、饲养方法、添加的色素产品种类与剂量等影响。

2. 重点调查分析内容

(1)疾病因素。家禽的许多疾病都会影响到色素的消化吸收及沉积。如球虫病、沙门氏菌病、肠道寄生虫、新城疫等导致肠黏膜损伤而影响色素的消化吸收；慢性呼吸道疾病会影响色素的沉积作用。此外，治疗疾病的药物也会影响蛋黄颜色，如驱虫药哌嗪会使蛋黄变橄榄色至棕色。

(2)饲养管理因素。家禽的着色是一个逐渐积累的过程，饲喂期长短直接影响着色效果。添加着色剂时，通常禽体着色需1～2周，蛋黄着色需2周以上时间才有明显效果。此外，饲料摄入量不足直接影响色素的摄入量；饲料存放时间过长，色素被破坏，或禽舍高温高湿、饲养密度太大、通风不良都会影响色素沉积。

(3)饲料因素。通过饲料提高家禽产品着色的方法有两种：一是使用富含叶黄素的饲料原料；二是添加人工合成的色素或天然色素提取物。不同的原料的叶黄素含量不同，有的原料还含有抑制色素沉积的有害物质，同一种原料也会因产地、品种、贮存条件等不同而有差异。因此，饲料的原料组成及配比直接影响着色效果。如玉米、玉米蛋白粉、草粉的叶黄素含量高，而米糠、大麦、杂粕含量低；维生素A不足或过剩、维生素E不足、钙过高等都会影响类胡萝卜素的吸收。此外，叶黄素必须溶于脂肪中才能更好地被机体吸收，所以饲料中脂肪的含量、种类、氧化酸败程度都直接影响家禽的着色效果。饲料中添加不同色素产品和剂量对家禽的着色效果也不同。如天然色素着色速度较慢，但稳定性好，对禽体及消费者无害；人工合成色素，其着色速度快，但稳定性差，若质量不好，可能对禽体及消费者有不良作用。饲料与垫料中的霉菌毒素会干扰机体对色素的沉积能力。

(4)遗传因素。不同品种、品系的肉禽沉积叶黄素的能力存在较大差异。尤其许多三黄鸡是用不同品种或品系杂交而成，其着色快慢与色度差异较大。

3. 对策要点

①叶黄素的基本结构虽属类胡萝卜素，因其含有氧原子，故在禽体内不能像β-胡萝卜素(不含氧原子)一样可转化成维生素A，所以叶黄素对家禽无任何的营养作用，因此在家禽饲料

中添加叶黄素只会造成经济上的浪费。对此，家禽业各产业链应正确引导消费者走出误区，逐渐减少对家禽皮肤、脚胫、蛋黄色泽的特殊要求。

②影响家禽着色效果的因素很多，用户及饲料企业应站在客观的立场分析原因，有的放矢地改善措施。不要感觉家禽着色不好，就片面地增加饲料着色剂的添加量，这样不仅增加饲料成本，还对家禽本身和消费者的健康可能造成不良影响。

③饲料企业设计配方时应根据原料中的色素不同含量，酌情添加着色剂，以保证配合饲料中色素含量的稳定。

二、常见针对饲料感官性状的投诉

(一)饲料霉变

饲料霉变是客户在饲料开包后第一时间内最容易观察到的性状，尤其是在高温高湿的气候和梅雨季节最容易发生。

1. 主要成因

霉菌无处不在，只要有适宜的温度(霉菌孢子在 24～32 ℃生长最快)、适当的湿度(环境相对湿度在 80%～100%时生长最快，饲料水分含量 14%以上容易发霉)、充足的氧气(霉菌为嗜氧菌，空气充分和饲料间隙大有利于其生长)和能量提供(粉碎的谷物和细小饲料颗粒便于霉菌深入，获取能量，得到生长)，霉菌就会大量繁殖，引起饲料发霉。

2. 重点调查分析内容

(1)按霉变部位区分。

①整包发霉。无明显霉变中心，饲料包内各部位霉变程度差异不大，包内温度高于包外，体积膨胀。其霉变主要原因为：高温高湿的季节，饲料和周围空气温湿度大，造成饲料整包霉变；原料含水分高，加工工艺设备难以将其降低至安全含量以下，导致产品含水率高；工厂蒸汽输送管道太长或隔热不良，导致制粒所需蒸汽中水分过高；开始制粒时，蒸汽管道温度低，部分蒸汽冷凝成水，这些水分没预先排除或排除不干净，就会使制粒开始阶段的产品含水率较高；采用老式冷却器容易造成冷却不充分或不均匀，引起部分产品含水量偏高；添加冷水制粒，颗粒出模后温度太低，干燥不充分；原为局部发霉，在搬运过程中人为搅混造成霉点分散，此情况霉变一般只有零乱霉点，料不升温、不膨胀，仅有少数饲料包发霉。

②霉变仅限于局部，特别是缝口处、破口处，并向包内或沿包壁扩展。其原因为：包装封口不严密，存在袋内外空气流通的通道，由于包内外湿气存在温度差而出现露点，使封口处吸收更多水分而发霉；在贮存、运输过程中，因漏雨或湿度大等原因，水分由破口处进入；有时因仓库喂养猫犬或鼠害，其咬破包装袋后被排泄的粪尿污染，也会引起局部霉变。

③紧贴包装袋内壁的颗粒霉变，并逐步向内扩展。原因为冷却工艺控制不当，出料后颗粒温度与环境温度相差较大，包装后袋壁内侧饲料被因降温而形成的露水浸湿；在运输和贮存过程因太阳暴晒，水分集中到袋壁内侧，晚上降温后形成露水(特别是石板仓库)；运输过程中，车箱底有沙粒、杂物或洞口，容易造成袋子震动破损后渗水。

(2)按发现霉变的时间区分。客户购回饲料后立即发现饲料有霉变，这种情况是由饲料企业在原料、生产、贮存或保管环节的过失引起。通常会在多家客户发生类似现象。

客户购回饲料贮存一段时间才发现霉变，则有可能是饲料企业的过失或客户因运输、贮藏和保管不当引起。

(3)调查分析的注意事项。

①饲料霉变进展速度很快,受理人员要以最快速度到达现场,以减少客户或企业损失。

②受理人员检查饲料霉变时,要努力保持饲料霉变的原始状态,避免在搬动及拆包过程中搅混了霉变部位及其周围的饲料,给调查分析造成困难。

③饲料企业应保存好每批饲料的样品及生产、品管、销售的原始记录,对出货当天的气象和运货车辆的防护状况(如车内有无防暴晒、防雨淋设备,箱底有无尖锐异物或漏洞渗水等)及装车现场要有详细的记录,以帮助事故出现后分析原因和责任。

3. 对策要点

(1)严把产品质量关。为了防止饲料霉变,饲料企业首先要从原料水分控制、生产工艺、贮存条件、仓库管理(先进先出、以销定产等)、品质管理及添加防霉剂等方面调控,不合格产品绝不销售。

(2)做好产品贮运工作。

①在运输过程中注意防雨淋、防受潮、防破包、防太阳暴晒。阴雨天应随车携带性能良好的遮盖物品,及时对装车待运饲料严密遮盖与捆扎,途中应经常检查遮盖情况,防止雨淋。严格清除车厢底板的尖锐异物及积水,并铺上干燥垫物,以防破包和水分侵入饲料。注意装卸饲料过程中不得被雨淋湿。炎热天气最好用棚车或集装箱车装料,料堆与顶棚留有一定的空间,避免太阳直接暴晒饲料引起水分蒸发,水汽结露于包装袋内层引起发霉。

②饲料要求贮存在具有防雨淋、防受潮、通风干燥、隔热密闭的仓库。采用防潮水泥地面并放置垫板或油毛毡,安装排气扇。

③饲料存放要科学,勤检查,保新鲜。饲料应小堆垛放,保证饲料堆之间、饲料与墙壁之间、饲料与屋顶之间有充分的通风道,以利于通风透气和方便检查;每日检查饲料,发现有发热时应马上翻垛,逐包检查,并根据不同情况进行通风、晾干、拆包日晒等处理;防止饲料袋被老鼠或其他动物咬破,已破损或拆包未使用完的饲料应结扎密封袋口,以防受潮变质;若遇仓库内外温、湿度相差悬殊时,应加强通风、干燥、降温和防潮、防结露的管理(当库内温度、湿度大于外界时,应及时打开窗门,通风透气,反之应密闭保存),最好设排气扇或风机,及时抽去库内湿气和降温;做好饲料进出仓记录,坚持先进先出原则;根据销量或用料进度,加强饲料库存数量和时间的计划性。在梅雨季节,颗粒饲料的库存时间以两周为宜、粉状料一周以内为宜。

(二)饲料颜色变化或不一致

用户因不同批次的同种饲料颜色有变化或同批同种饲料颜色不同而怀疑饲料品质有变化。

1. 主要成因

饲料的颜色变化主要是因原料的颜色和配比变化或采用新的原料等原因引起。有时加工不均匀、不同饲料混仓或突然停电、停机也会引起同批饲料局部颜色不一致。

2. 重点调查分析内容

①不同批次的同一种饲料颜色有变化是正常的现象。为了保证产品内在质量稳定和最低成本,饲料企业需根据原料的成分和价格变化调整原料种类和配比;不同产地、不同种类的原料颜色也会变化,如同样品质的巴西豆粕颜色较深较红,而美国豆粕则较浅;有的国家所产饲

料级乳清粉特意添加了色素，以免误用于人类食品。所以不同批次的同种饲料颜色不一致是正常现象。一个饲料配方长时间使用，虽其配制的饲料颜色比较稳定，但其营养成分则是不稳定的。

②同一批次的同种饲料颜色不均匀，甚至不同的颜色。这可能是饲料厂混合机搅拌不均匀、配料控制系统的原料计量不准确或者不同品种的饲料成品混仓引起。如果工厂突然停电停机，饲料在制粒环模中停留太久也会焦化变黑，矿物质结晶（如蓝色的硫酸铜）没有粉碎好也会留下不同颜色的痕迹。

3. 对策要点

①饲料企业若因调整配方或使用新原料而导致产品颜色变化较大时，应向用户预告和说明，更重要的应让用户明白和接受，为了保证饲料的营养成分稳定，根据原料的成分和价格变化适当调整配方是现代饲料配方技术所需，不同批次的饲料颜色有变化是正常的现象。

②饲料企业应做好品质管理，防止原料混合不均、计量不准、不同饲料混仓等影响饲料品质和颜色的现象，不合格产品不得销售。

（三）产品重量不足

指客户购买企业产品后发现其重量与包装袋所标示的重量不符的现象。

1. 主要成因

作为饲料企业一般不会缺斤少两，故意欠重。通常因计量工具没有及时清理和调整、包装袋破裂漏料后更换包装袋时没有及时补足重量或用户在贮运过程破包漏料、称磅不准确、饲料被偷所致。

2. 重点调查分析内容

①当接到用户投诉时首先应查清欠重程度，了解是普遍还是个别现象，并问清该批产品的批号和生产日期，以供调查其他用户时参考。

②饲料企业应自查本批产品现存及在其他用户的重量情况，同时查阅该客户运货车辆出厂时的地磅称重记录，查核计重器的准确情况，做到心中有数。

③迅速派人自带标准砝码亲赴现场核查用户计量工具的准确性。若计量工具准确，也应进一步检查包装袋及上下缝口处有无明显取样孔痕迹和漏洞、有无漏料或被偷等异常现象。若用户没有失误，最后还应现场确定重量不准情况（是个别还是普遍欠重，是普遍欠重还是既有多又有少）、欠重程度和包数，以分析企业过失的原因及责任对象。

④国家标准规定，饲料包装秤采用三级标准，净重允许误差范围为 0.3%。若在正常范围内，应向客户耐心解释，取得认同。

3. 对策要点

①饲料企业要形成制度，经常自查计量工具的准确性，做好客户购货出厂时的地磅记录。

②若因企业引起的欠重，应实事求是给予补足，并充分道歉。若为用户误解，企业也应谅解和宽容。

③制定和落实企业的事故整改方案，问责责任人，防患于未然。

(四)其他感官异常

1. 粉化率偏大

粉化率大小与配方、原料粉碎细度、制粒时的蒸汽温度、调质过程、切刀安装、产品筛理等工艺有关。虽然粉化率大容易造成饲料浪费,特别是鸭料和水产饲料,但是为了减少粉化率而添加黏合剂或原料过度糊化也会造成硬度太大,影响饲料的适口性,所以,饲料的粉化率应掌握适度。

2. 不同批次产品粒径、长短、大小不一致

这一现象可能与生产时制粒设备没有调节好有关。另外,新旧制粒环模因孔径大小变化,也会影响产品的外观。这些变化一般对饲养效果的影响不大。企业应加强制粒管理并多向用户释疑解惑。

3. 同一批次产品的粒径、长短、大小不一致

这一现象可能与生产过程中不同品种的饲料混仓混包有关,也可能是制粒切刀安装缺陷所致。饲料企业应重视客户对颗粒饲料粒径、长短和大小不一致的投诉,从工艺设备、工人培训和工厂管理着手,满足客户的期望。

4. 产品有杂物或昆虫

产品中混有杂物(如线头、纸屑、竹片等)或昆虫,一般是饲料厂原料去杂不彻底、生产管道没及时清理、原料粉尘集结物丢落及外包装袋破裂后饲料重新人工装包时混入异物等引起。若饲料成品与原料混车混仓,虫体可能互相污染;饲料仓库地面、墙壁、垫板没定期清扫和消毒也会生虫污染饲料。对此类问题,饲料厂应自查严管。

5. 包装内袋外袋质量差,袋口缝合不良

包装袋的内、外袋质量差和袋口缝合不良都会造成破包、饲料外漏和容易渗水,导致饲料发霉,同时影响商品卖相。饲料厂应从包装袋质量和打包工人的管理等方面加以防范。

6. 标签不规范

产品标签是饲料企业对用户的产品质量承诺证书,随着用户消费意识的提高而得到重视。常见的投诉有标签内容不规范、说明不清楚、产品无附带标签、标签混用或无生产日期等。饲料企业应将标签视为企业产品的重要组成内容,按国家标准严格执行。

三、常见针对企业服务品质的投诉

在饲料产品同质化越来越明显的市场竞争中,做好企业产品的售后和技术服务是现代企业的经营重点。良好的服务是产品价值的延伸,不仅可以让产品的性能得到最大化发挥,还可以让养殖户从中学到技术,让养殖户与饲料企业和谐同步发展。所以,企业服务品质是衡量企业综合竞争实力的指标。

企业在经营中常见的服务品质投诉有以下几方面。

1. 供货与售货

常见有产品不齐全,延迟交货;产品规格与所要求不符;没有按时送货上门;营业时间短,售货不方便;产品库存时间长,不新鲜;装货与购买的品种、数量不符;售货、仓管或搬运人员不称职或态度不好等。

2. 市场调控

常见有不同经销商开发的用户间窜货，引起不良竞争；同地区不同用户的价格差异较大，用户心态不平衡；向用户承诺的销售政策不兑现、不及时兑现或打折扣；产品销售对账单模糊不清等。

3. 技术服务品质

常见的投诉有用户生产中出现的问题没法解决；产品使用方法交代不清；服务不及时、不到位；服务人员态度不好，对用户敷衍了事；技术人员拜访次数少等。

"服务无止境"，饲料企业在经营中应造就一支有激情、有责任、有技术的服务队伍，积极努力创造条件为用户服务，服务中一定要践诺，做不到的事不承诺，承诺的事要努力做到，若做不到也应给客户一个满意的解释。

知识巩固

1. 常见针对饲料感官性状的投诉有哪些？
2. 企业在经营中常见的服务品质投诉有哪些？

答案

项目小结

本项目阐述饲料企业正确处理客户投诉的意义及如何准确识别和处理客户投诉的基本方法，并着重论述企业如何对常见投诉进行主要成因的调查分析，以便分清责任和寻求解决方法，避免重犯，让饲料企业与用户同步和谐、健康发展。

思政小课堂

1. 培养学生的忧患意识和危机意识

忧患意识是中华民族源远流长、永不枯竭的一种文化精神。"人无远虑，必有近忧"，我们做事要周密考虑，长远谋划，才能防患于未然。对于企业来说，客户异议时刻存在。透彻分析客户对企业所提供产品或服务产生抱怨或质疑的原因，并及时有效处理，防止客户异议升级为客户投诉，给企业带来更多的危机，其中蕴含的优秀传统文化思想是"增强忧患意识与危机意识"。从"讳疾忌医""曲突徙薪"等寓言故事中体会勇于正视现实，直面危机，并善于接受别人良好建议，及早采取措施，以免酿成大祸的道理。范仲淹"先天下之忧而忧，后天下之乐而乐"、陆游"位卑未敢忘忧国"等名句，饱含着忧患意识和激发的强烈责任感、使命感。在面对客户异议时，也应自觉增强忧患意识与危机意识，清醒认识客户对企业或产品的接受程度，细心探求客户需求的真实性，力求从客户的不满意中获得更多关于改进产品、改善服务的信息，从而做到未雨绸缪，防微杜渐，化异议为动力，化危机为契机。

2. 运用矛盾分析法解决问题

采用情景模拟法、典型案例分析法、小组讨论法等教学方法，让学生深刻认知客户投诉对企业的意义，培养学生树立正确积极对待客户投诉的态度，学会用"一分为二"的观点看待客户投诉。马克思主义矛盾分析法要求我们看问题要一分为二，坚持“两点论”即要看到是与非、善与恶、美与丑、正与反、正确与错误、优点与缺点、先进与落后、主体与客体等两个方面，不能只重视和强调一个方面而忽视和否定另一方面，否则就会出现差错。客户投诉就像企业遇到的小型“危机”，若能正确对待，并根据投诉原因及时、合理进行处理，就可以迅速化解客户的抱怨和不满，变“危机”为“良机”，再度赢得客户信任，提高客户对企业的美誉度和忠诚度。反之，则会扩大企业的负面效应，极大影响企业信誉和口碑。

项目八

饲料企业的经营管理

知识目标

1. 了解饲料企业人员管理的内涵,以及如何做好企业的人员管理。
2. 熟悉采购管理的三个层次和两种模式,了解采购管理的意义。
3. 掌握生产管理的内容和方法。
4. 了解财务管理的内容和目标。
5. 掌握营销管理的核心理论,熟悉典型的营销方法。

技能目标

1. 应用生产管理知识制定提高生产效率的绩效考核方案。
2. 制定饲料的营销方案。

项目导读

经过五十多年的高速发展,我国饲料行业已步入整合提升的成熟阶段,饲料行业高速扩张的时代已一去不复返,集约化经营、扁平化营销、市场化服务已成为饲料行业发展的主旋律。同时,随着新经济时代我国供给侧结构改革的深入推进,饲料行业面临着食品安全保障标准趋严、环境保护压力增大、生产成本大幅提升等现实问题,高成本已成为新时期现代饲料企业经营管理面临的关键问题。新时期,我国饲料企业想要发展,就必须采取精细化的经营管理方式,创新饲料企业的经营管理模式,拓宽饲料产品的销售渠道,大力发展电子营销,促进饲料企业的经济转型。本项目将论述如何将现代管理科学应用于饲料企业的人员、采购、生产、财务及营销管理全过程,从而推动饲料企业经营管理水平的进一步提高,逐步实现企业经营管理的科学化与现代化。

任务一　波特五力模型分析饲料行业特点

思维导图

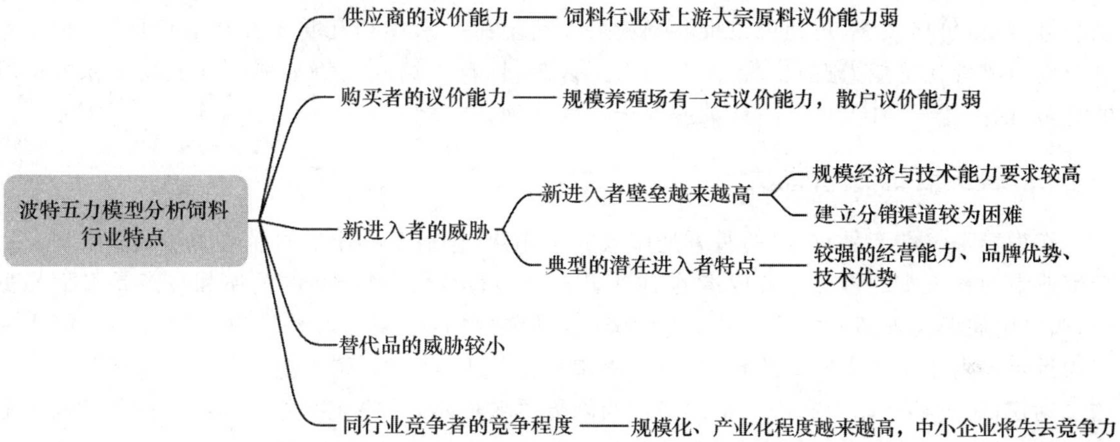

任务实施

波特五力模型(Michael Porter's Five Forces Model)，又称波特竞争力模型，是迈克尔·波特(Michael Porter)于20世纪80年代初提出，对企业战略制定曾产生全球性的深远影响。该模型用于竞争战略的分析，可以有效分析客户的竞争环境。所谓五力即指：供应商的议价能力、购买者的议价能力、潜在竞争者进入的能力、替代品的替代能力以及行业内竞争者现在的竞争能力。五种力量的不同组合变化最终影响行业利润潜力变化。

五种力量模型将大量不同的因素汇集在一个简便的模型中，以此分析一个行业的基本竞争态势。五种力量模型确定了竞争的五种主要来源，即供应商和购买者的议价能力，潜在进入者的威胁，替代品的威胁，以及最后一点，来自目前在同一行业的公司间的竞争。一种可行战略的提出首先应该包括确认并评价这五种力量，不同力量的特性和重要性因行业和公司的不同而变化，如图8-1所示。

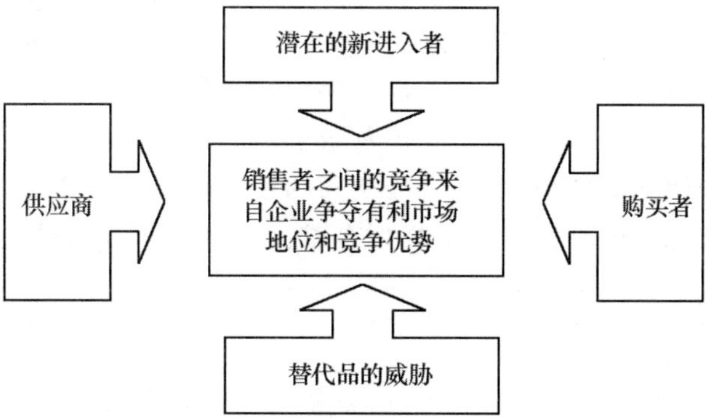

图 8-1　波特五力模型

一、供应商的议价能力

我国是饲料产业大国，饲料原料短缺现象长期存在，饲料原料总体来说供需平衡脆弱，能量、蛋白质、维生素饲料资源缺口大，存在饲料添加剂品种不全、质量差、总量不足等特点。饲料的主要原料是农产品，存在质量不稳定、不均衡、上市供应集中等固有特性，从而增加了饲料企业的仓储难度和资金占有。近年来世界上的大宗饲料原料主要出口国纷纷实施饲料出口限制政策，原料价格飞涨，由此可以推断饲料行业对上游大宗粮食几乎不存在议价能力，行业对供应商的讨价还价能力有限。不少业内人士认为，饲料市场的竞争某种程度上就是原料市场的竞争，谁占据了稳定供应渠道，谁就处于不败之地。

二、购买者的议价能力

作为养殖终端产品，饲料的买方是广大养殖用户，包括畜牧业中的养殖场和散养农户。在养殖业中饲料成本约占养殖总成本的70%，因而养殖户对饲料价格的关注和在意是显而易见的，买方中规模化养殖场的价格决定能力较强，但中小养殖场和散养农户的讨价还价能力较弱。近年来由于生产方式快速转变，规模养殖场数量迅速增加，越大型的养殖场越能掌握市场的主动权，讨价还价能力会进一步加强。为降低养殖成本，一些大型养殖场将通过从饲料企业购买核心料进行自配来降低成本；另一些大型养殖场拥有自己的饲料企业，因此饲料行业的利润已基本透明。

三、新进入者的威胁

1. 新进入者壁垒越来越高

目前，饲料行业逐渐进入规模化发展，新进入者的壁垒也越来越高，主要存在以下几方面的问题。

(1)规模经济与技术能力要求较高。我国现有饲料生产企业有两种规模特点：第一种企业的特点是生产规模大、单位生产成本低、市场占有率高，这将对以小产量和高成本为特点的新企业进入该行业产生极大的阻力。第二种是现代化饲料生产企业，这种企业的特点是资金实力雄厚、生产设备先进、具有高科技人员储备及强大的科学研发能力。其产品主要为中高档饲料产品。这将对进入者提出更高的要求。

(2)建立分销渠道较为困难。由于我国养殖业规模化程度低，销售面对的是比较分散的养殖户，厂家对经销商的回款比对分散的养殖户更容易，所以产品的分销渠道以经销商为主，而基于产品及市场的特殊性经销商必须具备以下能力，把握当地的市场的能力，在市场上的营销和开拓能力，专业的养殖能力、病害防治知识及较强的组织能力、经济能力等。虽然直销的成本低，但是面对我国分散的养殖模式，依靠经销商的销售模式占主要地位。在上述环境下新进入者要建立一个健康、稳定的分销渠道也相当有难度。而如果没有建立起有效的产品分销渠道，企业在进入一个新行业时会遇到巨大障碍。

2. 典型的潜在进入者特点

典型的潜在进入企业一般具有以下特点：较强的经营能力、品牌优势、技术优势。近年来，饲料企业规模化、现代化的程度不断增加，玉米、大豆、维生素、鱼粉等原料价格不断上涨，都给新进入者带了不小的压力。

四、替代品的威胁

饲料还没出现真正的替代品。随着养殖规模化、商业化、现代化的程度增加，原来一些散户使用自配料、潲水饲喂的情况也越来越少，因此替代品对饲料的威胁越来越少。

五、同业竞争者的竞争程度

饲料行业整体进入微利时代已成为新常态，行业整合势在必行。随着养殖规模化进程的推进以及饲料产品同质化问题的催化，饲料行业整体盈利空间被进一步压缩，洗牌速度明显加快，中小企业举步维艰。中国饲料工业协会数据显示，我国饲料加工企业数量已从 2003 年的 13 874 家锐减至 2015 年的 6 772 家，下降趋势仍在继续；而单厂年产 10 万 t 以上的企业数量从 2003 年的 60 家快速上升至 2020 年的 749 家，占饲料总产量比重为 52.8%；2020 年，单厂年产百万吨以上企业数量达到 33 家，占饲料总产量比重为 54.6%，行业整合进程正在加速推进。受养殖结构变化影响，我国饲料产能结构也相应做出了相应调整。中国畜牧总站数据显示，2020 年，我国工业饲料十强省合计产量占全国比重 71.65%，饲料产量超千万吨的省份达 9 个。全国有 3 家企业(集团)年产量超过 1 000 万 t。在产业集中度不断提升的推动下，龙头企业优化产能布局，局部地区竞争加大，中小企业加速被淘汰，行业整合进程进一步加快。

知识巩固

1. 什么是波特五力分析模型？
2. 新进入者的威胁主要表现在哪些方面？

答案

任务二 人员的管理

思维导图

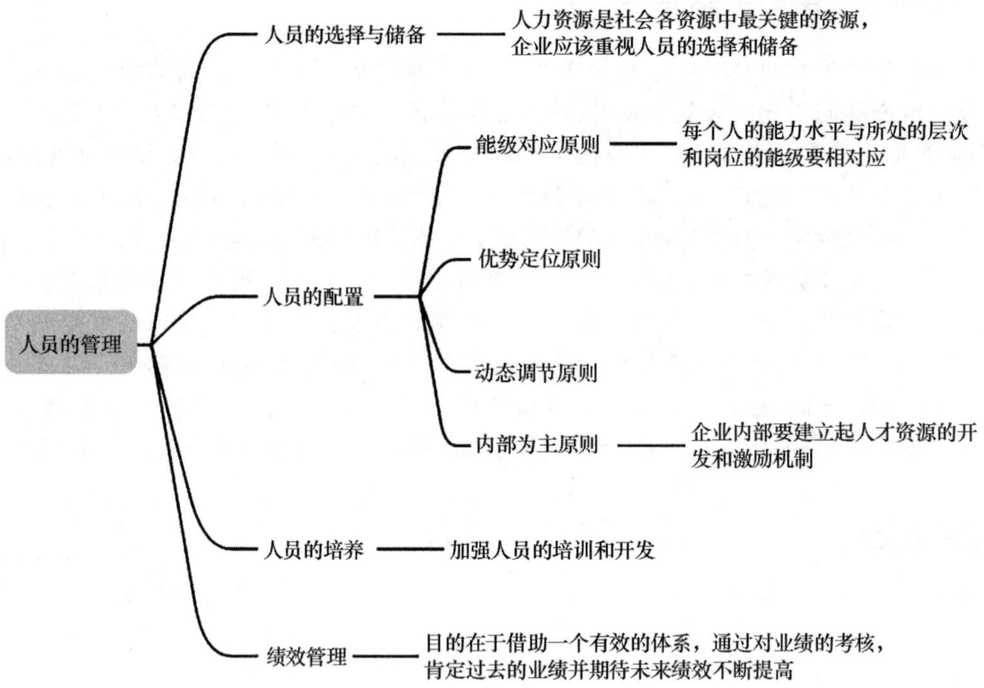

任务实施

现代企业要获得较快的发展，企业内部必须具有相当的凝聚力，有效的人员管理是保证公司凝聚力的重要手段。人员管理是对企业各类人员进行恰当而有效的选择、使用、考评和培养，以合适的人员去充实组织结构中所规定的各项职务，从而保证企业正常运转并实现预定目标的职能活动。

一、人员的选择与储备

人力资源（HR）是社会各项资源中最关键的资源，是对企业产生重大影响的资源，历来被国内外的许多专家学者以及成功人士、有名企业所重视。现在的许多企业就非常重视人力资源的管理。饲料企业的竞争最终是人才的竞争。一些大型饲料企业，对于人力资源管理的重视程度不断加强，很多中大型饲料企业有专职的人力资源部，甚至与猎头合作，寻找一流的人才。当然，中大型饲料企业的人才，主要还是依赖内部的培养，留住优秀人才的手段多样化，比如一些企业有向中高级人才配股的发展趋势。另外，大型饲料集团的招聘也有的新动向，不再把招聘的重点放在人才市场，而是高校的学生，甚至大一的新生就纳入了这些企业的考量范围，大型饲料集团的各种奖学金开始设到学校，甚至班级。

二、人员的配置

人力资源管理要做到人尽其才，才尽其用，人事相宜，最大限度地发挥人力资源的作用。但是，对于如何实现科学合理的配置，这是人力资源管理长期以来亟待解决的一个重要问题。对企业人力资源进行有效合理的配置，必须遵循如下的原则：

1. 能级对应原则

合理的人力资源配置应使人力资源的整体功能强化，使人的能力与岗位要求相对应。每个人也都具有不同水平的能力，在纵向上处于不同的能级位置。岗位人员的配置，应做到能级对应，就是说每一个人所具有的能力水平与所处的层次和岗位的能级要相对应。

2. 优势定位原则

人的发展受先天素质的影响，更受后天实践的制约。后天形成的能力不仅与本人的努力程度有关，也与实践的环境有关，因此人的能力的发展是不平衡的，其个性也是多样化的。每个人都有自己的长处和短处，有其总体的能级水准，同时也有自己的专业特长及工作爱好。优势定位内容有两个方面：一是指人自身应根据自己的优势和岗位的要求，选择最有利于发挥自己优势的岗位；二是指管理者也应据此将人员安置到最有利于发挥其优势的岗位上。

3. 动态调节原则

动态原则是指当人员或岗位要求发生变化的时候，要适时地对人员配备进行调整，以保证始终使合适的人工作在合适的岗位上。岗位或岗位要求是在不断变化的，人也是在不断变化的，人对岗位的适应也有一个实践与认识的过程，由于种种原因，使得能级不对应，用非所长等情形时常发生。能级对应、优势定位只有在不断调整的动态过程中才能实现。

4. 内部为主原则

企业内部要建立起人才资源的开发和激励机制。从内部培养人才，给有能力的人提供机会与挑战，造成紧张与激励气氛，是促成公司发展的动力。

三、人员的培养

加强人员的培训和开发，帮助员工胜任工作并发掘员工的最大潜能。对于新进公司的员工来说，要尽快适应并胜任工作，除了自己努力学习外，还需要公司提供帮助。对于在岗的员工来说，为了适应市场形势的变化带来的公司战略的调整，需要不断调整和提高自己的技能。基于这两个方面，组织有效培训，以最大限度开发员工的潜能变得非常必要。就内容而言，培训工作有企业文化培训、规章制度培训、岗位技能培训以及管理技能开发培训。培训工作必须做到具有针对性，要考虑不同受训者群体的具体需求。对于新进员工来说，培训工作能够帮助他们适应并胜任工作，对于在岗员工来说，培训能够帮助他们掌握岗位所需要的新技能，并帮助他们最大限度开发自己的潜能，而对于公司来说，培训工作会让企业工作顺利开展，业绩不断提高。

培训与开发包括：①理论学习；②项目评估；③调查与评估；④培训与发展；⑤需求评估与培训；⑥培训建议的构成；⑦培训、发展与员工教育；⑧培训的设计、系统方法；⑨开发管理与企业领导；开发自己和他人；⑩项目开发与管理惯例。

四、绩效管理

绩效考核的目的在于借助一个有效的体系，通过对业绩的考核，肯定过去的业绩并期待未来绩效不断提高。传统的绩效工作只是停留在过去绩效考核的层面，而现代绩效管理则更多地关注未来业绩的提高。关注点的转移使得现代绩效工作重点也开始转移。体系的有效性成为人力资源工作者关注的焦点。一个有效的绩效管理体系包括科学的考核指标，合理的考核标准，以及与考核结果相对应的薪资福利支付和奖惩措施。纯粹的业绩考核使绩效管理局限在对过去工作的关注，更多地关注绩效的后续作用才能真正发挥绩效管理的作用，使人的主观能动性发挥更大的作用。

绩效管理包括：①绩效管理准备阶段；②实施阶段；③考评阶段；④总结阶段；⑤应用开发阶段；⑥绩效管理的面谈；⑦绩效改进的方法；⑧行为导向型考评方法；⑨结果导向型考评方法。

知识巩固

填空题

1. 人员配备的原则主要有__________、__________、__________、__________。

2. 绩效管理包括：__________，__________，__________，__________，应用开发阶段，绩效管理的面谈，绩效改进的方法，行为导向型考评方法，结果导向型考评方法。

答案

任务三　采购管理

思维导图

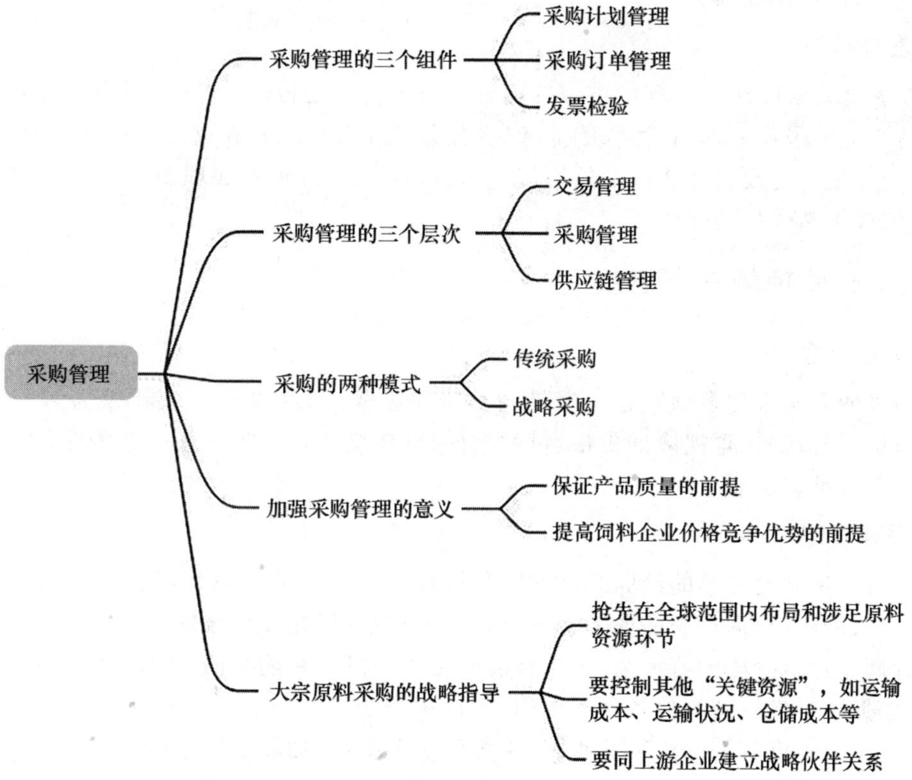

任务实施

饲料行业属于低利润行业，采购在企业中所占地位尤为重要。在全价配合饲料中购进的原料和辅助材料一般要占到总成本的80%。这意味着，在获得物料方面所做的成本节约对利润产生的影响，要大于企业其他成本的节约给利润带来的影响。

一、采购管理的三个组件

1. 采购计划管理

对企业的采购计划进行制定和管理，为企业提供及时准确的采购计划和执行路线。采购计划包括定期采购计划（如周、月度、季度、年度）、非定期采购任务计划（如系统根据销售和生产需求产生的）。通过对多对象多元素的采购计划的编制、分解，将企业的采购需求变为直接的采购任务，系统支持企业以销定购、以销定产、以产定购的多种采购应用模式，支持多种设置灵活的采购单生成流程。

2. 采购订单管理

以采购单为源头，对从供应商确认订单、发货、到货、检验、入库等采购订单流转的各个环节进行准确的跟踪，实现全过程管理。通过流程配置，可进行多种采购流程选择，如订单直接入库，或经过到货质检环节后检验入库等。在整个过程中，可以实现对采购存货的计划状态、订单在途状态、到货待检状态等的监控和管理。采购订单可以直接通过电子商务系统发向对应的供应商，进行在线采购。

3. 发票检验

发票管理是采购结算管理中重要的内容。采购货物是否需要暂估，以及劳务采购的处理、非库存的消耗性采购处理、直运采购业务、受托代销业务等均是在此进行处理。通过对流程进行配置，允许用户更改各种业务的处理规则，也可定义新的业务处理规则，以适应企业业务不断重组、流程不断优化的需要。

二、采购管理的三个层次

1. 交易管理

较初级的采购管理多为对各个交易的实施和监督。其特征为：①围绕着采购订单；②与供应商讨价还价；③仅重视诸如价格、付款条件、具体交货日期等一般商务条件；④被动地执行配方和技术标准。

2. 采购管理

随着对前期大量订单的经验总结和汇总以及管理技能的提高，管理人员意识到供应商管理的重要性；同时，根据自身的业务量分析整个采购系统的要求，合理分配自身的资源，开展多个专案管理。这个阶段的特征为：①围绕着一定时间段的采购合同，试图与供应商建立长久的关系；②加强了对供应商其他条件的重视，如订单采购周期、送货、经济批量、最小订单量和订单完成率；③重视供应商的成本分析；④采用投标手段；⑤加强了风险防范意识。

3. 供应链管理

供应链管理即策略性采购，为目前比较新的概念，其特征是：①与供应商建立策略性伙伴关系；②更加重视整个供应链的成本和效率管理；③与供应商共同研发产品；④寻求新的技术和材料替代物；⑤充分利用跨地区、跨国家的公司（工厂）的集团力量集中采购。

其中，集中采购的手段正被愈来愈多的公司采用。集中的概念事实上包含两层含义：集中集团内各分公司/各工厂的采购量；采购量集中给少数的供应商，以图获取规模效应带来的节省。

三、采购的两种模式

1. 传统采购

传统采购是企业一种常规的业务活动过程，即企业根据生产需要，编制需要采购物资的申请计划，然后由物资采购供应部门汇总成企业物资计划采购表，报经主管领导审批后，组织具体实施。传统采购的重点放在如何和供应商行商业交易的活动上，特点是比较重视交易过程的供应商价格比较，通过供应商的竞争，从中选择价格最低的作为合作者。

传统的采购模式的主要特点表现在如下几方面。

(1)传统采购过程是典型的非信息对称博弈过程。选择供应商在传统的采购活动中是一个首要任务。在采购过程中,采购一方为了能够从多个竞争性的供应商中选择一个最佳的供应商,往往会保留私有信息,因为如果给供应商提供的信息越多,供应商的竞争筹码就越大,这样对采购一方不利。因此采购一方尽量保留私有信息,而供应商也在和其他的供应商竞争中隐瞒自己的信息。这样,采购、供应双方都不进行有效的信息沟通,这就是非信息对称的博弈过程。

(2)验收检查是采购部门的一个重要的事后把关工作,质量控制的难度大。质量与交货期是采购一方要考虑的另外两个重要因素,但是在传统的采购模式下,要有效控制质量和交货期,只能通过事后把关的办法。因为采购一方很难参与供应商生产组织过程和有关质量控制活动,相互的工作是不透明的。因此需要通过各种有标准如国际标准、国家标准等,进行检查验收。缺乏合作的质量控制,会导致采购商对采购物品质量控制的难度增加。

(3)供需关系是临时的或短时期的合作关系,而且博弈多于合作。在传统的采购模式中,供应与需求之间的关系是临时性的,或者短时性的合作,而且博弈多于合作。采购过程中需要协调的事情比较多,很多烦琐问题需要解决,没有更多的时间用来做长期性预测与计划工作,供求双方缺乏信任的气氛会增加许多运作中的不确定性。

(4)响应用户需求能力迟钝。供应与采购双方在信息的沟通方面缺乏及时的信息反馈,在市场需求发生变化的情况下,采购一方也不能改变供应一方已有的订货合同,因此采购一方在需求少时库存增加,需求增加时出现供不应求。重新订货需要增加谈判过程,因此供应商之间对用户需求的响应没有同步进行,缺乏应付需求变化的能力。

2. 战略采购

战略采购是一种有别于常规采购的思考方法,它与普遍意义上的采购区别是战略采购注重要素是“最低总成本”,而传统采购注重要素是“单一最低采购价格”。所谓战略采购是一种系统性的、以数据分析为基础的采购方法。简单地说,战略采购是以最低总成本建立服务供给渠道的过程,一般采购是以最低采购价格获得当前所需资源的简单交易。

战略采购的特征主要表现在以下几方面。

(1)从为库存而采购向为订单而采购转变。传统采购模式中,采购是为补充库存,即为库存而采购,采购部门不关心企业的生产过程,不了解生产计划、进度和产品需求的变化,采购过程缺乏主动性,采购计划不能及时满足生产需求的变化。

(2)从内部采购管理向外部资源管理转变,保证了质量。传统采购管理缺乏与供应商的合作,影响企业的柔性和对需求的快速响应,对产品的质量也只能进行事后把关。战略管理下采购要求实施有效的外部资源管理,增加与供应商的信息沟通,制造商与供应商相互参与对方产品的设计和质量控制过程,变事后把关为实时控制。

(3)从一般买卖关系向长期伙伴关系转变,交易过程简化,反应迅速。传统采购模式中供应商与企业之间是简单的买卖关系,无法满足市场的系统性、协调性、集成性和同步性要求。战略采购环境下,双方建立合作关系,共享库存数据,降低库存成本,共同解决产品质量、成本问题,降低采购成本。

(4)从选择供应商的供货资源扩大到选择供应商的持续发展合作能力。传统采购模式中,供应商主要是通过价格竞争选择,制造商与供应商是短期交易关系。当发现供应商不合适时,会通过市场竞争的方式重新选择供应商。战略管理环境下，供应商的合作能力影响企业的长期利益。因此选择供应商时，需要对供应商进行综合评估，不仅考虑质量、价格等指标，还要考虑技术、能力、创新性等。

四、饲料企业加强采购管理的意义

1. 原料质量是饲料企业保证产品质量的前提

要创一流的企业，必须以一流的产品质量作为载体，一流的产品质量又必须以一流的技术和优质的原料质量作为支撑。原料质量是企业产品质量的源头，饲料产品营养成分及质量差异40%～70%来自原料质量的差异。若原料质量得不到有效的控制，生产出的产品质量就难以稳定。产品质量不稳定，产品就没有竞争力。“有什么样的原料就生产什么样的产品”就是对原料质量重要性的生动概括。因此，加强饲料原料采购的科学管理，应根据原料的产地、品种、加工方法和质量等级等影响原料成分和质量的因素，来采购消化率和营养水平接近需要的原料。合格的原料是生产出合格产品的前提，是提高产品竞争力的关键，是提高企业效益、提升企业形象的一项重要内容。

2. 原料成本是影响产品成本的主导因素，是提高饲料企业价格竞争优势的前提条件

效率是企业的生命，原料成本是影响产品成本的主要因素。据统计，饲料原料成本占饲料总成本的70%～80%。因此，有人认为，原料是饲料企业的根基所在，决定企业的生存发展。虽然这一认识有点偏颇，但采购的原料每降低一分钱，企业就增加了一分钱的纯利润是显而易见的事实。据报道，许多企业通过强化饲料原料采购的科学管理，成功地推进了企业品牌，加强了资金周转，并最终扩大了企业规模。如北京华都肉鸡公司在采购管理方面成立专门的采购和价格管理委员会，狠抓内部采购管理，重组采购流程，实施物资采购集中化，推行以招标为主的采购方式，严格进行资金预算管理，通过对大宗物资进行招标采购，平均价格下降幅度达8%以上。可见，重视饲料原料的采购管理，适时、适价、适质采购原料，控制好原料成本，是全面控制饲料生产成本、提高饲料企业竞争优势的前提条件。

五、饲料企业大宗原料采购的战略指导

目前饲料企业产品经营同质化的现象越来越突出，未来除了产品品牌价值所带来一定的合理附加利润外，饲料企业的利润率水平、整体效益状况，甚至企业能否长期持续稳定发展，将由原料采购的运营管理及水平来决定。因此，如何做好采购管理及其重要。

1. 抢先在全球范围内布局和涉足原料资源环节

自然条件和地理因素决定了经济发展水平和人口数量，未来全球的农产品供给和需求都将呈集中的态势发展，区域的供求矛盾将会日益突出。中国作为全球最大的粮食消费国，未来国内部分农产品大部分时间内将处于供求不平衡的局面。这将增加大型饲料加工企业持续稳定获得原料的难度，企业规模越大，受到的掣肘将越大。因此，饲料企业集团要把大宗原料看成一种长期“资源”去经营，要在全球范围内布局和涉足原料资源业务，把世界当成一盘棋来下，是必须也是必然采取的战略选择。

2. 要控制原料本身资源之外的其他“关键资源”

决定原料采购成本的因素除了原料本身的价格之外，还有运输的直接成本，运输状况的便

利性、及时性和仓储成本等，这些在原料整体成本中占的比重越来越大。因此，采购管理在关注原料资源本身的同时，更要关注对采购的运营及对成本影响很大的其他资源，如铁路运输、港口、码头、仓储设施、远洋物流等。对这些因素我们都要从长期利益的角度和企业稳定运营的角度，投入更多的精力去运作理顺或控制，诸如港口、码头的参股与控股，重要仓储设施的控制，都会让我们在原料的采购及获取方面占得先机，取得便利，实现低成本的运作。

3. 饲料企业集团采购要同上游企业建立战略伙伴关系

建立既相对稳定又充满竞争机制，有供应保障能力和质量保证能力的原料供应链，是我们理想的目标。因此除了直接涉足原料环节以外，在未来原料供应不平衡的趋势下，引进现代供应链管理理论，在全球范围内寻找与己匹配的供应商建立战略联盟，对长期提高原料供应的稳定性、降低采购的成本、增加采购效益至关重要。因此，我们应努力使简单的买卖关系逐步向双方建立战略协作或合作伙伴关系转变，由竞争采购逐步向战略采购转变，将对供应商的管理纳入采购战略管理之中。

知识巩固

一、填空题

1. 采购管理的三个组件为：__________、__________、__________。

2. 采购管理的三个层次为：__________、__________、__________。

二、问答题

1. 战略采购的特征主要表现为哪几个方面？

2. 饲料企业加强采购管理有何意义？

答案

任务四　生产管理

思维导图

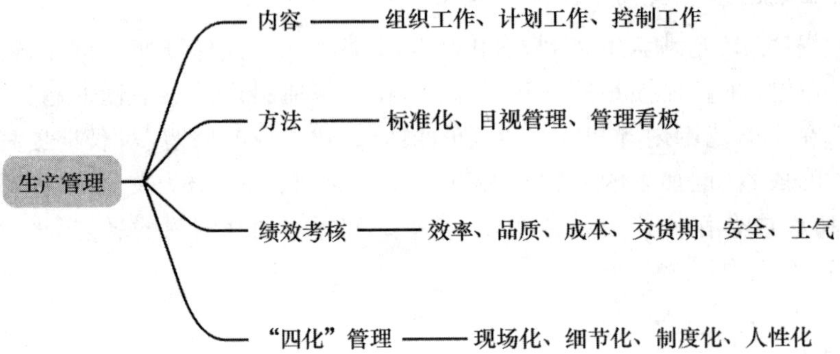

任务实施

生产管理又称生产控制，是有计划、组织、指挥、监督调节的生产活动，目的是以最少的资源损耗，获得最大的成果；是对企业生产系统的设置和运行的各项管理工作的总称。

一、生产管理的内容

生产管理的内容主要包括：

1. 生产组织工作

即选择厂址，布置工厂，组织生产线，实行劳动定额和劳动组织，设置生产管理系统等。

2. 生产计划工作

即编制生产计划、生产技术准备计划和生产作业计划等。

3. 生产控制工作

即控制生产进度、生产库存、生产质量和生产成本等。

二、生产管理的方法

1. 标准化

所谓标准，就是将企业里有各种各样的规范，如规程、规定、规则、标准、要领等，形成文字化的东西。制定标准而后依据标准付诸行动则称之为标准化。认为编制或制定了标准即已完成标准化的观点是错误的，只有经过指导、训练并实施了的标准才能算是标准化。

2. 目视管理

目视管理实施得如何，很大程度上反映了一个企业的现场管理水平。无论是在现场，还是在办公室，目视管理均大有用武之地。在领会其要点及水准的基础上，大量使用目视管理将会给企业内部管理带来巨大的好处。

所谓目视管理，就是通过视觉导致人的意识变化的一种管理方法。目视管理有三个要点：①无论是谁都能判明是好是坏（异常）；②能迅速判断，精度高；③判断结果不会因人而异。

在日常活动中，我们是通过“五感”（视觉、嗅觉、听觉、触摸、味觉）来感知事物的。其中，最常用的是“视觉”。据统计，人的行动的60%是从“视觉”的感知开始的。因此，在企业管理中，强调各种管理状态、管理方法清楚明了，达到“一目了然”，从而容易明白、易于遵守，让员工自主地完全理解、接受、执行各项工作，这将会给管理带来极大的好处。

3. 管理看板

管理看板是管理可视化的一种表现形式，即对数据、情报等的状况一目了然地表现，进行的透明化管理活动。它通过各种形式（如标语、现况板、图表、电子屏等）把文件上、头脑里或现场等隐藏的情报揭示出来，以便任何人都可以及时掌握管理现状和必要的情报，从而能够快速制定并实施应对措施。因此，管理看板是发现问题、解决问题的非常有效且直观的手段，是优秀的现场管理必不可少的工具之一。例如，我们在饲料生产车间将当天所要生产的品种、数量等信息写在车间小黑板上，方便所有的生产员工直接了解到当天的生产任务，就是一种看板管理。

三、绩效考核

生产管理绩效是指生产部所有人员通过不断丰富自己的知识、提高自己的技能、改善自己的工作态度，努力创造良好的工作环境及工作机会，不断提高生产效率、提高产品质量、提高员工士气、降低成本以及保证交期和安全生产的结果和行为。生产部门的职能就是根据企业的经营目标和经营计划，从产品品种、质量、数量、成本、交货期等市场需求出发，采取有效的方法和措施，对企业的人力、材料、设备、资金等资源进行计划、组织、指挥、协调和控制，生产出满足市场需求的产品。生产管理绩效主要分为以下六方面。

1. 效率

效率是指在给定的资源下实现产出的最大化。也可理解为相对作业目的所采用的工具及方法，是否最适合并被充分利用。效率提高了，单位时间人均产量就会提高，生产成本就会降低。

2. 品质

品质，就是把顾客的要求分解，转化成具体的设计数据，形成预期的目标值，最终生产出成本低、性能稳定、质量可靠、物美价廉的产品。产品品质是一个企业生存的根本。对于生产主管来说，品质管理和控制的效果是评价其生产管理绩效的重要指标之一。所谓品质管理，就是为了充分满足客户要求，企业集合全体员工的智慧经验，活用所有组织体系，实施所有管理手段，从而达到优良品质、短交货期、低成本、优质服务来满足客户的要求。

3. 成本

成本是产品生产活动中所发生的各种费用。企业效益的好坏在很大程度上取决于相对成本的高低，如果成本所挤占的利润空间很大，那么相应的企业的净利润则相对降低。因此，生产主管在进行绩效管理时，必须将成本绩效管理作为其工作的主要内容之一。

4. 交货期

交货期是指及时送达所需数量的产品或服务。在现在的市场竞争中，交货期的准时是非常重要的。准时是在用户需要的时间，按用户需要的数量，提供所需的产品和服务。一个企业即便有先进的技术、先进的检测手段，能够确保所生产的产品质量，而且生产的产品成本低、价格便宜。但是没有良好的交货期管理体系，不能按照客户指定的交货期交货，直接影响客户的商业活动，客户也不会购买你的产品。因此交货期管理的好坏是直接影响客户进行商业活动的关键，不能严守交货期也就失去了生存权，这比品质、成本更为重要。

5. 安全

安全生产管理就是为了保护员工的安全与健康，保护财产免遭损失，安全地进行生产，提高经济效益而进行的计划、组织、指挥、协调和控制的一系列活动。安全生产对于任何一个企业来说都是非常重要的，因为一旦出现工作事故，不仅会影响产品质量、生产效率、交货期，还会给员工个人、企业带来很大的损失，甚至对国家也产生很大的损失。

6. 士气

员工士气主要表现在3方面：离职率、出勤率、工作满意度。高昂的士气是企业活力的表现，是取之不尽、用之不竭的宝贵资源。只有不断提高员工士气，才能充分发挥人的积极性和创造性，让员工发挥最大的潜能，从而为公司的发展做出尽可能大的贡献，从而使公司尽可能地快速发展。

四、饲料企业的“四化”管理

饲料企业生产管理除了要做好以上所述的程序化管理以外，还应该做好以下的“四化”管理。即“现场化管理、细节化管理、制度化管理、人性化管理”，这样才让生产管理更完整、更充实、更有效。

1. 现场化管理

工厂生产管理的实质就是现场管理，只有将管理对象建立在生产现场，生产管理工作才会行之有效。要做好生产现场管理，就必须脚踏实地做好以下几点。

(1)生产管理者必须经常深入现场进行巡检工作。及时掌握生产过程中的生产情况，包括：岗位运行的状况、生产物料流向、设备运行情况、工艺控制情况等与生产有关的直接情况。对生产过程中的异常情况及时察觉和预防，对出现的生产问题及时进行调整和处理。

(2)加强生产现场的纪律管理。及时发现和纠正现场生产操作员工的违规行为，包括：是否严格按岗位操作规程进行操作，是否按安全管理条例进行劳动保护，是否违反生产劳动纪律或工厂生产规章制度等相关制度和法规。

(3)生产现场的清洁卫生管理。生产现场良好的卫生环境直观地体现了生产管理水平。将工厂的生产区域和生产设备设施的清洁卫生分解到各岗位，落实到具体的个人。经常督促生产现场的卫生工作，保证生产环境的整洁、卫生、干净，杜绝生产现场“脏、乱、差”的现象。定期进行全厂大扫除，使工厂拥有良好的生产生活环境。

(4)了解生产现场员工的工作情绪及思想状况，及时地排除员工的思想负担，使之全身心投入生产。

2. 细节化管理

细节化管理往往被很多生产管理者所忽视，但生产管理本身就是由若干的细节管理所组成。做不好细节管理工作就谈不上做好生产管理工作。生产管理过程中有很多细节工作需要更为深入地进行管理。归纳为以下几点。

(1)节约生产成本,从点点滴滴开始做起。杜绝工厂在生产和生活中的“长流水、长明灯”现象,绝对禁止生产物料的“跑、冒、滴、漏”现象。生产管理者必须培养生产员工的节约意识,使之形成良好的节约习惯,一旦发现以上现象必须予以严厉的制止和纠正。

(2)对低值易耗品的使用应该予以严格控制。低质易耗品虽然价格不高,但用量巨大,在工厂生产中占有一定的成本比例,坚决抵制乱领、乱用、浪费低值易耗品的现象,对于故意浪费低值易耗品的员工,必须做出严肃的批评或处罚。

(3)对生产劳动工具应该爱护爱惜。劳动生产工具(如推车、铁铲、台秤、扳手等)应该根据其正常的使用周期实行定时、定量的配发,并建立工具配发台账,大型工具配发到班组,由班组负责管理;小型工具配发到个人,其管理责任落实到个人。从而杜绝生产工具的乱用、乱丢、乱放,若因为管理不善造成工具的损坏、报废、丢失等情况,由班组或个人自己负责解决。

对全厂生产过程中的任何细小环节都必须严肃认真对待,作为生产管理者应该做到事无巨细,小到一根线、一颗螺钉,大到生产方案,都应该始终保持严谨的工作态度。只有将小事做好才能有可能把大事办成。

3. 制度化管理

没有制度的国度最终将走向亡国之路,同样,没有制度的集体最终将是一个失败的集体。制度化管理成为现代企业的重要管理手段,想要让全厂员工紧密团结、相互配合、齐心协力地完成工厂的共同目标,制度化管理成为必然,只有严格严肃地实行工厂制度化管理,在制度面前人人平等,以制度管人、以制度服人,杜绝人情化管理,才能够促进工厂良好的管理秩序,使工厂有良好的工作精神面貌。

(1)建立和执行生产绩效考核制度。为调动工厂员工的生产积极性,实行按劳分配的原则,根据工厂的实际生产情况,结合工资与效益挂钩,制定建立生产绩效考核制度。对生产各车间、各班组、各岗位、各操作员工的生产质量、产量、收率、安全、消耗等相关经济指标进行评审和考核,依据考核结果计算其应得的工资报酬。

(2)建立有效可行的交接班制度。大部分饲料厂是两班倒换、24 h 连续生产工作制,为此就存在生产的交接工作。生产交接的是否顺利就决定了生产是否连续正常进行,由此交接班制度就必须及时出台,并且要具有科学性、可执行性和可连续性。

(3)建立周详的安全管理条例。根据工厂的设备情况、原辅料性质及可能出现的安全事故和事故发生后的应对措施等情况,制定和建立周详的安全管理条例来保障生产的安全性。

(4)健全完善生产劳动纪律、生产规章制度及职工奖惩制度。结合以前的相关纪律和制度,根据工厂的现状健全和完善生产劳动纪律、生产规章制度及职工奖惩制度,使纪律和制度更符合工厂现状和未来发展的需要,也更贴近工厂的实际情况,具有更好的可操作性。

(5)修正完善生产岗位操作规程。根据工厂现有执行的生产工艺,对以前所编制的生产岗位操作规程过时落后之处予以修正和完善,使岗位操作员工有先进的、正确的指导规程。

工厂只有建立健全更完善的规章制度,生产管理者才有能够对生产的管理拥有更充分的依据。要想进行制度化的管理,就必须从建立健全和完善制度工作做起。

4. 人性化管理

人性化管理要区分于人情化管理,当今的企业管理过程中,人性化管理已经在诸多的生产型企业中得以提倡和重视。人性化管理并不是和制度化管理相矛盾，而是制度化管理的一种辅助管理，使管理工作更有效、更合理、更有符合企业文化氛围。

作为生产管理者，对每一位员工的身体健康状况、生活困难情况、业务能力等一系列与员工生产、生活有关的情况都应该关心和帮助，消除其思想负担，解决其后顾之忧，使其感受到来自工厂和领导的关爱，使其感受到在工作过程中也充满人性的真情，也就能够全身心地投入生产工作中来。这也是管理者本身素质的体现。

在工厂和员工之间，存在在相互依赖的关系。这种关系是：第一，工厂必须满足全厂员工日益增长的的物质财富和精神文明的需要；第二，全厂员工必须满足工厂日益发展和科学化管理的需要。两种“需要”涵盖了工厂与员工的一切关系，也是工厂人性化管理的根本实质之所在。只有首先工厂保障了员工的需要，员工才能保障工厂更大的需要，这是每个发展中企业不变的道理，这一点每位生产管理者必须认识清楚。

牢固建立员工的主人翁意识，让每位员工成为工厂的主人。以厂为家，把工厂的事情当作自己的事情来做，建设工厂就是建设自己的家园，为工厂的顺利生产和未来的发展积极出谋划策，提出可行的合理建议。

尊重全厂每位员工，也就是尊重管理者自己。只有这样，团结一心、齐心协力、共同努力才真的成为可能，因为我们本身就是一个集体，一个整体。

知识巩固

一、填空题

1. 生产管理的内容主要包括：__________、__________、__________。

2. 饲料企业生产管理中的“四化”管理包括：__________、__________、__________、__________。

二、问答题

生产管理的方法主要包括哪几方面？

答案

任务五　财务管理

思维导图

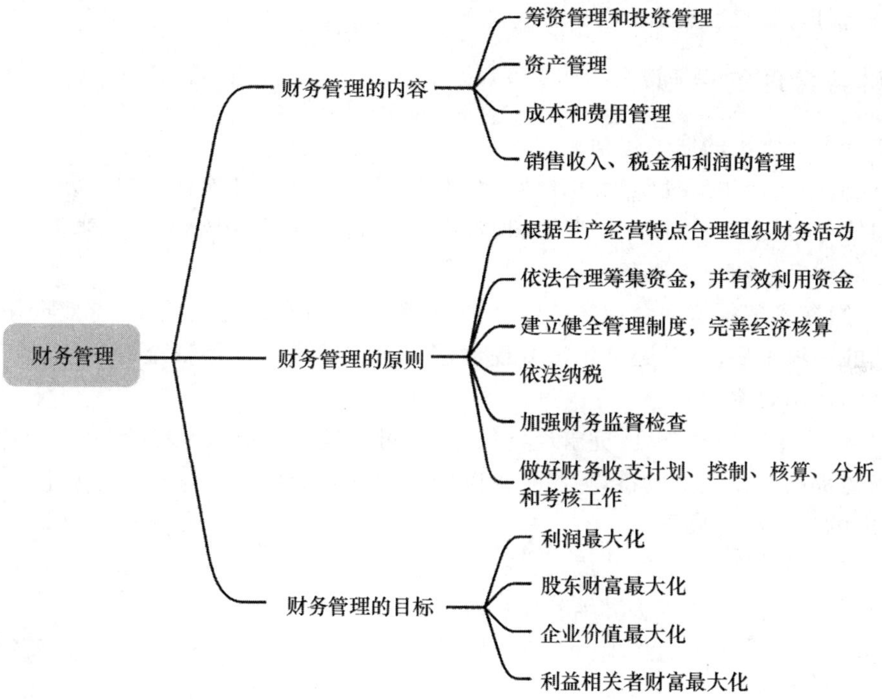

任务实施

财务管理是在公司整体目标下,关于资产的购置(投资)、资本的融通(筹资)和经营中现金流量(营运资金)以及利润分配的管理。财务管理是企业管理的一个组成部分,它是根据财经法规制度,按照财务管理的原则,组织企业财务活动,处理财务关系的一项经济管理工作。简单地说,财务管理是组织企业财务活动,处理财务关系的一项经济管理工作。

一、财务管理的内容

1. 筹资管理和投资管理

企业根据其生产经营、对外投资和调整资本结构的需要,通过筹资渠道和资本(金)市场,运用筹资方式,经济有效地筹集为企业所需的资本(金)。

2. 资产管理

资产管理包括:①固定资产管理;②无形资产、递延资产和其他资产的管理;③流动资产的管理。

3. 成本和费用管理

成本和费用管理主要包括：①生产成本管理；②管理费用的管理；③财务费用的管理；④销售费用的管理。

4. 销售收入、税金和利润的管理

主要内容有：①产品销售收入和销售利润的管理；②其他业务利润的管理；③营业外收支管理；④税金管理；⑤税后利润分配和基金管理。

二、财务管理的原则

企业财务财务管理的原则包括：

(1)企业应当根据生产经营特点合理组织财务活动。企业财务管理的任务应从属于企业生产经营的任务，但财务管理又有别于其他方面管理，它主要利用价值形态来组织财务活动，为实现企业的生产经营任务服务。

(2)企业财务管理要依法合理筹集资金，并有效利用资金。筹集资金、有效利用资金是企业财务管理的一项重要内容，必须依法合理地进行。在筹集和使用资金时，要开源节流，尽可能提高资金的使用效率。

(3)建立健全企业管理制度，完善经济核算，尽可能地降低消耗，增加盈利。企业财务管理的最终目标是提高企业经济效益，为此必须以价值形态来衡量投入与产出的关系，力求取得少投入、多产出的良好经营成果。

(4)正确计算和反映企业经营成果，依法纳税。企业的财务核算必须真实、准确，同时对企业的收入必须合理分配，并依法缴纳各项税收。

(5)严格执行国家规定的各项财务开支标准，加强财务监督检查。我国企业所得税纳税是以财务规定的开支范围、标准为依据的，企业必须遵循有关财务政策和法规的规定，维护财经纪律，接受财政机关的检查和监督。

(6)企业财务管理必须做好各项财务收支的计划、控制、核算、分析和考核工作。

三、财务管理的目标

财务管理目标又称理财目标，是指企业进行财务活动所要达到的根本目的，它决定着企业财务管理的基本方向。财务管理目标是一切财务活动的出发点和归宿，是评价企业理财活动是否合理的基本标准。

1. 利润最大化

利润代表了企业新创造的财富，利润越多则说明企业的财富增加得越多，越接近企业的目标。

2. 股东财富最大化

股东财富最大化是指通过合理经营，为股东创造最多的财富，实现企业财务管理目标。

3. 企业价值最大化

企业价值最大化是指采用最优的财务结构，充分考虑资金的时间价值以及风险与报酬的关系，使企业价值达到最大。该目标的一个显著特点就是全面考虑到企业利益相关者和社会责任对企业财务管理目标的影响。

4. 利益相关者财富最大化

现代企业是一个由多个利益相关者组成的集合体，财务管理是正确组织财务活动、妥善处理财务关系的一项经济管理工作，财务管理目标应从更广泛、更长远的角度来找到一个更为合适的理财目标，使利益相关者财富最大化。

知识巩固

一、填空题

财务管理的目标为__________、__________、__________、__________。

二、问答题

财务管理的原则主要包括哪几方面？

答案

任务六 营销管理

思维导图

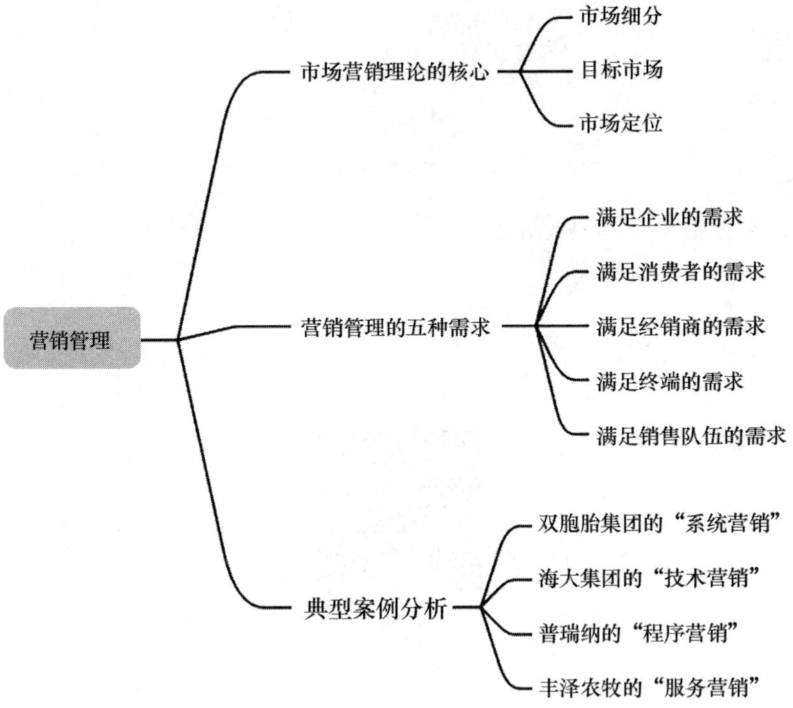

任务实施

营销管理是为了实现各种组织目标，创造、建立和保持与目标市场之间的有益交换和联系而设计的方案的分析、计划、执行和控制。通过计划、执行及控制企业的销售活动，以达到企业的销售目标。

一、市场营销理论的核心

现代市场营销理论的核心就是 STP 营销，它包括三要素：市场细分、目标市场、市场定位。

1. 市场细分

市场细分是指营销者通过市场调研，依据消费者的需要和欲望、购买行为和购买习惯等方面的差异，把某一产品的市场整体划分为若干消费者群的市场分类过程。

细分市场不是根据产品品种、产品系列来进行的，而是从消费者的角度进行划分的。市场细分的理论基础是消费者的需求、动机、购买行为的多元性和差异性。通过市场细分对企业的生产、营销起着极其重要的作用。

2. 目标市场

著名的市场营销学者麦卡锡提出了应当把消费者看作一个特定的群体,称为目标市场。通过市场细分,有利于明确目标市场,通过市场营销策略的应用,有利于满足目标市场的需要。即:目标市场就是通过市场细分后,企业准备以相应的产品和服务满足其需要的一个或几个子市场。

3. 市场定位

市场定位是指企业针对潜在顾客的心理进行营销设计,创立产品、品牌或企业在目标顾客心目中的某种形象或某种个性特征,保留深刻的印象和独特的位置,从而取得竞争优势。

所谓市场定位就是企业根据目标市场上同类产品竞争状况,针对顾客对该类产品某些特征或属性的重视程度,为本企业产品塑造强有力的、与众不同的鲜明个性,并将其形象生动地传递给顾客,求得顾客认同。市场定位的实质是使本企业与其他企业严格区分开来,使顾客明显感觉和认识到这种差别,从而在顾客心目中占有特殊的位置。例如,双胞胎集团的教槽料及乳猪料的抗腹泻效果显著,大大降低了乳猪的死亡率,产品外观独特,形似双胞胎的颗粒两粒连成一体,适口性优良,在广大养殖户头脑中留下了深刻的印象,双胞胎集团为他们的模具、饲料外观申请了专利,从而获得了广阔的市场,成为中国猪料的著名品牌。

二、营销管理的五种需求

营销管理要管什么需求呢?这个问题涉及企业的很多方面,企业强调团队合作,强调供应链,因此各个环节的需求都要考虑到,这样的营销政策才是好政策。但在营销中,企业制定营销政策,要充分考虑营销政策推行的各个方面,其中主要是企业、消费者、经销商、终端、销售队伍这五方面。

1. 满足企业的需求

企业的需求有哪些呢?企业追求可持续发展,可以短期不赢利,去扩张,去追求发展,但最终目的是赢利。同时企业按照营销理论,企业要坚持“4C”原则,以消费者为中心。企业发展的不同阶段,市场发展的不同阶段,企业有不同的需求。

①市场孕育期,企业开发了创新产品。企业面临两个问题,一是要迅速完成资金的原始积累,另外要迅速打开市场。所以此时企业需要急切扩大销量。

②市场成长期,企业飞速发展,出现了同类的竞争对手。因此企业要用比对手快的速度扩大市场份额,占领市场制高点。可能采取的措施是开发多品种、完善渠道规划、激励经销商等。

③市场成熟期,企业需要延续产品的生命周期。企业要追求稳定的现金流量,同时还要开发其他产品。这时企业要不断推出花样翻新的促销政策。

2. 满足消费者的需求

消费者对好的产品质量有需求,对合理的价格有需求,对良好的售后服务有需求。消费者的需求对企业来说是最重要、最长久的,企业可以满足短期利益,忽略消费者需求,但消费者是用“脚”投票的,他们会选择离开。

3. 满足经销商的需求

经销商的需求是经常变动的,主要有三个方面。

(1)经销商需求销量。如果你的产品是畅销产品。这时经销商可能只需要销量。因为他知道,你的货可以带动其他货走,这样他可以从其他货中赚钱。

(2)经销商需求利润率。如果你的产品是新产品,这时经销商期望比较高的毛利。你的货可以走得慢,但是很赚钱,这样他也满意。

(3)经销商需要稳定的下家。如果你的货物实在紧俏,零售店非有不可,你给经销商货,经销商就可以用这个产品建立渠道,维护自己渠道的忠诚。当然,如果你可以帮助他做管理,管理渠道、管理终端,这样你也满足了他的需求。

所以企业在制定营销政策时要知道经销商的需求是什么。经销商是要长远发展,还是要短期赢利。企业制定政策时候,要考虑到经销商的发展,而不是仅仅从企业自己出发,也不是仅仅从消费者的角度出发。毕竟在有些行业,经销商是不可或缺的。经销商也有发展阶段,他在创业阶段需要你给他指点,需要你给他支持。当他的网络已经形成,管理基本规范时,他最需要的就是利润。不同发展阶段,他的需求是不同的。因此企业要针对经销商实际需要不断制定出符合经销商的销售政策、产品政策、促销政策。

4. 满足终端的需求

在当前竞争激烈的市场环境下,终端的重要性日渐凸显,特别是在农资行业。在同等的条件下,谁掌控了终端,谁就掌控了自己的命运,就能掌握市场的消费动向。“企业临门一脚,决胜在终端。”这句话是对市场现实状况的真实写照。所以,掌控终端成为很多企业的追求目标。但是终端市场的维护也是比较烦琐的。除了产品本身要符合当地市场、符合客户的需求外,要经常对终端客户进行技术指导和客情维护。

5. 满足销售队伍的需求

任何营销政策,最终都靠销售队伍来贯彻,销售代表执行力度的大小,可能比政策本身的好坏更重要。营销竞争是靠团队的,所有的经销商、终端、消费者的需求,都要通过销售队伍来满足。销售队伍的需求包括合理的待遇、培训机会及发展空间。因此企业要发掘销售队伍的需求,尽量来满足他们。

企业需求是根本,是营销管理的出发点。其中消费者的需求、营销商的需求、终端的需求是串联的,一个环节没满足,就会使营销政策的执行出现偏差。作为营销管理者,要从这五个方面出发,来考虑营销问题。如果营销出了问题,就一定是这五方面出了问题。优秀的营销管理者,要善于分析这五个方面,善于平衡这五个方面的资源投入,取得营销的最佳效果。

三、典型案例分析

1. 双胞胎集团的“系统营销”

双胞胎集团是我国一家专业化的大型饲料企业,成立之后经历短短几年就成为家喻户晓的饲料品牌,其营销策略如下。

(1)产品策略。产品是营销的核心,是最重要的武器。因此提高产品的竞争力是企业发展的首要任务。双胞胎集团在产品上独具创新,将两颗料并排压制出来,外形犹如一对双胞胎。用双环模生产出双环料,标识意义鲜明。这种匠心独运的标识,具有非常强势的市场导入意义,用户一次就记住了极具喜庆意蕴的“双胞胎”。

(2)广告策略。再好的产品,倘若没有广告,也很难快速让人了解。而双胞胎集团把广告策略发挥得淋漓尽致，具体表现在：

①单一的产品，便于记忆，利于低成本传播。

②同时利用多种媒体（电视、墙体、报纸），使受众达到最大化。

③声势浩大的养猪比赛，刺激农户的积极性、趣味性，做到口耳相传。

④统一的门面招牌。

⑤在街道、村口张贴活动海报及用户效果数据。

⑥挨家挨户地发报纸，并且每个饲料袋内都放有报纸。

(3)价格策略。价格是营销中最活跃的因素。它就像一根指挥棒，能调动其他因素。双胞胎集团对价格的理解可谓入木三分，它深刻认识到只有设计一套合理的、能持久的价格体系，才能打通以“赊销”为主的饲料流通渠道。

①天价乳猪料，给渠道一针兴奋剂。双胞胎集团乳猪料价格定位高，给渠道商丰厚的利润空间，许多经销商愿意加盟。

②全国统一零售价，使各网点相安无事。厂家往往希望销售网点越多越好，但网点一旦多起来就不好控制，造成价格混乱。因此，双胞胎集团制定了全国统一零售价。

③严厉的惩罚制度，“不为短期利益牺牲未来”。仅仅制定全国统一零售价还不够。没有监督和惩罚，“全国统一零售价”就是一句空话。双胞胎集团对乱开价、窜货者实行严厉的惩罚制度。

(4)渠道策略。

①只做零售不做批发。双胞胎集团不做批发商，对于运输问题，采取自设办事处或与找有条件者做中转商两种办法来解决。中转商是双胞胎集团在渠道上的一大创新，做法是给予有条件的批发商一定的报酬，限定其零售区域，然后直接开发和管理以下的零售商。这样做法有效解决了小客户提货难的问题，同时避免因自设办事处带来的高成本及管理难度大等风险。

②密集开发村级销售点。因产品比较单一，便决定了不可能给每个经销商很大的区域，村级点是双胞胎集团最理想的选择。其一，村级点要求的区域小，一般是本村及周边的几个村，可以多布点；其二，村级点离养猪户近，便于客户购买；其三，村级点销量相对小，避免客户砍价。

③给渠道高额利润。

④培训经销商，使经销商懂得产品服务的重要性，成为技术型经销商。

2. 海大集团的“技术营销”

广东海大集团是一家集研发、生产和销售水产饲料、畜禽饲料及健康养殖为主营业务的高科技型上市公司。集团的核心理念就是“科技兴农，改变农村现状”，海大集团正是以这种“技术营销”的模式开辟了自己的新天地。

海大集团把猪料企业广泛应有的“服务营销”“人海战”等营销技巧引入水产饲料业，获得巨大的成功。海大集团成立了几百人的技术服务队伍，经常深入乡间村舍，通过技术讲座、派发技术资料和现场指导等形式培训养殖户；采取树立示范点、养殖小区等方式，带动养殖户转变饲养观念，推广先进技术和优良品种。海大集团现已形成了三级服务体系：以业务员为服务主体，直接面对客户，完成80%的客户服务；分公司、子公司专职技术服务人员是业务员的支持平台，主要完成对业务员服务能力的提升，并负责解决客户出现的较大问题；集团研发中心负责重大问题的解决和服务方案的提供。

3. 普瑞纳的“程序营销”

普瑞纳走的是程序化、标准化的营销模式，销售过程的程序高于一切。普瑞纳倾力打造核心销售员、核心养殖户和核心经销商。在这个企业，营销人员的职责相对于传统意义上的饲料销售人员发生了根本改变：①营销人员不需要与客户谈价格，因为价格是固定而且透明的；②营销人员不需要与客户讨论产品质量，因为质量来源于信任，如果客户对普瑞纳的产品缺乏信任，营销人员只需要让客户直接或间接了解企业生产产品的程序；③营销人员所要做的工作就是如何让客户用好普瑞纳的产品，公司有一套正确的饲养和使用产品的程序，营销人员的工作重点就是推广一套养殖方案，指导用户并关注动物生产的全过程。

4. 福建丰泽农牧饲料有限公司的“服务营销”

福建丰泽农牧饲料有限公司(以下简称“丰泽”)是一家集动物营养和养殖技术研究、乳猪教槽料、乳猪浓缩料、乳猪料、畜禽水产预混料研发生产销售、技术交流推广、管理咨询培训工作为一体，专业为饲料企业和养殖业服务的现代农牧饲料高科技知名企业。

丰泽公司饲料部经过十多年的发展，在中国预混料及添加剂行业独具特色，饲料部先后与全国各地 100 多家中小饲料企业建立坚实的合作伙伴关系。丰泽公司饲料部的营销是服务带动营销的模式。饲料部相当于饲料行业内的咨询公司，为中小型饲料企业提供全方位的服务，包括市场调查、产品定位、配方制定、品控、生产培训、营销策略制定、行业人才的招聘、人员培训等服务，丰泽饲料部联合优质的原材料供应商、添加剂供应商、设备供应商为丰泽的客户提供更多、更好的选择，弥补合作的中小型饲料企业的短板，提升其竞争力。饲料部的服务营销模式焕发出强大的生命力，以服务为宗旨，带动营销，从而使营销变得简单。他们向合作厂家派驻常驻技术员，并配套专业的禽料、猪料、水产料、工艺、配方、营销的专职主任提供专业服务的模式，在中国属于比较成功的独特模式。其客户绝大多数通过口口相传而主动与其合作，关系牢固。

知识巩固

一、填空题

1. 营销管理的五种需求为：________、________、________、________、________。

2. 市场营销理论的核心是：________、________、________。

答案

项目小结

一个有活力的饲料工业企业必须具备良好的经营管理。合理确定企业的经营形式和管理体制是一个企业健康发展的基础。企业的经营和管理是相互渗透的，经营是龙头，管理是基础，管理必须为经营服务。企业要做大做强，必须首先关注经营，研究市场和客户，并为目标客户提供有针对性的产品和服务；然后基础管理要跟上。只有管理跟上了，经营才可能继续往前进，经营前进后，又会对管理水平提出更高的要求。所以，企业发展就像人走路时的左脚与右脚，"经营—管理—经营—管理"交替前进。撇开管理、光抓经营是行不通的，管理扯后腿，经营就前进不了。相反的，撇开经营、光抓管理，就会原地踏步甚至倒退。因此，在饲料工业企业中必须合理把握两者的关系，促进企业做强做大。

思政小课堂

1. 培养学生正确的采购职业观

采购是物流的重要环节，在采购管理课程教学中培养正确的采购职业观，认识采购活动特点，做到廉洁采购、科学采购、创新采购。在采购的课堂上、实训中、生活中，以潜移默化的方式，科学合理拓展课程的广度、深度和温度，引导学生守诚信、讲仁爱、重发展，这对人才培养具有重要意义。

2. 通过市场定位理论传播社会主义精神文明

市场定位是建设公司形象及把这种形象传递给客户的行为，使目标市场顾客能清晰地辨别本公司与其他竞争者的特征不同之处，具体来说，是在目标顾客心目中为企业定位及产品定位，塑造出特定的形象。在企业定位中，除了在经营上体现公司的个性特征以外，还要在社会主义市场经济建设中体现出公司的社会主义核心价值观，尤其是要与外资企业加以区分。企业形象的塑造要融入社会主义精神文明的特质。

3. 在讲授价格策略时宣传我国稳定物价的政策

企业定价的理论依据是商品的价值，而实际工作中定价的依据是产品成本，可以回顾马克思主义的价值学说；此外，企业定价的影响因素还包括市场需求、需求价格弹性、企业市场营销组合、竞争者的产品和价格，以及价格政策、货币价值等因素。可以结合我国颁布的《中华人民共和国价格法》，了解我国稳定物价的政策，尤其是关系国计民生的商品，国家始终坚持价格的宏观调控，保持市场物价的基本稳定。

参考文献

[1] 姚军虎,2001. 动物营养与饲料. 北京,中国农业出版社.

[2] 杨凤,2001. 动物营养学. 北京,化学工业出版社.

[3] 王秋梅,2009. 动物营养与饲料. 北京:化学工业出版社.

[4] 王恬,丁晓明,2001. 高效饲料配方及配制技术. 北京:中国农业出版社.

[5] 中国农业科学院饲料研究所,2007. 中国饲料原料采购指南. 2 版. 北京:中国农业大学出版社.

[6] 顾君华,2010. 饲料检验化验员. 北京:中国农业出版社.

[7] 李德发,2005. 现代饲料生产. 北京:中国农业大学出版社

[8] 中国质检出版社第一编辑室,2011. 饲料工业标准汇编. 3 版. 北京: 中国质检出版社.

[9] 刘欣,吴新民,章强华,2010. 我国饲料质量安全标准体系现状及国内外对比研究. 饲料研究(4):75-77.

[10] 杨海峰,赵志辉,秦玉昌, 2008. 我国饲料工业标准化问题与饲料产品质量安全. 中国农业科技导报, 10(2):6-12.

[11] 李军国,2007. 饲料加工质量评价指标及其控制技术. 饲料工业,28(1):2-6.

[12] 苏立申,赵景奇,高凤山,等,2006. 配合饲料厂工艺设计浅析. 饲料工业,27(15):5-8.

[13] 钟启新,齐广海,1999. 制粒机理及其影响因素,中国饲料 (14):8-10.

[14] 马文智,2005. 颗粒饲料质量影响因素分析. 中国饲料 (2):30-33.

[15] 李彦才, 王沂民,1998. 饲料原料特性及粉碎粒度对制粒的影响. 中国饲料(2):41-42.

[16] 龚利敏,王恬,2010. 饲料加工工艺学. 北京:中国农业大学出版社.

[17] 方希修,尤明珍,2007. 饲料加工工艺与设备. 北京:中国农业大学出版社.

[18] 周德刚,丁美方,2008. 饲料安全风险因素分析及应对措施,饲料研究 (11):74-77.

[19] 冯定远, 2005. 影响畜牧产品安全的饲料安全问题及其控制体系. 第二届中国畜牧科技论坛论文集. 北京:中国农业出版社.

[20] 迈克尔·波特,2005. 竞争战略. 陈小悦,译. 北京:华夏出版社.

[21] 王睿,2008. 传统采购与供应链采购的比较分析. 科协论坛 (10):126-127.

[22] 彼得·贝利,大卫·法默尔,大卫·杰塞,等,2006. 采购原料与管理. 王增东,李锐,译. 北京:电子工业出版社.

[23] 晏向华,2000. 现代饲料企业经营管理模式探讨. 江西饲料 (3):1-4.

[24] Gerry Johnson,Kevan Scholes, 1998. 公司战略教程. 北京:华夏出版社.

[25] 任善茂,杨玉能,2023. 动物营养与饲料. 3 版. 北京:中国农业大学出版社.

[26] 马秋刚,计成,赵丽红,2019. 饲料霉菌毒素污染控制与生物降解技术. 北京:中国农业出版社.

附　录

附录 1　动物营养缺乏症图例

附录 2　饲料的近似等价替换值